高等职业教育
智能制造专业群
"德技并修工学结合"
系列教材

电气控制与PLC

主 编 张旭芬 张世生

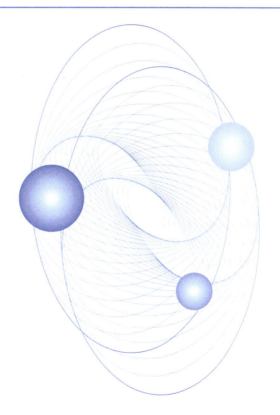

INTELLIGENT MANUFACTURING

中国教育出版传媒集团
高等教育出版社·北京

内容简介

本书包含电气控制和PLC控制两部分,这两部分内容前后承接、有机融合而又相互独立。电气控制部分内容包括常用低压电器、电气控制线路的基本环节、典型机床电气控制系统分析,突出其控制原理和逻辑控制思想,加强工程实际电路的分析。PLC控制部分内容包括PLC的基础知识、西门子S7-1200 PLC基本指令及功能指令的编程和调试、典型系统的控制编程,突出PLC的程序设计和应用系统设计。本书内容丰富,覆盖面广,突出并强化了实践环节,贴近工程实际需要,同时也反映了一些新知识和新技术,实用性较强。

本书配套提供教学课件、微课、演示视频、动画等数字化教学资源,教师如需获取本书授课用教学课件等配套资源,请登录"高等教育出版社产品信息检索系统"(https://xuanshu.hep.com.cn)免费下载。

本书可作为高等职业院校电气自动化技术、机电一体化技术、智能控制技术、工业机器人技术、机电设备技术、数控技术和机械制造及自动化技术等智能制造相关专业的教学用书,也可作为相关专业工程技术人员的岗位培训教材和参考用书。

图书在版编目(CIP)数据

电气控制与PLC / 张旭芬,张世生主编. -- 北京:高等教育出版社,2024.7
ISBN 978-7-04-061727-6

Ⅰ.①电… Ⅱ.①张… ②张… Ⅲ.①电气控制-高等职业教育-教材②PLC技术-高等职业教育-教材 Ⅳ.①TM571.2②TM571.6

中国国家版本馆CIP数据核字(2024)第038865号

DIANQI KONGZHI YU PLC

策划编辑 曹雪伟	责任编辑 曹雪伟	封面设计 姜 磊	版式设计 徐艳妮
责任绘图 邓 超	责任校对 高 歌	责任印制 刘思涵	

出版发行 高等教育出版社	网 址	http://www.hep.edu.cn
社 址 北京市西城区德外大街4号		http://www.hep.com.cn
邮政编码 100120	网上订购	http://www.hepmall.com.cn
印 刷 高教社(天津)印务有限公司		http://www.hepmall.com
开 本 787 mm×1092 mm 1/16		http://www.hepmall.cn
印 张 19.25		
字 数 460千字	版 次	2024年7月第1版
购书热线 010-58581118	印 次	2024年7月第1次印刷
咨询电话 400-810-0598	定 价	49.80元

前　言

制造业是国家经济命脉所系。党的二十大报告明确提出："实施产业基础再造工程和重大技术装备攻关工程,支持专精特新企业发展,推动制造业高端化、智能化、绿色化发展。"智能化是制造业发展的高级形态,智能化逐渐代替自动化已成为一股势不可挡的潮流。

近年来,工业互联网、物联网、智能制造等技术发展趋势迅猛,工业控制领域呈现出新业态模式。在新业态模式下,PLC 在设备通信、控制、数据采集等功能上得以提升。通过与云计算、大数据、5G、AI 等新技术结合,实现与智能制造的融合,PLC 将发展成为一种可编程智能终端,推动制造生产控制系统的自动化,进而助推工业企业的信息化、智能化进程。

PLC 是以传统顺序控制器为基础,综合计算机技术、微电子技术、自动控制技术、数字技术和网络通信技术的一种自动控制装置,不仅在工业控制系统中极具优势,同时还在日常生活中应用广泛,现阶段已经发展成为自动化行业的常见设备。本书从电气自动化技术、机电一体化技术、智能控制技术、工业机器人技术等专业特点出发,面向智能制造领域,为培养自动化控制行业高素质技术技能人才服务。

本书根据高等职业教育人才培养目标,结合职业岗位需求、职业技能大赛、职业标准和技能鉴定,以"工学结合、项目导向、任务驱动、学做一体"为原则编写,以工程项目为引领,以工程实践为基础,以实际应用为目标,将电气控制和 PLC 技术融入完成项目所必备的工作任务中,整合理论知识和应用技能,使学生的工程实践能力、分析问题和解决问题的能力不断提升。

本书分为两部分,四个模块,八个项目,十八个任务,内容包含电气控制和 PLC 控制,这两部分内容前后承接、有机融合而又相互独立。电气控制部分,以广泛应用的实际案例(车床电气控制、钻床电气控制、镗床电气控制等)介绍电气控制领域中常用低压电器的用途、工作原理、型号规格、符号及选择方法,以及电气控制线路的基本环节等知识,通过对典型机床电气控制系统的分析,学会正确选择和合理使用常用电器元件、分析和设计电气控制线路;PLC 控制部分,以西门子 S7-1200 PLC 为平台,应用博途软件进行组态,采取"项目引领、成果导向"模式,由浅入深地介绍了 S7-1200 PLC 基础、博途软件、基本指令和顺序控制编程、程序块编程等知识,使学习者初步具备使用 PLC 进行自动控制系统的设计、安装与调试等方面的能力。

在内容编排上,本书改变了以往以知识能力点为体系的框架,而是以任务书+知识体系+实践活动为主线组织教材内容。开发了"项目+任务"形式的教学模块。在每一个项目中,以学习成果为导向,围绕项目信息,引出任务,每个任务按照信息收集、计划制订、任务实施、任务评价及任务总结五个步骤进行。本书坚持问题导向、应用导向、效果导向,通过完整的项目实施增加对专业知识的深入理解,了解实践过程中的工作步骤,锻炼学生的专业能力、社会能力和方法能力。

本书具有以下特色与创新。

(1)各模块构建时强调学生的主体地位,同时秉承立德树人理念,加强专业技能和工匠精神的双重培养。

(2)内容坚持以学习成果为导向,不仅注重专业知识的学习,而且更加注重培养解决问题的能力。

(3)结构模块化,每个工作任务可单独作为一个模块,独立性更强。

(4)适用面更广,符合多数学习者的心理特点及认知习惯,有利于提高学习兴趣。

本书的编写坚持校企深度合作,以可编程控制器在工业自动化控制中的典型应用为主线,贯穿"大思政课"理念,以专题讨论的方式融入育人环节,引导学习者关注我国工业技术的发展历程,培养使命感、荣誉感,增强文化自信、民族自信等。电气控制部分培养学习者重视电器元件选型,遵循国家标准规范,正确安装低压电器,做到定期检修、安全生产;谨记生产规范,养成良好的成本意识和绿色环保意识;工作严谨求实,树立安全第一、质量第一的职业意识。PLC控制部分使学习者在实践中领会新知识,巩固掌握的操作方法与操作要领,完成设备改造工作,培养爱岗敬业、团结协作、精益求精的职业道德和职业素养,充分感受学习PLC课程的重要性,热爱专业,立志成才,报效祖国。

本书由淄博职业学院张旭芬、张世生担任主编并统稿,郭方营、董健、马飞、王琨为本书的编写提供了帮助和建议,谨在此表示感谢。

由于编者水平有限,虽然经过反复推敲和校对,但书中难免有不足之处,恳请读者提出宝贵意见,以便进一步修改。

编者

2024 年 1 月

目　录

第一部分

电气控制

基本电气控制线路

项目一

三相异步电动机的正、反转控制

一、项目描述

识读 CA6140 型普通车床电气控制线路电气原理图,列出元器件清单并根据电动机的技术参数选配合适型号的低压电器。根据所学的知识,对电气控制柜进行设计,并掌握设计电气控制柜的基本思路和设计要点。

二、任务分析

本项目在工程实际中应用广泛,涉及的知识技能较多,分析控制要求和控制对象,并完成以下任务。

(1) 工作环节分析,明确使用工具、时间分配和安全工作内容。

(2) 电工工具的正确使用。

(3) 常用低压电器的识别、拆装与检修。

(4) 识读电气原理图,独立分析电动机点动、连续、正反转控制的工作过程。

(5) 故障现象分析与排除。

三、工作提示

(一) 能力目标

1. 专业能力

(1) 能够对工作环节进行分析,并合理安排时间,做好各项安全措施。

(2) 能够根据流程领取项目材料。

(3) 能够正确使用电工工具。

(4) 能够正确使用低压电器。

(5) 能够正确使用开关电源。

(6) 能够独立分析电气原理图。

(7) 能够按要求进行上电前检测。

(8) 能够按要求进行上电测试。

(9) 能够排除出现的故障。

（10）计划合理、完善,实施安全、规范。

2. 核心能力

（1）有较强的安全操作意识,做到确保安全防护。

（2）能够相互协作、沟通并分析解决问题。

（3）能够阅读相关表格、统计物料并制作物料清单。

（4）项目完成后,能进行自我评估并提出改进措施。

（二）工作步骤

对于本项目涉及的每个任务,将按照信息收集、计划制订、任务实施、任务评价及任务总结五个步骤进行。

任务一 低压电器的认识和选用

一、任务目标

【知识目标】

1. 熟悉常用低压电器的作用、结构、工作原理和电路图形符号。

2. 了解常用低压电器的技术参数。

3. 了解常用低压电器的选用原则。

【能力目标】

1. 能按要求对常用低压电器进行正确的检测、拆卸及安装。

2. 能区别各类不同低压电器及各自的适用场合。

3. 会对低压电器常见故障进行检修。

【素养目标】

1. 有较强的分析和解决问题的独立工作能力。

2. 形成严谨、求实的科学工作作风。

二、任务描述

了解常用低压电器的内部结构和工作原理。

三、工作任务

工作任务清单见表1-1。

表1-1 工作任务清单

任务内容	任务要求	验收方式
电器元件的识别	能够正确识别各种电器元件	自评、互评、师评
电路图形符号	能够正确画出各种电器元件的电路图形符号	自评、互评、师评
电工、工具的使用	会使用万用表、验电笔、螺钉旋具、钢丝钳、剥线钳等电工工具	自评、互评、师评

四、相关知识

（一）三相交流异步电动机

1. 三相交流异步电动机的结构

动画：三相异步电动机的结构

三相交流异步电动机（以下简称三相异步电动机）是一种将电能转换为机械能的电力拖动装置，它主要由定子、转子及其之间的气隙构成。通电后，电流会在铁心中产生旋转磁场，通过电磁感应原理在转子绕组中产生感应电流，转子电流受到磁场电磁力的作用产生电磁转矩，并使转子旋转。三相异步电动机的外观和结构如图 1-1 所示。

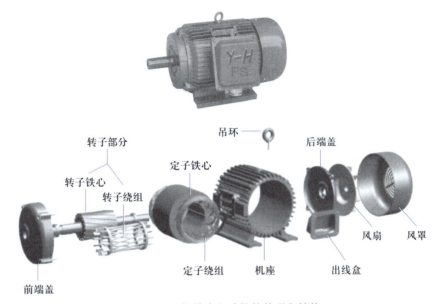

图 1-1　三相异步电动机的外观和结构

三相异步电动机的转子结构可分为笼型和绕线式两种，如图 1-2 所示。

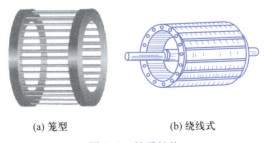

(a) 笼型　　　　　　　　(b) 绕线式

图 1-2　转子结构

2. 三相异步电动机的铭牌数据

在三相异步电动机的机座上安装有一块铭牌，如图 1-3 所示。

（1）型号。国家标准规定，型号包括产品名称代号、规格代号等，由汉语拼音大写字母或英语字母加阿拉伯数字组成，如图 1-4 所示。

三相交流异步电动机			
型号 Y112M-2		编号 ×××	
4 kW		8.2 A	
380 V	2 890 r/min	LW79dB(A)	
接法 △	防护等级　IP44	50 Hz	××kg
JB/T9616-1999	工作制	B级绝缘	××年××月

×××电机厂

图 1-3　三相异步电动机的铭牌

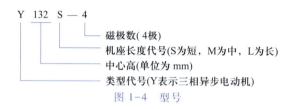

图 1-4　型号

1）类型代号:Y 表示笼型异步电动机;T 表示同步电动机;TF 表示同步发电机;Z 表示直流电动机;ZF 表示直流发电机。

2）中心高:是指由电动机轴心到机座底角面的高度。根据中心高的不同可以将电动机分为大型、中型、小型和微型四种,其中中心高在 45～71 mm 的属于微型电动机;中心高在 80～315 mm 的属于小型电动机;中心高在 355～630 mm 的属于中型电动机;中心高在 630 mm 以上的属于大型电动机。

3）机座长度代号用国际通用字母表示:S 表示短机座;M 表示中机座;L 表示长机座。

4）磁极数分 2 极、4 极、6 极和 8 极等。

（2）额定功率 P_N。额定功率是指在额定运行状态下转子轴输出的机械功率。

（3）额定电压 U_N。额定电压是指电动机在额定运行时定子绕组的线电压,它与绕组接法有对应关系。目前,Y 系列异步电动机的额定电压都是 380 V,3 kW 以下的接成星形（Y）联结,4 kW 以上的均接成三角形（△）联结。一般规定,电源电压波动不应超过额定电压的 ±5%,过高或过低对电动机的运行都是不利的。三相异步电动机的额定电压有 380 V、660 V、3 000 V 和 6 000 V 等多种。

（4）额定电流 I_N。铭牌上所标定的电流值即为额定电流,它是指电动机在额定运行状态下进入定子的线电流。

（5）额定转速 n_N。额定转速是指电动机在额定负载时的转子转速,单位为 r/min。

（6）接法。接法是指电动机在额定电压下定子绕组的连接方法。若铭牌上写"接法 △",额定电压"380 V",表明电动机额定电压为 380 V 时应接成 △联结。若铭牌上写"接法 Y/△",额定电压"380/220 V",表明电源线电压为 380 V 时应接成 Y联结,电源线电压为 220 V 时应接成 △联结。

（二）开关

开关是最普通、使用最早的电器,其作用是分合电路、开断电流。常用的有刀开关、负荷开关、转换开关和自动空气开关（低压断路器）等。下面只介绍前三种开关,低压断路器将在后面介绍。

1. 刀开关

在低压电路中,刀开关用于不频繁地手动接通、断开电路和作为电源隔离开关使用。刀开关主要由手柄、触刀、静插座铰链支座和绝缘底板组成,如图 1-5 所示。刀开关的触刀应垂直安装,手柄向上为合闸状态,向下为分闸状态,不得倒装或平装,避免由于重力自动下落,引起误动合闸。接线时,应将电源线接在上端,负载线接在下端。

动画:刀开关的结构

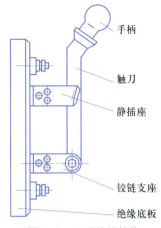

图 1-5　刀开关的结构

刀开关可以分为单极、双极和三极;也可以分为单方向投掷的单掷开关和双方向投掷的双掷开关;还可以分为带灭弧罩的刀开关和不带灭弧罩的刀开关。常用的产品有 HD11~HD14 和 HS11~HS13 系列刀开关。

刀开关型号的含义如图 1-6 所示。

图 1-6　刀开关型号的含义

刀开关的电路图形符号如图 1-7 所示。

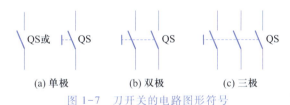

(a) 单极　　　　(b) 双极　　　　(c) 三极

图 1-7　刀开关的电路图形符号

选择刀开关时应注意如下几点。

(1) 根据使用场合,选择刀开关的类型、极数及操作方式。

(2) 刀开关额定电压应大于或等于线路电压。

(3) 刀开关额定电流应等于或大于线路的额定电流。

教学视频:刀开关、低压断路器的认识、选用与检测

2. 负荷开关

(1) 开启式负荷开关(HK 系列)

开启式负荷开关又称为瓷底胶盖开关,主要用作电气照明电路和电热电路的控制开关。与刀开关相比,开启式负荷开关增设了熔丝和防护外壳胶盖。开启式负荷开关内部装设了熔丝,可以实现短路保护,由于有胶盖,在分断电路时产生的电弧不致飞出,同时防止极间飞弧造成相间短路。

开启式负荷开关如图 1-8 所示。其安装注意事项和刀开关相同,电源进线应接在静插座一侧的进线端,用电设备应接在动触刀一侧的出线端。当开启式负荷开关断开时,闸刀和熔丝均不带

图 1-8　开启式负荷开关

电,以保证更换熔丝时的安全。

（2）封闭式负荷开关（HH 系列）

封闭式负荷开关又称为铁壳开关,它主要由闸刀、熔断器、夹座、速动弹簧、转轴、手柄和金属外壳组成,其三相闸刀固定在一根绝缘的方轴上,通过操作手柄控制闸刀分合。

封闭式负荷开关如图 1-9 所示。封闭式负荷开关常用在农村和工矿的电力照明、电力排灌等配电设备中,与刀开关一样,封闭式负荷开关也不能用于频繁地通断电路。

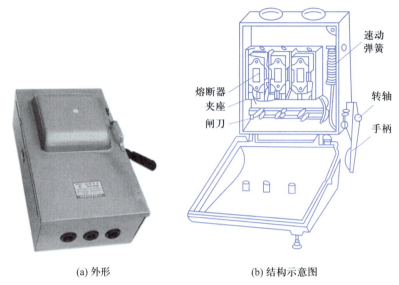

(a) 外形　　　　　　　　(b) 结构示意图

图 1-9　封闭式负荷开关

封闭式负荷开关采用储能合闸方式,其中装有速动弹簧,可使开关迅速地通断电路,其通断速度与操作手柄的操作速度无关,有利于迅速断开电路,熄灭电弧。封闭式负荷开关中还装有机械联锁,保证盖子打开时手柄不能合闸,当手柄处于闭合位置时,盖子不能打开,以保证操作安全。负荷开关的电路图形符号如图 1-10 所示。

图 1-10　负荷开关
的电路图形符号

3. 转换开关

转换开关是实现换接电源和负载的指令类低压电器,用于多个回路同时切换（多挡式）,因此不能用于频繁地接通或断开电路。

转换开关如图 1-11 所示。转换开关由转轴、凸轮、触点座、定位机构、螺杆和手柄等组

图 1-11　转换开关

成。当将手柄转动到不同的挡位时,转轴带着凸轮转动,使其中一些触点接通,另一些触点断开。

转换开关具有寿命长、使用可靠、结构简单等特点,适用于 380V(AC)、220V(DC)及以下的电源、5kW 以下小容量电动机的直接起动控制线路,以及电动机的正反转控制及照明控制线路中。注意,其每小时的转换次数不宜超过 15 次。

转换开关的电路图形符号及通断表如图 1-12 所示,图形符号中的每一条横线表示一路触点,竖的虚线表示手柄位置。如图 1-12(a)所示,用有或无"·"表示触点的闭合和打开状态,即若在触点图形符号下方的虚线位置上画"·",则表示当操作手柄处于该位置时,该触点处于闭合状态;若在虚线位置上未画"·",则表示该触点处于打开状态。触点通断也可用通断表来表示,如图 1-12(b)所示,表中的"×"表示触点闭合。

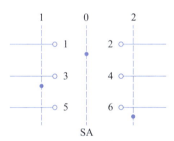

触点	位置		
	1	0	2
1-2		×	
3-4	×		
5-6			×

(a) 电路图形符号　　　　　　　　　　　(b) 通断表

图 1-12　转换开关的电路图形符号及通断表

教学视频:熔断器、热继电器的认识、选用与检测

动画:熔断器的分类及电路图形符号

(三)熔断器

熔断器是对电路、用电设备进行短路和过载保护的低压电器,它主要由熔体和安装熔体的绝缘管(绝缘座)组成。熔断器一般串接在电路中,当电路正常工作时,熔断器就相当于一根导线;当电路出现短路或过载时,流过熔断器的电流很大,熔断器就会开路,从而保护电路和用电设备。

1. 熔断器的分类

熔断器的种类很多,常见的有瓷插式熔断器(RC)、螺旋式熔断器(RL)、无填料封闭管式熔断器(RM)、快速熔断器(RS)、有填料封闭管式熔断器(RT)和自复式熔断器(RZ)等。常见的熔断器如图 1-13 所示。

图 1-13　常见的熔断器

2. 熔断器的型号和电路图形符号

熔断器的型号及其含义如图 1-14 所示。熔断器的电路图形符号如图 1-15 所示。

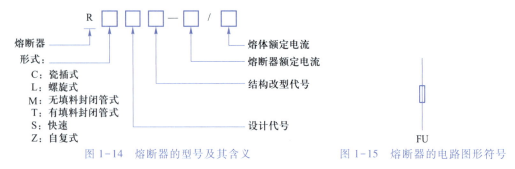

图 1-14　熔断器的型号及其含义　　　　　图 1-15　熔断器的电路图形符号

3. 熔断器的主要技术参数

熔断器的主要技术参数包括额定电压、熔体额定电流、熔断器额定电流、极限分断能力和安秒特性等。

（1）额定电压：熔断器长时间工作所能承受的电压。如果熔断器实际工作电压大于其额定电压，熔体熔断时可能发生电弧不能熄灭的危险。

（2）熔体额定电流：熔体长期通过而不会熔断的电流。

（3）熔断器额定电流：保证熔断器能长期正常工作的电流。它由熔断器各部分长期工作时允许温升决定。它与熔体的额定电流是两个不同的概念。通常一个额定电流等级的熔断器可以配用若干个额定电流等级的熔体，但熔体的额定电流不能大于熔断器的额定电流。

（4）极限分断能力：熔断器在额定电压下所能分断的最大短路电流。在电路中出现的最大电流一般是指短路电流值，所以，极限分断能力也反映了熔断器分断短路电流的能力。

（5）安秒特性：在规定的条件下，表征流过熔体的电流与熔体熔断时间的关系曲线称为熔断器的安秒特性，也称为熔断器的保护特性，如图 1-16 所示。

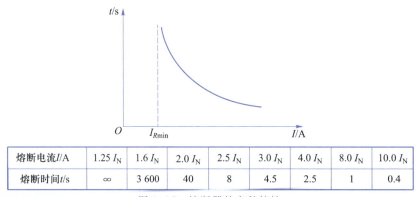

熔断电流 I/A	$1.25\,I_N$	$1.6\,I_N$	$2.0\,I_N$	$2.5\,I_N$	$3.0\,I_N$	$4.0\,I_N$	$8.0\,I_N$	$10.0\,I_N$
熔断时间 t/s	∞	3 600	40	8	4.5	2.5	1	0.4

图 1-16　熔断器的安秒特性

4. 熔断器的选择

（1）熔断器类型的选择。熔断器类型主要根据负载的过载特性和短路电流的大小来选择。例如对于容量较小的照明电路或电动机的保护，可采用 RCA1 系列或 RM10 系列无填料封闭管式熔断器；对于容量较大的照明电路或电动机的保护，短路电流较大的电路或有易燃气体的场所，则应采用螺旋式或有填料封闭管式熔断器；用于半导体电器件保护的，则应采用快速熔断器。

（2）熔断器额定电压的选择。熔断器的额定电压应大于或等于实际电路的工作电压。

（3）熔断器额定电流的选择。熔断器的额定电流应大于或等于所装熔体的额定电流。

确定熔体的额定电流是选择熔断器的首要任务,具体有下列几项原则。

1) 对于照明线路或电阻炉等没有冲击性电流的负载,熔断器用于过载和短路保护时,熔体的额定电流应大于或等于负载的额定电流,即 $I_{RN} \geqslant I_N$,式中,I_{RN} 为熔体的额定电流,I_N 为负载的额定电流。

2) 电动机的起动电流很大,熔体在短时通过较大的起动电流时,不应熔断,因此熔体的额定电流选得较大,熔断器对电动机只宜用作短路保护而不宜用作过载保护。

① 保护单台长期工作的电动机时,熔体电流可按最大起动电流选取,也可按下式选取:

$$I_{RN} \geqslant (1.5 \sim 2.5) I_N$$

式中,I_{RN} 为熔体的额定电流;I_N 为电动机额定电流。如果电动机频繁起动,式中系数可适当加大至 3~3.5,具体应根据实际情况而定。

② 保护多台长期工作的电动机,出现尖峰电流时,熔断器不应熔断,则应按下式计算:

$$I_{RN} \geqslant (1.5 \sim 2.5) I_{Nmax} + \sum I_N$$

式中,I_{Nmax} 为容量最大的一台电动机的额定电流;$\sum I_N$ 为其余各台电动机额定电流之和。

3) 熔断器熔体额定电流的选择。在小容量变流装置中(晶闸管整流元件的额定电流小于 200 A)熔断器的熔体额定电流则应按下式计算:

$$I_{RN} = 1.57 \quad I_{SCR}$$

式中,I_{SCR} 为晶闸管整流元件的额定电流。

5. 熔断器的安装

(1) 用于安装使用的熔断器应完整无损。

(2) 熔断器安装时应保证熔体与夹头、夹头与夹座接触良好。

(3) 熔断器内要安装合格的熔体。

(4) 更换熔体或熔管时,必须切断电源。

(5) 对 RM10 系列熔断器,在切断过三次分断能力的电流后,必须更换熔断管。

(6) 熔体熔断后,应分析原因排除故障后,再更换新的熔体。

(7) 熔断器兼作隔离器件使用时,应安装在控制开关的电源进线端。

6. 熔断器的常见故障及其处理方法

熔断器的常见故障及其处理方法见表 1-2。

表 1-2　熔断器的常见故障及其处理方法

故障现象	可能原因	处理方法
电路接通瞬间,熔体熔断	熔体电流等级选择过小	更换熔体
	负载侧短路或接地	排除负载故障
	熔体安装时受机械损伤	更换熔体
熔体未熔断,但电路不通	熔体或接线座接触不良	重新连接

(四) 接触器

接触器是一种用来自动接通或断开大电流电路的低压电器。它可以频繁地接通或分断交直流电路,并可实现远距离控制。其主要控制对象是电动机,也可用于电热设备、电焊机、电容器组等其他负载。接触器具有控制容量大、过载能力强、寿命长、设备简单经济等特点,它还具有低电压释放保护功能,是电力拖动自动控制线路中使用最广泛的电器元件。

接触器按其主触点通过电流的种类可分为交流接触器和直流接触器。交流接触器又可分为电磁式和真空式两种。以下主要以常用的电磁式交流接触器来介绍交流接触器。

1. 交流接触器的结构

交流接触器的外形如图 1-17 所示。

(a) CJ20型交流接触器的外形　　(b) CJ10型交流接触器的外形

图 1-17　交流接触器的外形

图 1-18 所示为交流接触器的结构示意图,它分别由电磁系统、触点系统、灭弧装置和其

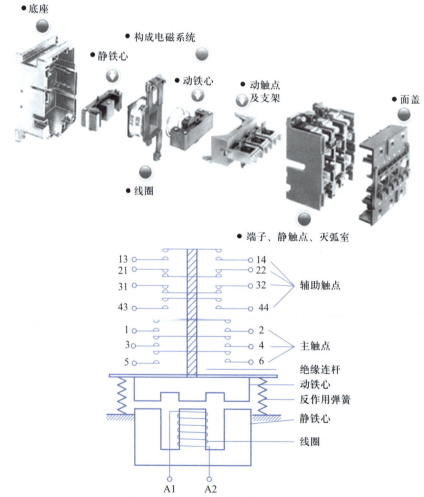

图 1-18　交流接触器的结构示意图

他部件组成。

（1）电磁系统：由线圈、动铁心（衔铁）和静铁心组成，其作用是将电磁能转换成机械能，产生电磁吸力带动触点动作。

（2）触点系统：包括主触点和辅助触点。主触点用于通断主电路，通常为三对动合触点。辅助触点用于控制电路，起电气联锁作用，故又称为联锁触点，一般动合、动断各两对。

（3）灭弧装置：容量在 10 A 以上的接触器都有灭弧装置。对于小容量的接触器，常采用双断口触点灭弧、电动力灭弧、相间弧板隔弧及陶土灭弧罩灭弧；对于大容量的接触器，常采用纵缝灭弧罩及栅片灭弧；高压接触器多采用真空灭弧。

（4）其他部件：包括反作用弹簧、缓冲弹簧、触点压力弹簧、传动机构及外壳等。

接触器上标有端子标号，线圈为 A1、A2，主触点 1、3、5 接电源侧，2、4、6 接负载侧。辅助触点用两位数表示，前一位数为辅助触点顺序号，后一位数的 3、4 表示动合触点，1、2 表示动断触点。CJX2 交流接触器的外形和接线端子如图 1-19 所示，辅助触点组的外形和接线端子如图 1-20 所示。

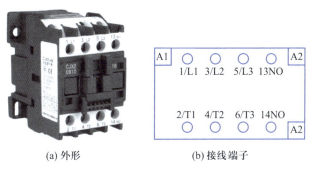

(a) 外形　　　　　(b) 接线端子

图 1-19　CJX2 型交流接触器的外形和接线端子

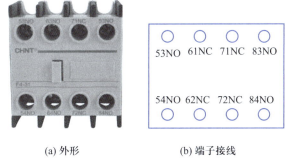

(a) 外形　　　　　(b) 端子接线

图 1-20　CJX2 型交流接触器辅助触点组的外形和接线端子

交流接触器的工作原理如图 1-21 所示。线圈通电后，在静铁心中产生磁通及电磁吸力。此电磁吸力克服反作用弹簧的反力使得动铁心吸合，带动触点机构动作，动断触点打开，动合触点闭合，互锁或接通线路。线圈失电或线圈两端电压显著降低时，电磁吸力小于反作用弹簧的反力，使得动铁心释放，触点机构复位，断开线路或解除互锁。这个功能就是接触器的失电压保护功能。

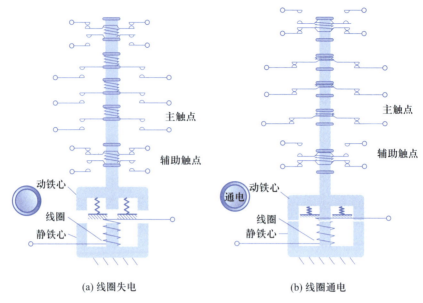

主触点

辅助触点

动铁心

线圈

静铁心

通电

主触点

辅助触点

动铁心

线圈

静铁心

(a) 线圈失电　　　　　　　　　　　　(b) 线圈通电

图 1-21　交流接触器的工作原理

2. 短路环

为了消除交流接触器工作时的振动和噪声,交流接触器的静铁心上必须装有短路环。图 1-22 所示为交流接触器上短路环的示意图。

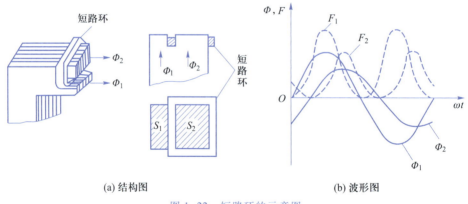

(a) 结构图　　　　　　　　　　　　(b) 波形图

图 1-22　短路环的示意图

交流接触器在运行过程中,线圈中通入的交流电在静铁心中产生交变磁通,因而静铁心与动铁心间的吸力是变化的,这会使动铁心产生振动,发出噪声,更主要的是会影响到触点的闭合。为消除这一现象,在交流接触器的静铁心两端各开一个槽,槽内嵌装短路环,如图 1-22(a) 所示。加装短路环后,当线圈通以交流电时,线圈电流 I_1 产生磁通 Φ_1,Φ_1 的一部分穿过短路环,环中感应出电流 I_2,I_2 又会产生一个磁通 Φ_2,两个磁通的相位不同,即 Φ_1、Φ_2 不同时为 0,如图 1-22(b) 所示,这样就保证了静铁心与动铁心在任何时刻都有吸力,动铁心将始终被吸住,这样就解决了振动的问题。

3. 交流接触器的主要参数

(1) 额定电压:有两种,一是指主触点的额定电压(线电压),一只接触器常规定几个额定电压,同时列出相应的额定电流或控制功率,常用的额定电压值有 220 V、380 V 和 660 V,

在特殊场合应用的额定电压高达 1 140 V;二是指吸引线圈的额定电压,常用的有 36 V、127 V、220 V 和 380 V。

(2)额定电流:指主触点的额定工作电流。它是在一定的条件(额定电压、使用类别和操作频率等)下规定的,常用额定电流等级为 5 A、10 A、20 A、40 A、60 A、100 A、150 A、250 A、400 A、600 A。

交流接触器的使用类别、主触点要求达到的接通和分断能力及典型用途见表 1-3。

表 1-3　交流接触器的使用类别、主触点接通和分断能力及典型用途

使用类别	主触点接通和分断能力	典型用途
AC-1	允许接通和分断额定电流	无感或微感负载、电阻炉
AC-2	允许接通和分断 4 倍额定电流	绕线式异步电动机的起动和停止
AC-3	允许接通 6 倍额定电流和分断额定电流	笼型异步电动机的起动和运行中分断
AC-4	允许接通和分断 6 倍额定电流	笼型异步电动机的起动、反接制动、反转和点动

(3)通断能力:分为最大接通电流和最大分断电流。最大接通电流是指触点闭合时不会造成触点熔焊时的最大电流;最大分断电流是指触点断开时能可靠灭弧的最大电流。

(4)动作值:是指交流接触器的吸合电压和释放电压。规定交流接触器的吸合电压大于线圈额定电压的 85% 时应可靠吸合,释放电压不高于线圈额定电压的 70%。

(5)额定操作频率:是指每小时允许的操作次数,一般为 300 次/h、600 次/h 和 1200 次/h。

(6)寿命:包括电气寿命和机械寿命。目前交流接触器的机械寿命已达一千万次以上,电气寿命是机械寿命的 5%~20%。

4. 接触器的型号和电路图形符号

接触器的型号及其含义如图 1-23 所示。

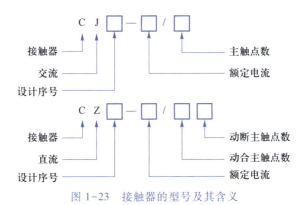

图 1-23　接触器的型号及其含义

接触器的电路图形符号如图 1-24 所示。

(a) 线圈　　(b) 主触点　　(c) 辅助动合触点　　(d) 辅助动断触点

图 1-24　接触器的电路图形符号

5. 接触器的选择

接触器的选择应遵循以下原则。

（1）根据负载性质选择接触器的结构形式及使用类别。

（2）主触点的额定工作电流应大于或等于负载电路的电流。要注意的是接触器的额定工作电流是在规定的条件（额定工作电压、使用类别、操作频率等）下能够正常工作的电流值，当实际使用条件不同时，这个电流值也将随之改变。

（3）主触点的额定工作电压应大于或等于负载电路电压。

（4）吸引线圈的额定电压应与控制线路电压相一致。当控制线路简单，使用电器元件较少时，为节省变压器，可直接选用 380 V 或 220 V 的交流电压；当线路复杂，使用电器元件超过 5 个时，从人身和设备安全角度考虑，吸引线圈电压要选低一些，可选用 36 V 或 110 V 的交流电压的线圈。

（5）接触器触点数和种类应满足主电路和控制电路的要求。

（五）热继电器

热继电器是利用电流流过热元件时产生的热量，使双金属片发生弯曲而推动执行机构动作的一种保护电器，主要用于交流电动机的过载保护、断相及电流不平衡运动的保护及其他电气设备发热状态的控制。热继电器还常和交流接触器配合组成电磁起动器，广泛用于三相异步电动机的长期过载保护。热继电器的外形和结构原理如图 1-25 所示。

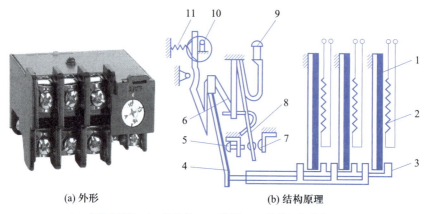

(a) 外形　　　　　　　　　　　(b) 结构原理

1—主双金属片；2—热元件；3—导板；4—补偿双金属片；
5—螺钉；6—推杆；7—静触点；8—动触点；9—复位按钮；
10—调节凸轮；11—弹簧

图 1-25　热继电器的外形和结构原理

1. 热继电器的结构和工作原理

动画：热继电器的结构

热继电器主要由热元件、双金属片和触点等组成。热元件由发热电阻丝制成，双金属片由两种热膨胀系数不同的金属碾压而成，其受热时，会出现弯曲变形。使用时，把热元件串接于电动机的定子电路中，通过热元件的电流就是电动机的工作电流，而热继电器的动断触点串接于电动机的控制电路中。

在图 1-25（b）中，热元件通电发热后，主双金属片受热向左弯曲，推动导板向左推动执行机构发生一定的运动。当电动机正常运行时，其工作电流通过热元件产生的热量不足以使双金属片变形到位,热继电器不会动作。当电动机发生过电流且超过整定值时,双金属片受热量增大而发生弯曲,经过一定时间后,使动触点动作,通过控制电路切断电动机的工作电源。热继电器动作后一般不能自动复位,要等双金属片冷却后按下复位按钮才能复位。

热继电器动作电流的调节可以借助旋转调节凸轮于不同位置来实现。

热继电器具有反时限保护特性,即过载电流大,动作时间短;过载电流小,动作时间长。当电动机的工作电流为额定电流时,热继电器应长期不动作。

热继电器由于热惯性,当电路短路时不能立即动作使电路立即断开,因此不能用作短路保护。

电动机断相运行是电动机烧毁的主要原因之一,因此要求热继电器还应具备断相保护功能。如图 1-26 所示,热继电器的导板采用差动式断相保护机构,在断相工作时,其中两相电流增大,一相逐渐冷却,这样可使热继电器的动作时间缩短,从而更有效地保护电动机。

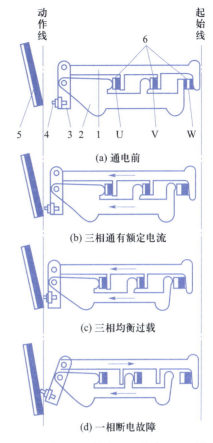

(a) 通电前

(b) 三相通有额定电流

(c) 三相均衡过载

(d) 一相断电故障

1—上导板；2—下导板；3—杠杆；4—顶头；
5—补偿双金属片；6—主双金属片

图 1-26　差动式断相保护机构及工作原理

2. 热继电器的型号和电路图形符号

热继电器的型号及其含义和电路图形符号如图 1-27 所示。

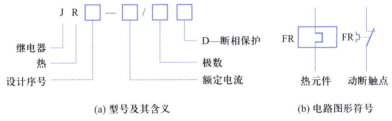

(a) 型号及其含义　　　　(b) 电路图形符号

图 1-27　热继电器的型号及其含义和电路图形符号

3. 热继电器的主要参数

(1) 整定电流:热元件能够长期通过而不致引起热继电器动作的最大电流值。

(2) 热元件额定电流:热元件的最大整定电流值。

(3) 热继电器额定电流:热继电器中可以安装的热元件的最大整定电流值。

4. 热继电器的选择

(1) 热继电器的类型选择。一般轻载起动、长期工作的电动机或间断长期工作的电动机,可选用两相结构的热继电器(即在两相主电路中串接热元件);当电源电压的均衡性和工作环境较差或较少有人照管的电动机,或多台电动机的功率差别较大,可选用三相结构的热继电器;而三角形联结的电动机,应选用带断相保护装置的热继电器。

（2）热元件的额定电流选择。热元件额定电流应略大于电动机的额定电流。

（3）热继电器的复位形式选择。热继电器一般有手动复位和自动复位两种复位形式,实际工作中应设置为哪种形式,要根据具体情况而定。从控制电路的情况而言,采用按钮控制的手动起动和手动停止的控制电路,热继电器可设置为自动复位形式;采用自动元器件控制的自动起动电路,可将热继电器设置为手动复位形式。对于重要设备,热继电器动作后,需检查电动机与拖动设备,为防止热继电器再次脱扣,此时宜采用手动复位形式。对于热继电器和接触器安装在远离操作地点,且电动机过载的可能性又比较大时,也宜采用手动复位形式。

（4）热元件的整定电流选择。一般情况下,电动机的起动电流为额定电流的 6 倍左右,且起动时间不超过 6 s 时,整定电流可调整为电动机的额定电流;对于过载能力差的电动机,可将热元件整定电流调整到电动机额定电流的 60%~80%;对起动时间较长,所带负载具有冲击性且不允许停机时,热元件的整定电流应调节到电动机额定电流的 1.1~1.15 倍。

熔断器和热继电器

熔断器和热继电器这两种保护电器,都是利用电流的热效应原理实现过电流保护的,但它们的动作原理不同,用途也有所不同,不能混淆。

在感性负载电路中作保护,起动电流是额定电流的 4~7 倍,一般熔体额定电流选择为负载电流的 1.5~2.5 倍,这样熔断器就很难起到过载保护作用,因而熔断器只能用在感性负载电路中,作短路保护,不能用作过载保护,过载保护只能选择热继电器。

（六）按钮

按钮是一种结构简单、使用广泛的手动主令电器,它可以与接触器或继电器配合,对电动机实现远距离的自动控制,用于实现控制线路的电气联锁。常用的按钮外形如图 1-28 所示。

1. 按钮的结构和工作原理

动画: 按钮的工作原理

按钮由按钮帽、复位弹簧、桥式触点和外壳等组成,通常做成复合式,即具有动断触点和动合触点,其结构如图 1-29 所示。按下按钮时,先断开动断触点,后接通动合触点;按钮释放后,在复位弹簧的作用下,按钮触点自动复位的先后顺序与按下时相反。在分析实际控制电路时应特别注意,动断和动合触点在改变工作状态时,先后有个很短的时间差不能被忽视。

图 1-28　常用的按钮外形

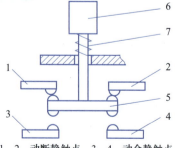

1、2—动断静触点；3、4—动合静触点；
5—桥式触点；6—按钮帽；7—复位弹簧

图 1-29　按钮结构示意图

按钮的种类很多,根据结构可分为揿钮式、紧急式、钥匙式、旋钮式、带灯式和打碎玻璃式按钮。

按使用场合、作用不同,通常将按钮帽做成黄、绿、红、黑、白、蓝、灰等颜色。国家标准《机械电气安全　机械电气设备　第1部分:通用技术条件》(GB5226.1—2019)对按钮帽颜色做了如下规定。

(1)"停止"和"急停"按钮必须是红色。

(2)"起动"按钮的颜色为绿色。

(3)"起动"与"停止"交替动作的按钮必须是黑白、白色或灰色。

(4)"点动"按钮必须是黑色。

(5)"复位"按钮必须是蓝色(如保护继电器的复位按钮)。当复位按钮还有"停止"作用时,则必须是红色。

2. 按钮的型号和电路图形符号

按钮的型号及其含义如图1-30所示。

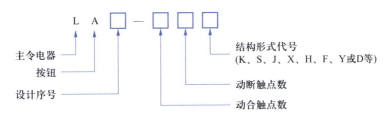

图1-30　按钮的型号及其含义

其中,结构形式代号的含义为:K-开启式,S-防水式,J-紧急式,X-旋钮式,H-保护式,F-防腐式,Y-钥匙式,D-带灯按钮。

按钮的电路图形符号如图1-31所示。

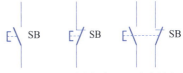

(a) 动合触点　(b) 动断触点　(c) 复合触点

图1-31　按钮的电路图形符号

3. 按钮的选择

按钮主要根据使用场合、用途、控制需要及工作状况等进行选择。

(1)根据使用场合,按钮可选用开启式、防水式和防腐式等。

(2)根据用途,按钮可选用钥匙式、紧急式和带灯式等。

(3)根据控制电路的需要,确定不同的按钮数,如单钮、双钮、三钮和多钮等。

(4)根据工作状态指示和工作情况的要求,选择按钮及指示灯的颜色。

教学视频:按钮、行程开关的认识、选用与检测

(七)行程开关

行程开关又称为限位开关,在机电设备的行程控制中不需要人为操作,而是靠机械运动部件的挡铁碰压行程开关而使其动合触点闭合,动断触点断开,从而对控制电路发出接通、断开的转换命令。行程开关主要用于控制生产机械的运动方向、行程的长短及限位保护。行程开关按其结构可分为直动式、滚轮式和微动式,如图1-32所示;按其复位方式可分为自动复位和非自动复位;按其触点性质可分为触点式和无触点式。

行程开关的型号及其含义如图1-33所示。

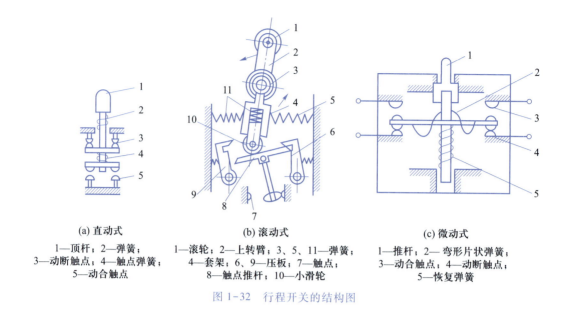

(a) 直动式

1—顶杆；2—弹簧；
3—动断触点；4—触点弹簧；
5—动合触点

(b) 滚动式

1—滚轮；2—上转臂；3、5、11—弹簧；
4—套架；6、9—压板；7—触点；
8—触点推杆；10—小滑轮

(c) 微动式

1—推杆；2—弯形片状弹簧；
3—动合触点；4—动断触点；
5—恢复弹簧

图 1-32　行程开关的结构图

行程开关的电路图形符号如图 1-34 所示。

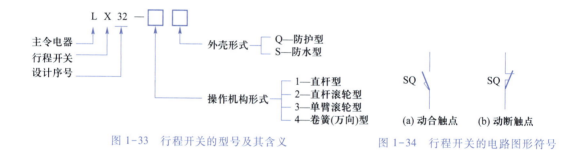

图 1-33　行程开关的型号及其含义

图 1-34　行程开关的电路图形符号

（八）接近开关

接近开关是一种非接触式的位置开关,它由感应头、高频振荡器、放大器和外壳组成。其动作原理是当检测物体接近到接近开关的感应头一定距离(几毫米至几十毫米)时,接近开关便动作。

接近开关可广泛应用于产品计数、测速、液面控制、金属检测等领域中。接近开关的外形如图 1-35 所示,其电路图形符号如图 1-36 所示。

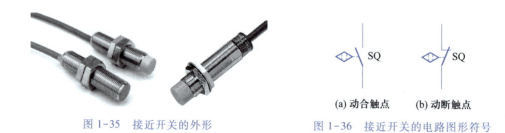

图 1-35　接近开关的外形

图 1-36　接近开关的电路图形符号

接近开关按工作原理分为无源接近开关、电感式接近开关、电容式接近开关、霍尔式接近开关、光电式接近开关等。

1. 无源接近开关

无源接近开关不需要电源,通过磁力感应控制开关的闭合状态。当磁质或者铁质触发器靠近开关磁场时,由开关内部磁力作用控制闭合。特点:不需要电源,非接触式、免维护、环保。

2. 电感式接近开关

电感式接近开关又称为涡流式接近开关。如图 1-37 所示,它由感应磁罐、高频振荡电路、整形检波电路、信号处理电路和开关量输出电路组成,利用金属物体在接近能产生交变电磁场的感应磁罐时,使物体内部产生涡流。产生的涡流反作用于接近开关,使接近开关振荡能力衰减,内部电路的参数发生变化,由此识别出有无金属物体接近,进而控制开关的通或断。电感式接近开关所能检测的物体必须是导电性能良好的金属物体。

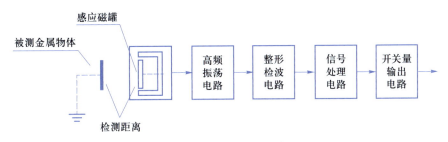

图 1-37　电感式接近开关的工作原理框图

3. 电容式接近开关

如图 1-38 所示,电容式接近开关的感应面由两个同轴金属电极构成,很像"打开的"电容电极,这两个电极构成一个电容器。

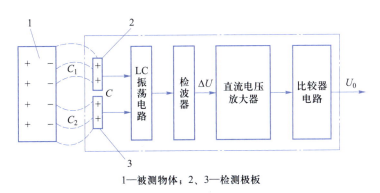

1—被测物体;2、3—检测极板

图 1-38　电容式接近开关的工作原理框图

当一个目标朝着该电容器的电极靠近时,电容器的容量增加。通过后级电路的处理,将停振和振荡两种信号转换成开关信号,从而起到了检测有无物体存在的目的。该接近开关能检测到金属物体,也能检测到非金属物体,对金属物体可获得最大的动作距离,对非金属物体动作距离决定于材料的介电常数 ε。

4. 霍尔式接近开关

霍尔元件是一种磁敏元件。利用霍尔元件做成的接近开关,称为霍尔式接近开关。当磁性物体靠近霍尔式接近开关时,开关检测面上的霍尔元件因产生霍尔效应而使开关内部电路状态发生变化,由此识别附近有磁性物体存在,进而控制开关的通或断。霍尔式接近开关的检测对象必须是磁性物体。

5. 光电式接近开关

利用光电效应做成的接近开关称为光电式接近开关。将发光器件与光电器件按一定方向装在同一个检测头内,当有被检测物体的反光面接近时,光电器件接收到反射光后便在信号端输出,由此便可"感知"有物体接近。

6. 其他形式的接近开关

当观察者或系统相对波源的距离发生改变时,接近到的波的频率会发生偏移,这种现象称为多普勒效应。声呐和雷达就是利用多普勒效应制成的。利用多普勒效应还可制成超声波式接近开关、微波式接近开关等。当有物体移近时,接近开关接收到的反射信号会产生多普勒频移,由此可以识别出有无物体接近。

按输出的形式,接近开关又可分为两线制和三线制。三线制接近开关又分为 NPN 输出型和 PNP 输出型两种,分别对应相应的 PLC 输入点,如源型和漏型的输入点。接线时可以根据线的颜色区分,棕色或者红色接电源正极,蓝色接电源负极,黑色接输入信号。

五、工作过程

(一) 信息收集

1. 引导题(可通过网络查询)

高层住宅排污泵控制线路如图 1-39 所示,思考能实现什么控制?

(a) 实物图

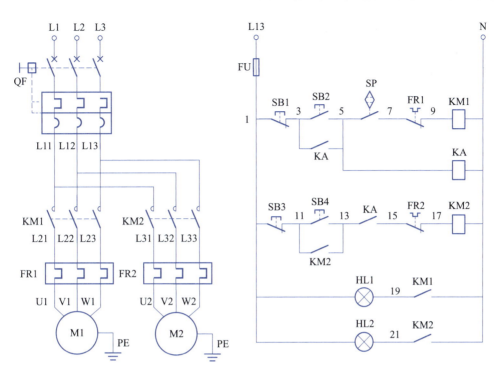

(b) 电气原理图

图 1-39　高层住宅排污泵电气控制线路

2. 任务分析

（1）电气和电器的区别是什么？

_____

_____

（2）怎样区分强电和弱电？

_____

_____

（3）低压电器的概念是什么？日常生活中你使用过哪些低压电器？

_____

_____

_____

3. 基础工作分析

基础工作 1：熟悉电动机铭牌上的技术参数。

将电动机铭牌上的技术参数填入表 1-4 中。

表 1-4　电动机铭牌上的技术参数

名称	电动机型号	额定电压	额定电流	工作方式	功率	接线方式	功率因数	转速
参数								

基础工作 2：分析电动机铭牌中型号的含义。

将电动机铭牌中型号的含义填入图 1-40 中。

基础工作 3：熟悉交流接触器。

（1）将交流接触器的技术参数填入表 1-5 中。

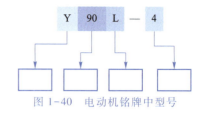

图 1-40 电动机铭牌中型号

表 1-5 交流接触器的技术参数

技术参数	交流接触器型号	线圈的工作电压	绝缘电压	额定电压	额定电流
数值					

（2）将表 1-6 中交流接触器各部件的名称填入图 1-41 相应的文本框中。

表 1-6 接触器各部件的名称

名称	主电源进线口	主电源出线口	辅助触点	型号	手动测试开关	品牌
序号	1	2	3	4	5	6

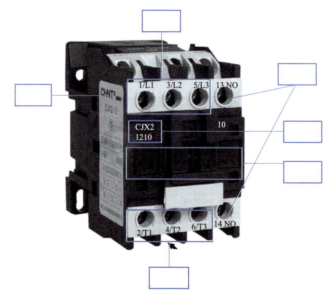

图 1-41 交流接触器示意图

（3）对照交流接触器进行相应的连线。

L1   主触点进线口

NO   主触点出线口

NC   线圈进线接线口

A1   动合触点

T1   动断触点

基础工作 4：熟悉热继电器。

（1）将表 1-7 中热继电器各部件的名称填入图 1-42 相应的文本框中。

表 1-7　热继电器各部件的名称

名称	热元件	双金属片	传动导板	复位调节螺钉	触点	整定值机械结构
序号	1	2	3	4	5	6

图 1-42　热继电器示意图

（2）将热继电器各部件的作用填入表 1-8 中。

表 1-8　热继电器各部件的作用

结构	部件名称	作用
外部结构	热元件 1、3、5 端	
	热元件 2、4、6 端	
	95、96 接线端子	
	97、98 接线端子	
	整定值调节钮	
	整定值调节螺钉	
	手动复位按钮	
内部结构	热元件	
	双金属片	
	传动导板	
	触点	

（3）画出图 1-43 所示电动机控制线路电气原理图中所需电器元件的电路图形符号。

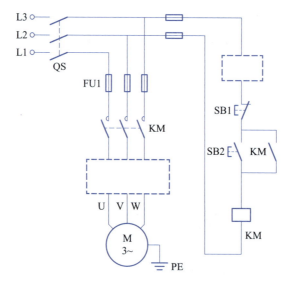

图 1-43 电动机控制线路电气原理

教学视频：
常用工具的
使用

（二）计划制订

1. 工作方式

工作方式：小组工作。

小组人数：4~5 人/组。

2. 设备器材

电工工具 1 套，导线若干，万用表 1 块。

3. 工作计划

根据本任务要求，探讨解决方案，小组成员进行分工，明确每个人在任务实施过程中主要负责的任务，并填入表 1-9 中。

表 1-9　工作计划表

序号	工作步骤	人员分工	完成情况	工作时间	
				计划	实际
1					
2					
3					
4					
5					

（三）任务实施

1. 电器元件识别

根据图 1-44 所示的 CA6140 型普通车床控制线路电气原理图和实验室已有电器元件，列出电器元件明细表，并进行检测，将电器元件的型号、规格、质检结果填入表 1-10 中。

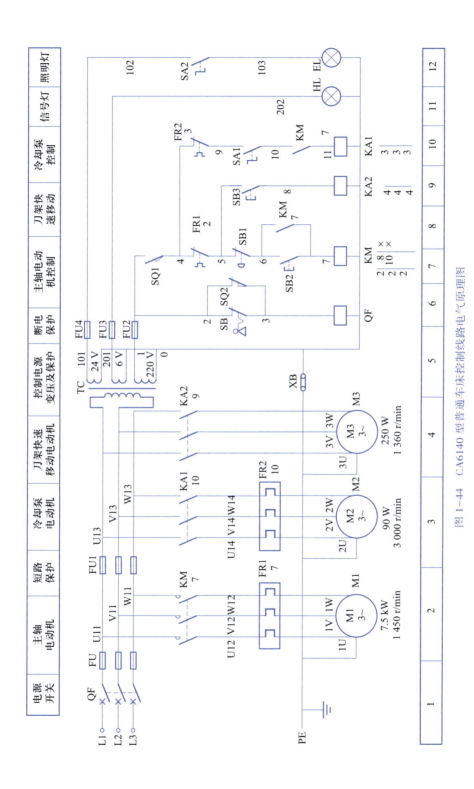

图 1-44 CA6140 型普通车床控制线路电气原理图

表 1-10 电器元件明细表

符号	名称	型号	规格	数量	质检结果
QF	低压断路器				
FU					
KM					测量线圈电阻值：
FR					
SA					
SB					
SQ					
HL					
EL					
M					测量电动机线圈电阻值：
T					

教学视频：
万用表的
使用

2. 交流接触器识别与故障诊断

（1）工具检查。正确选择项目中使用的工具，在使用过程中注意维护与保养。在使用工具前对工具的状态进行检查并填写表 1-11，若有损坏情况及时与实训指导教师沟通，进行更换。

表 1-11 工具检查表

序号	名称	工具状态是否良好	损坏情况（没有损坏则不填写）
1	剥线钳	是○ 否○	
2	针形端子压线钳	是○ 否○	
3	斜口钳	是○ 否○	
4	十字螺钉旋具	是○ 否○	
5	一字螺钉旋具	是○ 否○	
6	万用表	是○ 否○	
7	验电笔	是○ 否○	
8	钢丝钳	是○ 否○	
9	断线钳	是○ 否○	
10	尖嘴钳	是○ 否○	
11	电工刀	是○ 否○	
12	手工锯	是○ 否○	

注：检查工具的绝缘材料是否破损，工具的刃口是否损坏，验电笔是否能正常检测，手工锯的锯条是否完好，方向是否正确，工具上面是否有油污，万用表的电量是否充足、功能是否正常等

（2）实物认知。

1）仔细观察交流接触器的外形结构,用仪表测量各个触点的阻值。

2）观察交流接触器上的铭牌,了解其型号及各参数的意义。

（3）交流接触器故障诊断及维修。交流接触器常见的故障包括线圈通电后,交流接触器不动作或动作不正常,以及线圈断电后,交流接触器不释放或延时释放。

1）线圈通电后,交流接触器不动作或动作不正常,主要故障原因及维修方法如下。

① 线圈线路断路。检查接线端子有没有断线或松脱现象,如有断线则更换相应导线,如有松脱则紧固相应接线端子。

② 线圈损坏。用万用表测线圈的电阻,如电阻为+∞,则更换线圈。

③ 线圈额定电压比线路电压高。换上同等电压的线圈。

2）线圈断电后,交流接触器不释放或延时释放,主要故障原因及维修方法如下。

① 使用的交流接触器铁心表面有油或使用一段时间油腻。将铁心表面的防锈油脂擦干净,铁心表面要求平整,但不宜过光,否则易于造成延时释放。

② 触点抗熔焊性能差,在起动电动机或线路短路时,大电流使触点焊牢而不能释放。

（四）任务评价

在规定时间内完成任务,各组进行自我评价并展示,根据评分标准各组之间进行检查,评分标准见表1-12。

表 1-12　评 分 标 准

序号	项目内容	考核要求	评分细则	配分	扣分	得分
1	拆卸和装配	用正确的方法按步骤拆卸交流接触器,并按拆卸的逆顺序进行装配	（1）拆卸步骤及方法不正确,每次扣5分 （2）拆装不熟练,扣5~10分 （3）丢失零部件,每件扣10分 （4）拆卸不能组装,扣15分 （5）损坏零部件扣20分	50		
2	检修	正确利用工具对交流接触器进行检修	（1）未进行检修或检修无效果,扣30分 （2）检修步骤及方法不正确,每次扣5分 （3）扩大故障(无法修复),扣30分	30		
3	8S规范	整理、整顿、清扫、清洁、素养、安全、节约、学习	（1）没有穿戴防护用品,扣4分 （2）检修前未清点工具、仪器、耗材,扣2分 （3）乱摆放工具,乱丢杂物,完成任务后不清理工位,扣2~5分 （4）违规操作,扣5~10分 （5）成员不积极参与,扣5分	20		
定额时间	90分钟,每超时5分钟扣5分					
开始时间		结束时间		总分		

指导教师签字

年　　月　　日

（五）任务总结

任务完成后,请认真填写任务总结报告,见表1-13。

表 1-13　任务总结报告

任务名称		小组成员	
工作时间		完成时间	
工作地点		检验人员	

任务实施过程修正记录

原定计划（简要说明自己所承担的任务及实施的方法、步骤）：	实际实施：

学习的知识点、技能点

知识点：	技能点：

疑惑点与解决方法

疑惑点：	解决方法：

工作缺陷与整改方案

工作缺陷：	整改方案：

任务感悟

任务二　三相异步电动机连续与正、反转控制

一、任务目标

【知识目标】

1. 掌握电气控制系统设计的一般原则。
2. 理解自锁、互锁的基本概念。
3. 理解三相异步电动机点动、连续、正反转控制线路的工作原理。

【能力目标】

1. 能读懂典型机床电气控制线路电气原理图和电气安装接线图。
2. 能够绘制三相异步电动机点动、连续、正反转控制的电气原理图和电气安装接线图。
3. 会设计三相异步电动机点动、连续、正反转控制线路。

4. 能分析、检修、排除典型机床的电气故障。

【素养目标】

1. 具备工程意识、安全意识,养成自主学习的习惯。

2. 具备团结协作、主动探究的能力。

二、任务描述

CA6140 型普通车床如图 1-45 所示。本任务要求读懂车床电气控制线路的电气原理图及电气安装接线图,分析、检修、排除 CA6140 型普通车床的电气故障并填写维修记录。

图 1-45　CA6140 型普通车床

三、工作任务

工作任务清单见表 1-14。

表 1-14　工作任务清单

任务内容	任务要求	验收方式
识读电气控制线路电气原理图	掌握绘制和识读电气控制线路电气原理图的一般原则、步骤	自评、互评、师评
分析 CA6140 型普通车床电气控制线路	分析主电路、控制电路、辅助电路工作过程	自评、互评、师评
诊断 CA6140 型普通车床常见电气故障	分析、检修、排除车床的电气故障,填写维修记录	自评、互评、师评

四、相关知识

(一) 电气图识图及绘图标准

由按钮、开关、接触器、继电器等有触点的低压控制电器组成的控制线路称为电气控制线路。其优点是线路简单、维修方便、便于掌握、价格低廉、抗干扰能力强,可以很方便地实现简单和复杂的、集中和远距离的生产过程自动控制,在各种生产机械的电气控制领域中得到广泛的应用。

电气控制系统图(简称电气图)识图是从事电气控制系统设计的基础,能正确识读、绘制电气图,才能更好地完成控制功能,并正确使用和维护。电气图是工程技术的通用语言,为了便于交流与沟通,各种电器元件的图形符号、文字符号应符合制图国家标准或国际电工委员会(IEC)发布的有关标准规定。

按用途和表达方式的不同,电气图可分为电气原理图、电器元件布置图和电气安装接线图。对于一般的机电装备而言,电气原理图是必需的,而其余两种电气图则根据需要绘制。

(1)电气原理图。电气原理图是采用国标规定的图文符号,以电器元件展开的形式绘制而成。它不按照电器元件的实际布置位置来绘制,也不反映电器元件的大小,但包含了所有电器元件的导电部件和接线端点。其主要作用是便于工程师了解电气控制系统的工作原理,帮助工程师完成电气设备的安装、调试与维修。

下面以图1-46所示的电气原理图为例,介绍电气原理图的绘制原则、方法以及注意事项。

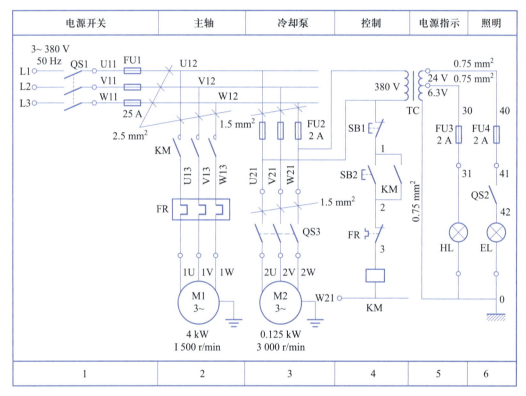

图1-46　CW6132型车床电气控制线路电气原理图

1)电气原理图一般由电源电路、主电路(动力电路)、控制电路和辅助电路四部分组成。

① 电源电路由电源保护和电源开关组成,按规定绘成水平线。

② 主电路是从电源到电动机的电路,是强电流通过的部分,应垂直于电源电路,用粗线画在电气原理图的左边。

③ 控制电路是通过弱电流的电路,一般由按钮、各种电器元件的线圈、接触器的辅助触点、继电器的触点等组成,应垂直地绘于两条水平电源线之间,用细线画在电气原理图的中间。

④ 辅助电路包括照明电路、信号电路等,应垂直地绘于两条水平电源线之间,用细线画在电气原理图的右边。

2）电气原理图中不画各电器元件的实际外形图,而采用国家标准规定的图形符号、文字符号。

3）电气原理图中,同一电器元件的各个部分不按实际位置画在一起,而是按其在电气控制线路中所起作用分别画在不同电路中,但动作是互相关联的,因此,应标注相同的文字符号。相同的电器元件可以在文字符号后面加注不同的数字,以示区别,如 SB1、SB2 等。

4）电气原理图中,各电器元件的触点位置都按电路未通电或电器元件未受外力作用时的常态位置画出。分析原理时,应从触点的常态位置开始。

5）电气原理图的绘制应该遵循自上而下、从左到右的原则,可水平布置或垂直布置。对于电路中各电器元件触点的图形符号,当图形垂直放置时以"左开右闭"绘制,即垂线左侧的触点为动合触点,垂线右侧的触点为动断触点;当图形为水平放置时以"上闭下开"绘制,即在水平线上方的触点为动断触点,在下方的触点为动合触点。电气原理图中,应尽可能减少线条和避免线条交叉。对有电联系的交叉导线连接点,要用小黑圆点表示;无电联系的交叉导线则不画小黑圆点。

6）为了便于检索和阅读,在电气原理图中可将图幅分成若干个图区,通常是一条回路或一条支路划分为一个图区。图区行的代号用英文字母表示,一般可省略,列的代号用阿拉伯数字表示。分区数应该是偶数,并从左到右依次用阿拉伯数字编号,标注在图纸下部的边框内。图的顶部为对应的功能栏,标明各图区电路的作用。

7）电气原理图上各电器元件连接点应编排接线号,以便检查和接线。

8）电气原理图采用电路编号法,即对电路中的各个节点用字母或数字编号。主电路中电源的三相接线端用 L1、L2、L3 来标注,经过电源开关 QS 后按照相序的编号进行编排。电源开关的出线端按相序依次编号为 U11、V11、W11。然后按从上至下、从左至右的顺序,每经过一个电器元件后,编号要递增,如 U12、V12、W12;U13、V13、W13;……。单台三相交流电动机(或设备)的三根引出线,按相序依次编号为 U、V、W。对于多台三相交流电动机引出线的编号,为了不致引起误解和混淆,可在字母前用不同的数字加以区别,如 1U、1V、1W ;2U、2V、2W;……。对控制电路和辅助电路中各个节点的编号是按照"等电位法"进行标注。

9）符号位置的索引。在接触器、继电器线圈的下方画出其触点的索引表,其含义见表1-15、表1-16。

表1-15 接触器索引表含义

左栏	中栏	右栏
主触点所在的图区号	辅助动合触点所在的图区号	辅助动断触点所在的图区号

表1-16 继电器索引表含义

左栏	右栏
动合触点所在的图区号	动断触点所在的图区号

（2）电器元件布置图。电器元件布置图主要是标示电气设备上各个电器元件的实际位置,采用简化的外形符号(如正方形、矩形、圆形等)绘制的一种简图。它不表达各个电器元件的具体结构、作用、接线情况以及工作原理,主要用于电器元件的布置和安装。图中各电

器元件的文字符号应与电气原理图和电气安装接线图的标注相一致。

下面以图 1-47 所示的电器元件布置图介绍电器元件布置图的绘制原则、方法以及注意事项。

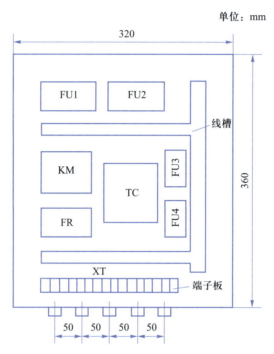

图 1-47 CW6132 型普通车床电气控制线路的电器元件布置图

1）体积较大和较重的电器元件应安装在电气控制柜或安装板的下方,而发热的电器元件应安装在电气控制柜或安装板的上方或后方,但热继电器一般安装在接触器的下面,以方便与电动机和接触器连接。

2）强电、弱电应分开走线,弱电应屏蔽,防止外界干扰。

3）需要经常维护、检修、调整的电器元件、操作开关、监视仪器仪表,安装位置不宜过高或过低,以便于工作人员操作。

4）电器元件的布置应尽可能做到整齐、美观、对称。外形尺寸与结构类似的电器元件安装在一起,以利于安装和配线。

5）电器元件布置不宜过密,应留有一定间距,如用走线槽,应加大各排电器元件间距,以利于布线和维修。

（3）电气安装接线图。电气安装接线图是按照电器元件的实际位置和实际接线绘制的。绘图时要把同一电器元件的各个部分画在一起,根据电器元件布置最合理、连接导线最经济等原则来安排。其主要用于安装接线、线路的检查维修和故障处理。

下面以图 1-48 所示电气安装接线图为例,介绍电气安装接线图的绘制原则、方法及注意事项。

1）电气安装接线图中一般示出如下内容:电气设备和电器元件的相对位置、文字符号、端子号、导线号、导线类型、导线截面积、屏蔽和导线绞合等。

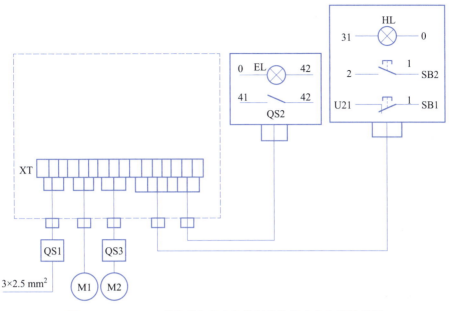

图 1-48　CW6132 型普通车床电气控制线路的电气安装接线图

2）所有的电气设备和电器元件都按其所在的实际位置绘制在图纸上,且同一电器元件的各部分根据其实际结构,使用与电气原理图相同的图形符号画在一起,并用点画线框上,文字符号以及接线端子的编号应与电气原理图的标注一致,以便对照检查线路。

3）电气安装接线图中的导线有单根导线、导线组、电缆等之分,可用连续线和中断线来表示,走向相同的可以合并,用线束来表示,到达接线端子或电器元件的连接点时再分别画出。另外,导线及管子的型号、根数和规格应标注清楚。

4）不在同一安装板或电气柜上的电器元件或信号的电气连接一般应通过端子排连接,并按照电气原理图中的接线编号连接。

（二）电气控制系统设计的一般原则

在电气控制系统设计过程中,通常应遵循以下原则。

（1）设计方案合理。设计的电气控制系统应能满足生产机械和生产工艺对电气控制系统的要求,并具有安全、可靠、维护方便的特点。在满足控制要求的前提下,设计方案应力求简单、经济、便于操作和维修,不要盲目追求高指标和自动化。对于设计的电气控制系统,一般人员经过短期培训就能掌握其操作方法,能对其进行维修。

（2）有工程实践观念。设计出的电气控制系统所采用的电器元件应为标准化、系列化的产品,不用或少用非标准化、非系列化产品。若采用非标准化、非系列化产品,应是结构简单、设计制造较容易的电器元件。此外,所用电器元件应便于安装和调整,还应注意经济性。严禁使用国家已明令禁止和淘汰的产品,应优先选用技术先进的新产品,确保使用安全。

设计控制线路时,应尽量减少连接导线的数量、缩短其长度,应考虑各个电器元件之间的实际接线,特别注意电气控制柜、操作台和按钮、限位开关等电器元件之间的连接线,如按钮一般安装在电气控制柜或操作台上,而接触器则安装在电气控制柜内。

（3）机械设计与电气设计应相互配合。电气控制系统的设计应根据机电一体化工程项目提出的技术要求、工艺要求,拟订总体技术方案,并与机械结构协调设计,才能开始进行设计工作。设计的先进性和实用性,是由机电设备的结构性能及其电气自动化程度共同决定的。

（4）确保控制系统安全可靠地工作。

（5）设计时,应以行业技术设计规范或国家标准技术设计规范为依据。

（三）识读电气控制线路的步骤

读图的步骤一般是:先主电路,然后控制电路,最后信号及照明等辅助电路。

分析主电路时,要弄清楚有几台电动机,各有什么特点,如是否有正反转、采用什么方法起动、有无调速和制动等。

分析控制电路时,一般从主电路的接触器入手,按动作的先后次序一个一个分析,搞清楚它们的动作条件和作用。控制电路一般都由一些基本环节组成,阅读时可把它们分解出来,先进行局部分析,再完成整体分析。此外还要看电路中有哪些保护环节。

（四）三相异步电动机单向起停控制电路

1. 开关直接起动控制线路

此控制线路用刀开关或组合开关直接控制电动机,将三相交流电压加在电动机的定子绕组上,如图 1-49 所示。工作过程为:合上刀开关 QS,电动机 M 接通电源,全压直接起动;打开刀开关,电动机断电停车。这种控制线路适用于不频繁起动的小容量电动机,如小型台钻、冷却泵和砂轮机等。

直接起动的优点是所需设备少、起动方式简单、成本低,缺点是不便于自动控制、不具备欠电压保护功能。

2. 接触器直接起动控制线路

（1）点动正转控制线路。按下按钮电动机就得电运行,松开按钮电动机就失电停转的控制方法,称为点动控制。点动正转控制线路是用按钮、接触器来控制电动机运行的最简单的正转控制线路。

1）点动正转控制线路电气原理图如图 1-50 所示,它可分为电源电路、主电路和控制电路三部分。

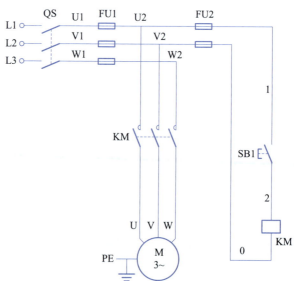

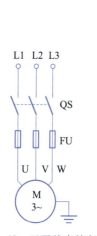

图 1-49　刀开关直接起动
　　控制线路电气原理图

图 1-50　点动正转控制线路电气原理图

① 电源电路:三相交流电源 L1、L2、L3 与刀开关 QS 组成电源电路。刀开关 QS 作为电源隔离开关。

② 主电路:熔断器 FU1、接触器 KM 主触点和三相异步电动机 M 构成主电路。熔断器 FU1 作主电路的短路保护,接触器 KM 的主触点控制电动机 M 的起动和停止。

③ 控制电路:熔断器 FU2、起动按钮 SB 和接触器 KM 线圈组成控制电路。熔断器 FU2 作控制电路的短路保护,起动按钮 SB 控制接触器 KM 线圈的得电与失电。

2)根据电气原理图,点动正转控制线路的工作过程如下。

① 先合上电源开关 QS。

② 起动:按下 SB→KM 线圈得电→KM 主触点闭合→电动机 M 起动运行。

③ 停止:松开 SB→KM 线圈失电→KM 主触点断开→电动机 M 断电停车。

④ 停止使用时,断开电源开关 QS。

点动控制能实现电动机短时转动,常用于机床的对刀调整和电动葫芦等。其优点是所用电器元件少、线路简单,缺点是操作劳动强度大、安全性差,且不便于实现远距离控制和自动控制。

(2)连续正转运行控制线路。按下按钮电动机就得电运行,松开按钮电动机继续得电运行的控制方法,称为连续运行控制,又称自锁控制。连续正转控制线路电气原理图如图 1-51 所示。

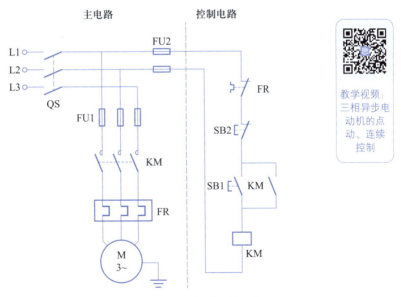

图 1-51　连续正转运行控制线路电气原理图

在图 1-51 所示电气原理图中,按钮 SB1 两端并联接触器的一对辅助动合触点便可实现电动机的连续运行。当松开起动按钮 SB1 后,SB1 的动合触点虽然恢复分断,但接触器 KM 的辅助动合触点闭合时已将 SB1 短接,使控制电路仍保持接通,接触器 KM 继续得电,电动机 M 实现连续运行。

当松开起动按钮后,接触器通过自身的辅助动合触点使其线圈保持得电的作用称为自锁或自保。实现自锁作用的辅助动合触点称为自锁触点。

1）连续正转运行控制线路的工作过程如下。

起动：合上电源开关 QS→按下起动按钮 SB1→接触器 KM 线圈通电→KM 主触点闭合和动合辅助触点闭合→电动机 M 接通电源连续运行。

停止：按下停止按钮 SB2→KM 线圈断电→KM 主触点和辅助动合触点断开→电动机 M 失电停车。

2）连续正转运行控制线路设有以下保护环节。

① 短路保护：短路时，熔断器 FU1 和 FU2 的熔体熔断而切断电路起保护作用。

② 电动机长期过载保护：采用热继电器 FR，由于热继电器的热惯性较大，即使热元件流过几倍于额定值的电流，热继电器也不会立即动作。因此在电动机起动时间不太长的情况下，热继电器不会动作，只有在电动机长期过载时，热继电器才会动作，其动断触点断开使控制电路断电，从而使 KM 主触点断开，起到保护电动机的作用。

③ 欠电压保护：如果电源电压过低（如降至额定电压的 85% 以下），则接触器线圈产生的电磁吸力不足，接触器会在反作用弹簧的作用下释放，从而切断电动机电源，防止电动机在电压不足的情况下运行，这种保护功能称为欠电压保护，由接触器 KM 实现。

④ 失电压保护：如果在工作中突然停电而又恢复供电，由于接触器 KM 断电时自锁触点已断开，这就保证了在未再次按下起动按钮 SB1 时接触器 KM 不动作，因此不会因电动机自行起动而造成设备和人身事故。这种在突然停电时能够自动切断电动机电源的保护功能称为失电压（或零电压）保护，由接触器 KM 实现。

3）连续正转运行控制线路具有如下优点。

① 防止电源电压严重下降时电动机欠电压运行。

② 防止电源电压恢复时，电动机突然自行起动，造成设备和人身事故。

③ 避免多台电动机同时起动造成电网电压的严重下降。

（3）点动与连续运行控制线路。机床设备在试车或调整刀具与工件的相对位置时，需要电动机能点动控制，在正常加工过程中，一般需要电动机处在连续运行状态。实现这种工艺要求的线路就是点动与连续运行控制线路，其主电路与连续正转运行控制线路一样，其三种不同形式的控制电路如图 1-52 所示。

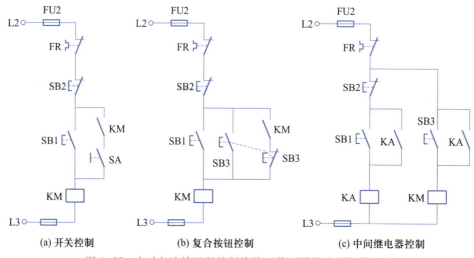

图 1-52　点动与连续运行控制线路三种不同形式的控制电路

1）开关控制。如图 1-52（a）所示，将手动开关 SA 串接在自锁电路中。点动控制时，先把开关 SA 打开，断开自锁电路，按钮 SB1 是一个点动按钮；连续运行控制时，把 SA 合上，按钮 SB1 转换为连续控制起动按钮。

2）复合按钮控制。如图 1-52（b）所示，控制电路中用按钮 SB1、复合按钮 SB3 分别实现连续运行和点动控制。点动时通过复合按钮 SB3 的动断触点断开接触器 KM 的自锁触点，实现点动；连续控制时按下按钮 SB1 即可，按下 SB2 按钮实现停车。在点动控制时，若接触器 KM 的释放时间大于复合按钮的复位时间，则 SB3 松开时，SB3 动断触点已闭合但接触器 KM 的自锁触点尚未打开，会使自锁电路继续通电，则不能实现正常的点动控制。

3）中间继电器控制。如图 1-52（c）所示，点动控制时，按下按钮 SB3，因中间继电器 KA 线圈不得电，其动合触点不闭合，实现点动控制；连续运行控制时，按下按钮 SB1，使中间继电器 KA 线圈得电并自锁，KM 线圈得电实现连续运行控制。此电路多用了一个中间继电器，但工作可靠性却提高了。

（五）三相异步电动机正、反转控制线路

三相异步电动机单向旋转控制线路只能使电动机向一个方向旋转，带动生产机械的运动部件向一个方向运动。而许多生产机械往往要求运动部件能向正、反两个方向运动，如机床工作台的前进与后退、万能铣床主轴的正转与反转、电梯的上升与下降等，这就要求电动机能实现正、反转控制。由电动机转动原理可知，改变电动机定子绕组的电源相序，就可以实现电动机转动方向的改变。在实际应用中，可通过两个接触器改变电源相序来实现电动机的正、反转控制。

1. 接触器联锁的正、反转控制线路

接触器联锁的正、反转控制线路电气原理图如图 1-53 所示，接触器 KM1

教学视频：三相异步电动机的正、反转控制

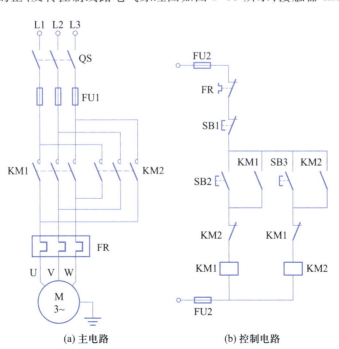

(a) 主电路　　　　　(b) 控制电路

图 1-53　接触器联锁的正、反转控制线路电气原理图

为正向接触器,控制电动机 M 正转;接触器 KM2 为反向接触器,控制电动机 M 反转。

主电路中,两个接触器的主触点所接通的电源相序不同:KM1 按 L1→L2→L3 的相序(正序)接线;KM2 则对调了 L1 与 L3 两相的相序,按 L3→L2→L1 相序(反序)接线。

线路的工作过程如下。

正转控制:合上刀开关 QS 后

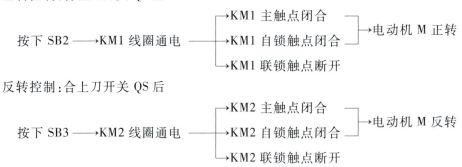

反转控制:合上刀开关 QS 后

停止控制:

按下 SB1→KM1(或 KM2)断电→M 停车。

注意事项

由于将两相相序对调之后,控制线路必须保证正转接触器 KM1 和反转接触器 KM2 不能同时通电,否则会发生严重的相间短路故障,因此,要使电路安全可靠地运行,最多只允许一个接触器工作。在正转控制线路中串接了反转接触器 KM2 的动断辅助触点,而在反转控制线路中串接了正转接触器 KM1 的动断辅助触点。这种在一个接触器得电动作时,通过其动断辅助触点使另一个接触器不能得电动作的作用称为联锁(或互锁)。实现联锁作用的动断辅助触点称为联锁触点(或互锁触点)。

另外,该电路只能实现"正→停→反"或者"反→停→正"控制,即必须按下停止按钮后,再反向或正向起动。这对需要频繁改变电动机运行方向的设备来说,是很不方便的。

2. 按钮、接触器双重联锁的正、反转控制线路

为了提高生产率,直接正、反向操作,利用复合按钮组成"正→反→停"或"反→正→停"的互锁控制,如图 1-54 所示。复合按钮的动断触点同样起到互锁的作用,这样的互锁称为机械互锁。该线路既有接触器动断触点的"电气互锁",又有复合按钮动断触点的"机械互锁",故称为"双重联锁"。该线路操作方便、安全可靠,常用在电力拖动控制系统中。

按钮、接触器双重联锁的正反转控制线路的工作过程如下。

正转控制:合上刀开关 QS 后

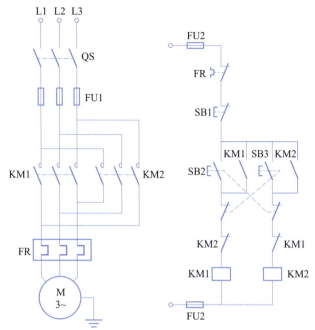

图1-54 按钮、接触器双重联锁的正、反转控制线路电气原理图

反转控制:

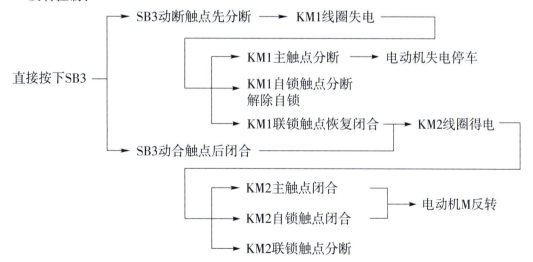

停止控制:按下 SB1→控制电路失电→主触点分断→电动机失电停车。

(六) 行程限位控制线路

在机床电气设备中,有些是通过工作台自动往复循环工作的,例如龙门刨床的工作台前进、后退。电动机的正、反转是实现工作台自动往复循环的基本环节。控制线路是按照行程控制原则,利用生产机械运动的行程位置实现控制。行程限位控制线路电气原理图如图1-55所示。

行程限位控制线路的工作过程如下。

合上电源开关 QS→按下起动按钮 SB2→接触器 KM1 通电→电动机 M 正转→工作台向前→工作台前进到一定位置,撞块压动限位开关 SQ2→SQ2 动断触点断开→KM1 断电→电

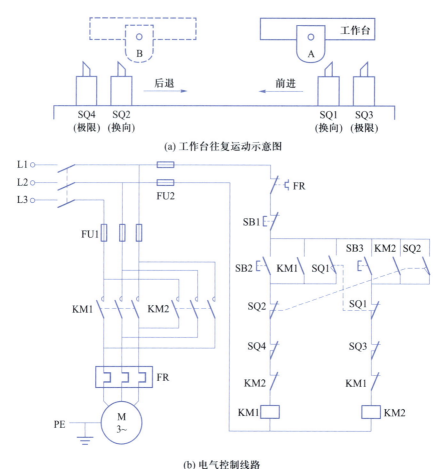

(a) 工作台往复运动示意图

(b) 电气控制线路

图 1-55　行程限位控制线路电气原理图

动机 M 停止正转,工作台停止向前。SQ2 动合触点闭合→KM2 通电→电动机 M 改变电源相序而反转,工作台向后→工作台后退到一定位置,撞块压动限位开关 SQ1→SQ1 动断触点断开→KM2 断电→M 停止后退。SQ1 动合触点闭合→KM1 通电→电动机 M 又正转,工作台又前进,如此往复循环工作,直至按下停止按钮 SB1,KM1(或 KM2)断电→电动机停止转动。

另外,SQ3、SQ4 分别为反、正向终端保护限位开关,防止行程开关 SQ1、SQ2 失灵时造成工作台从机床上冲出的事故。

(七)电动机控制线路故障检修的步骤和方法

电动机控制线路的故障一般可分自然故障和人为故障两类。自然故障是由于电气设备在运行时过载、振动、金属碎屑和油污侵入等原因引起,造成电气绝缘下降、触点熔焊和接触不良、电路接点接触不良、散热条件恶化,甚至发生接地或短路。人为故障常由于在维修电气故障时没有找到真正原因,基本概念不清,或者修理操作不当,不合理地更换电器元件或改动控制线路,或者在安装控制线路时布线错误等原因引起。

电气控制线路发生故障后,轻者使电气设备不能工作,影响生产;重者会造成人身、电气设备伤害事故。作为电气操作人员,一方面应加强电气设备日常维护与检修,严格遵守电气操作规范,消除隐患,防止故障发生;另一方面还要在故障发生后,保持冷静,及时查明原因并准确地排除故障。

1. 电气控制线路故障检修的步骤

（1）确认故障现象（问、闻、听、摸），并分清故障是属于电气故障还是机械故障。

（2）根据电气原理图，认真分析故障发生的可能原因，大概确定故障发生的可能部位或回路。

（3）通过一定的技术、方法、经验和技巧找出故障点。这是检修工作的难点和重点。

（4）根据故障点的不同情况，采用正确的检修方法排除故障。

（5）通电空载校验或局部空载校验。

（6）正常运行。

2. 常用的故障诊断方法

电气故障的诊断方法较多，常用的有电压测量法、电阻测量法和短接法等。

（1）电压测量法。电压测量法是指利用万用表测量机床电气线路上某两点间的电压值来判断故障点的范围或故障电器元件的方法。

1）电压分阶测量法。测量检查时，先把万用表的转换开关置于交流电压为 500 V 的挡位上，然后按图 1-56 所示的方法进行测量。

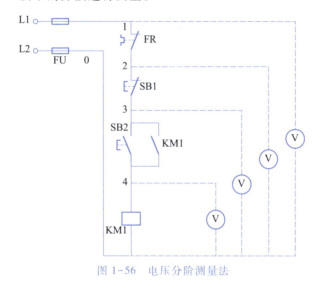

图 1-56　电压分阶测量法

断开主电路，接通控制电路的电源。若按下起动按钮 SB2 时，接触器 KM 不吸合，则说明控制电路有故障。

先用万用表测量 0 和 1 两点间的电压，若电压为 380 V，则说明控制电路的电源电压正常。然后按下 SB2 不放，把黑表笔接到 0 点上，红表笔依次接到 2、3、4 各点上，分别测出 0-2、0-3、0-4 两点间的电压，根据测量结果即可找出故障点，见表 1-17。

表 1-17　用电压分阶测量法查找故障点

故障现象	测试状态	0-2	0-3	0-4	故障点
按下 SB2 时，KM 不吸合	按下 SB2 不放	0	0	0	FR 动断触点接触不良
		380 V	0	0	SB1 动断触点接触不良
		380 V	380 V	0	SB2 动合触点接触不良
		380 V	380 V	380 V	KM1 线圈断路

这种测量方法像上（或下）台阶一样地依次测量电压，所以称为电压分阶测量法。

2）电压分段测量法。如图 1-57 所示，先用万用表测量 1、0 两点电压，其值为 380 V，说明电源电压正常。若按下 SB2，KM 不吸合，则说明发生断路故障，此时可用电压表逐段测试各相邻两点间的电压。若测量到某相邻两点间的电压为 380 V，则说明这两点间所包含的触点、连接导线接触不良或有断路故障。例如，2-3 两点间的电压为 380 V，说明 SB1 的动断触点接触不良。

（2）电阻测量法。电阻测量法是指利用万用表测量机床电气线路上某两点间的电阻值来判断故障点的范围或故障电器元件的方法。

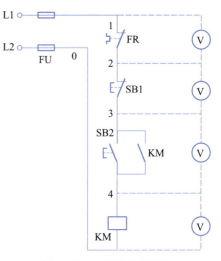

图 1-57 电压分段测量法

1）电阻分阶测量法。测量检查时，先把万用表的转换开关置于倍率适当的电阻挡上，然后按图 1-58 所示方法进行测量。

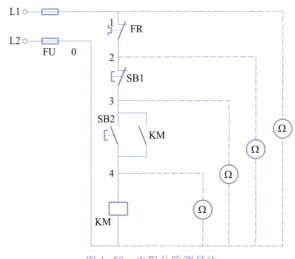

图 1-58 电阻分阶测量法

断开主电路，接通控制电路电源，若按下起动按钮 SB2 时，接触器 KM 不吸合，则说明控制电路有故障。

检测时，先切断控制电路电源，然后按下 SB2 不放，用万用表测出 0-2、0-3、0-4 两点间的电阻值，根据测量结果可找出故障点，见表 1-18。

表 1-18 用电阻分阶测量法查找故障点

故障现象	测试状态	0-1	0-2	0-3	0-4	故障点
按下 SB2 时，KM 不吸合	按下 SB2 不放	∞	R	R	R	FR 动断触点接触不良
		∞	∞	R	R	SB1 动断触点接触不良
		∞	∞	∞	R	SB2 动合触点接触不良
		∞	∞	∞	∞	KM2 线圈断路

2）电阻分段测量法。如图 1-59 所示,检查时,先切断电源,按下 SB2,然后依次逐段测量 1-2、2-3、3-4、4-0 两点间的电阻。若测得某两点间的电阻为无穷大,则说明这两点间的触点或连接导线断路。例如,当测得 2-3 两点间的电阻为无穷大时,则说明停止按钮 SB1 或连接 SB1 的导线断路。

电阻测量法的注意事项如下。

1）用电阻测量法检查故障时一定要断开电源。

2）若被测电路与其他电路并联,则应将该电路与其他电路断开,否则所测得的电阻值是不准确的。

3）在测量高电阻值的电器元件时,应把万用表的选择开关旋转至合适的电阻挡。

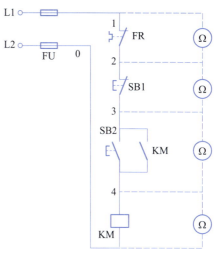

图 1-59　电阻分段测量法

（3）短接法。短接法是指用导线将机床电气控制线路中两等电位点短接,以缩小故障范围,从而确定故障范围或故障点。

1）局部短接法。如图 1-60 所示,按下起动按钮 SB2 时,接触器 KM 不吸合,说明该电路有故障。检查前先用万用表测量 1-0 两点间的电压值,若电压正常,可按下 SB2 不放,然后用一根绝缘良好的导线分别短接标号相邻的两点,如分别短接 1-2、2-3、3-4。当短接到某两点时,KM 吸合,说明断路故障就在这两点之间。

2）长短接法。长短接法是指一次短接两个或多个触点检查故障的方法。如图 1-61 所示,当热电器 FR 的动断触点和停止按钮 SB1 的动断触点同时接触不良,若用上述局部短接法短接 1-2,按下 SB2,KM1 仍然不会吸合,故可能会造成判断错误。而采用长短接法将 1-4

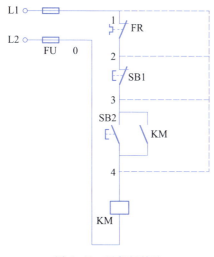

图 1-60　局部短接法

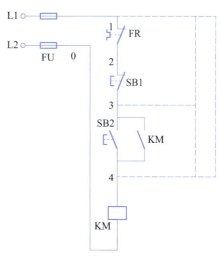

图 1-61　长短接法

短接,如 KM 吸合,说明 1-4 这段电路中有断路故障,然后再短接 1-3 和 3-4,若短接 1-3 时 KM 吸合,则说明故障在 1-3 这段电路中。再用局部短接法短接 1-2 和 2-3,能很快排查出电路的断路故障。

短接法检查时的注意事项如下:

① 短接法是用手拿绝缘导线带电操作的,必须要注意安全,避免触电事故发生。

② 短接法只适用于检查电压降极小的导线和触点之类的断路故障。对于电压降较大的电器元件,如电阻、线圈、绕组等的断路故障,不能采用短接法,否则会出现短路故障。

③ 对于机床的某些关键部位,必须在保障电气设备或机械部位不会出现事故的情况下才能使用短接法。

五、工作过程

(一) 信息收集

1. 引导题

三相异步电动机点动控制线路实物图和电气原理图如图 1-62 所示,其工作特点:一点就动,不点不动,不能连续运行。如何改进点动控制线路,实现电动机连续运行控制并方便停止? 请将你的解决方案写出来。

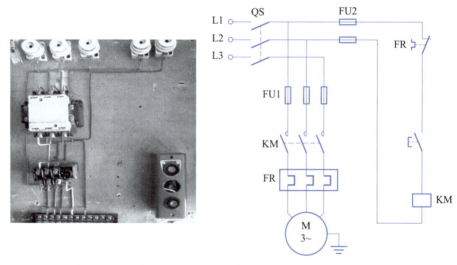

图 1-62　三相异步电动机点动控制线路实物图和电气原理图

解决方案:

_____

_____

2. 任务分析

任务分析 1:图 1-63 中,在能实现电动机连续运行控制并方便停止的电路图下打"√"。

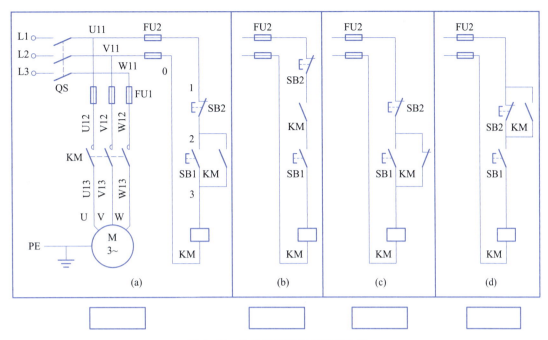

图 1-63 电动机连续控制实现方法

任务分析 2:

(1) 点动控制与连续控制的区别是什么?

_____

_____

(2) 点动控制与连续控制实现的思路分别是什么?

_____

_____

任务分析 3: 绘制三相异步电动机正转控制线路的电气原理图。

任务分析 4：绘制三相异步电动机反转控制线路的电气原理图：

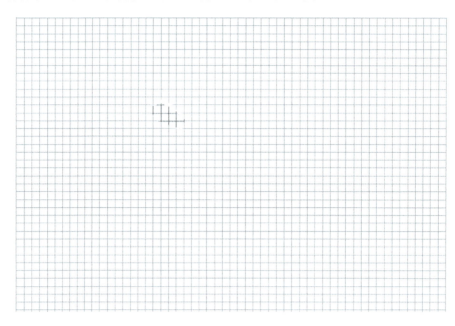

任务分析 5：电路分析。

如图 1-64 所示，电动机要实现正、反转控制，在主电路中将 U 相与 W 相对调，在控制电路中将正转按钮和反转按钮换成复合按钮。复合按钮的动断触点能不能代替接触器的动断联锁触点，将你的答案写出来。

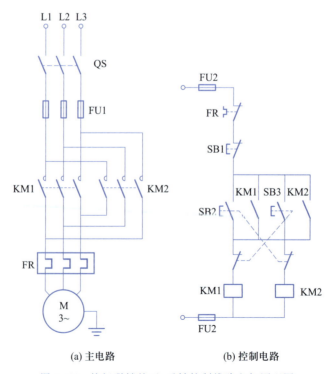

(a) 主电路　　　　(b) 控制电路

图 1-64　按钮联锁的正、反转控制线路电气原理图

3. 基础工作分析

基础工作 1：画出图纸图面分区图。

基础工作 2：识别电气原理图，明确控制线路的构成。

（1）将表 1-19 中三相异步电动机控制线路电气原理图各组成部分的名称填入图 1-65 相应的文本框中。

表 1-19　三相异步电动机控制线路电气原理图组成表

名称	电源电路	主电路	控制电路
序号	1	2	3

（2）写出图 1-65 中电源电路、主电路和控制电路包含的电器元件。

电源电路：_____

主电路：_____

_____

控制电路：_____

_____

基础工作 3：分析 **CA6140** 型普通车床常见电气故障产生的原因并说明处理的方法，填入表 **1-20** 中。

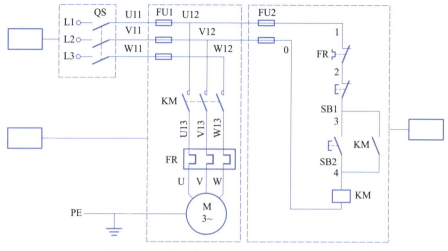

图 1-65　三相异步电动机控制线路电气原理图

表 1-20　CA6140 型普通车床常见电气故障的检修

序列	故障现象	故障原因	处理方法
1	主轴电动机 M1 起动后不能自锁,即按下 SB2,M1 起动运行,松开 SB2,M1 随之停车		
2	主轴电动机 M1 不能停车		
3	主轴电动机 M1 运行中停车		
4	照明灯 EL 不亮		

(二) 计划制订

1. 工作方式

工作方式:小组工作。

小组人数:4~5 人/组。

2. 设备器材

电工工具 1 套、导线若干、万用表 1 块。

3. 工作计划

根据本任务要求,探讨解决方案,小组成员进行分工,明确每个人在任务实施过程中主要负责的任务,并填入表 1-21 中。

表 1-21　工作计划表

序号	工作步骤	人员分工	完成情况	工作时间	
				计划	实际
1					
2					
3					
4					
5					

(三) 任务实施

1. CA6140 型普通车床电气控制线路分析

图 1-66 所示为 CA6140 型普通车床电气控制线路电气原理图。

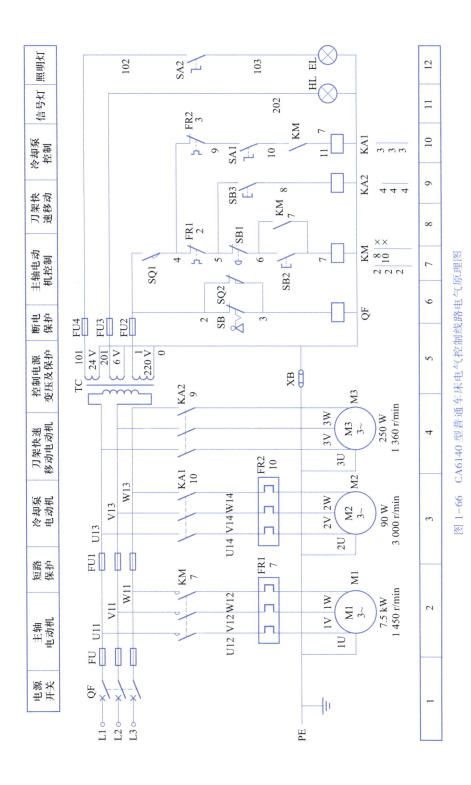

图 1-66　CA6140 型普通车床电气控制线路电气原理图

（1）主电路分析。主电路中共有3台电动机。

M1为主轴电动机，驱动主轴旋转并通过传动机构实现车刀的进给。主轴由主轴变速箱实现机械变速，主轴正、反转由机械换向机构实现。M1是由接触器KM控制的单向旋转直接起动的三相笼型异步电动机，由热继电器FR1作过载保护，由低压断路器QF实现短路和欠电压保护。

M2为冷却泵电动机，由中间继电器KA1控制实现单向旋转直接起动，用于驱动冷却泵，在车削加工时供冷却液流出，由热继电器FR2作过载保护。

M3为刀架快速移动电动机，安装于溜板箱内，由中间继电器KA2控制实现单向旋转点动运行。M3是短时工作的，所以不需要过载保护。

M2、M3的容量都很小，加装熔断器FU1作短路保护。车床电源由钥匙开关SB和低压断路器QF控制。将SB（在图区6中）右旋使其动断触点断开，QF线圈失电，之后才能合上QF将三相电源接入；若将SB左旋，则其动断触点闭合，QF线圈通电，低压断路器断开，车床断电。

（2）控制电路分析。控制变压器TC二次侧输出220V电压作为控制电路的电源。在正常工作时，位置开关SQ1动合触点闭合，打开车床床头皮带罩后，SQ1断开，切断控制电路电源；位置开关SQ2在正常工作时动断触点断开，QF线圈不通电，打开车床配电盘壁龛门时，SQ2的触点闭合，QF线圈通电而自动跳闸，断开电源，将控制电路切断，保证人身安全。

1）主轴电动机M1的控制。M1的控制由起动按钮SB2、停止按钮SB1和接触器KM构成的电路实现。起动时，按下SB2→KM线圈通电并自锁→M1得电单向全压起动。停止时，按下SB1→KM线圈失电→M1失电停车。

2）冷却泵电动机M2的控制。M2的控制由旋转开关SA1和中间继电器KA1构成的电路实现。主轴电动机M1起动之后，KM动合辅助触点（10、11）闭合，此时接通旋钮开关SA1→KA1线圈通电→M2得电全压起动。停止时，断开SA1或使主轴电动机M1停车，则KA1断电，使M2失电停车。

3）刀架快速移动电动机M3的控制。M3的控制由按钮SB3和中间继电器KA2构成的电路实现。操作时，先将快、慢速进给手柄扳到所需移动方向，即可接通相关的传动机构，再按下SB3，即可实现向该方向的移动。

（3）照明、信号电路分析。控制变压器TC的二次侧分别输出24 V和6 V电压，作为车床低压照明灯和信号灯的电源。EL为车床的低压照明灯，由开关SA2控制；HL为电源信号灯。它们分别由FU4和FU3作短路保护。

2. CA6140型普通车床常见电气故障的分析与维修

（1）低压断路器合不上：

1）未用钥匙将钥匙开关SB断开。

2）车床配电盘壁龛门未关好，开关SQ2未压上。

（2）主轴电动机M1不能起动：

1）热继电器已动作过，其动断触点未复位。这时应检查热继电器FR1动作原因，可能原因是：长期过载、热继电器规格选配不当或整定电流值太小。消除故障产生的因素后再按热继电器复位按钮使热继电器触点复位。

2）按下起动按钮SB2后，接触器KM线圈没吸合，主轴电动机M1不能起动。故障的原因应在控制电路中,可依次检查熔断器 FU2、热继电器 FR1 的动断触点、停止按钮 SB1、起动按钮 SB2 和接触器 KM 线圈是否损坏或引出线是否断线。

3）按下起动按钮 SB2 后,接触器 KM 线圈吸合,但主轴电动机 M1 不能起动。故障的原因应在主电路中,可依次检查接触器 KM 的主触点、热继电器 FR1 的热元件及三相电动机的接线端和电动机 M1。

4）按下起动按钮 SB2,电动机发出嗡嗡声,不能起动。这是由电动机缺一相造成的,可能原因是:动力配电箱熔断器一相熔断、接触器 KM 有一对动合触点接触不良、电动机三根引出线有一根断线或电动机绕组有一相绕组损坏。发现这一故障时应立即断开电源,否则会烧坏电动机,待排除故障后再重新起动,直到正常工作为止。

（3）刀架快速移动电动机 M3 不能起动:

按点动按钮 SB3,中间继电器 KA2 没吸合,刀架快速移动电动机 M3 不能起动,则故障应在控制电路中,此时可用万用表通过电压分阶测量法依次检查热继电器 FR1 的动断触点、点动按钮及中间继电器 KA2 的线圈是否断路。

其他常见电气故障的检修如 1-22 所示。

表 1-22　CA6140 型普通车床其他常见电气故障的检修

故障现象	故障原因	处理方法
主轴电动机 M1 起动后不能自锁	接触器 KM 自锁触点接触不良或连接导线松脱	合上 QF,测 KM 自锁触点(6、7)两端的电压,若电压正常,故障是自锁触点接触不良;若无电压,故障是连线(6、7)断线或松脱、压皮
主轴电动机 M1 不能停车	接触器 KM 的主触点发生熔焊或停止按钮 SB1 的动断触点短路或 KM 铁心端面被油垢粘牢不能脱开	断开 QF,若 KM 释放,说明故障是停止按钮 SB1 被击穿或导线短路;若 KM 过一段时间释放,则故障为铁心端面被油垢粘牢;若 KM 不释放,则故障为 KM 主触点熔焊
主轴电动机 M1 运行中停车	热继电器 FR1 动作,其原因可能是:电源电压不平衡或过低、整定值偏小、负载过重、导线接触不良等	找出 FR1 动作的原因,排除后使其复位
照明灯 EL 不亮	灯泡坏、FU4 熔断、SA 触点接触不良、TC 二次绕组断线或接头松脱、灯座和灯头接触不良等	采取相应措施修复

（四）任务评价

在规定的时间内完成任务,各组进行自我评价并展示,根据评分标准各组之间进行检查,评分标准见表 1-23。

表 1-23　评 分 标 准

序号	项目内容	考核要求	评分细则	配分	扣分	得分
1	电气控制系统	能够简述电气原理图、电气安装接线图、电器元件布置图的绘制原则	叙述内容不清,不达重点均不给分	20		

续表

序号	项目内容	考核要求	评分细则	配分	扣分	得分
2	电气控制线路分析	能简述电气控制线路主电路和控制电路的功能、工作过程	（1）主电路分析，每错一处扣 2 分 （2）控制电路分析，每错一处扣 2 分 （3）保护环节分析，每错一处扣 2 分	40		
3	故障分析	在电气控制线路上分析故障可能的原因，思路正确	（1）标错故障范围，每个故障点扣 5 分 （2）不能标出最小故障范围，每个故障点扣 3 分 （3）实际排除故障中的思路不清楚，每个故障点扣 2 分	30		
4	8S 规范	整理、整顿、清扫、清洁、素养、安全、节约、学习	（1）没有穿戴防护用品，扣 4 分 （2）检修前未清点工具、仪器、耗材，扣 2 分 （3）未经验电笔测试前，用手触摸电器元件线端，扣 5 分 （4）乱摆放工具，乱丢杂物，完成任务后不清理工位，扣 2~5 分 （5）成员不积极参与，扣 5 分	10		
定额时间		90 分钟，每超时 5 分钟扣 5 分				
开始时间			结束时间		总分	

指导教师签字

年　　　月　　　日

（五）任务总结

本任务完成后，认真填写任务总结报告，见表 1-24。

表 1-24　任务总结报告

任务名称		小组成员	
工作时间		完成时间	
工作地点		检验人员	
任务实施过程修正记录			
原定计划（简要说明自己所承担的任务及实施的方法、步骤）：		实际实施：	
学习的知识点、技能点			
知识点：		技能点：	

续表

疑惑点与解决方法	
疑惑点：	解决方法：
工作缺陷与整改方案	
工作缺陷：	整改方案：
任务感悟	

【项目小结】

本项目主要学习了低压电器的结构、工作原理、选用原则，以及电气图的识图、绘图及基本电气控制线路的分析，如分析三相异步电动机的接触器联锁、双重互锁的工作过程，了解了常用机床的结构、组成、操作和动作情况。

通过基础知识的学习及技能的训练，能够绘制基本电气控制线路及保护电路，并且能够掌握 CA6140 型普通车床常见故障分析与检修方法。

1. 常用低压电器的用途、基本结构、工作原理及其主要技术参数和电路图形符号。

2. 基于电磁机构工作原理的电器元件大都由 3 个主要部分组成，即触点、灭弧装置和电磁机构。电磁机构是电磁式低压电器的感测部件，其工作原理常用吸力特性和反力特性来表征。

3. 每种电器元件都有一定的使用范围，要根据使用的具体条件正确选用，其技术参数是最主要的选型依据。

4. 低压电器控制三相异步电动机的控制线路大都由继电器、接触器和按钮等有触点的电器元件组成。

5. 点动与长动控制线路是三相异步电动机的基本控制线路。

6. 三相异步电动机的正、反转是通过改变通入电动机定子绕组的三相电源相序实现的，即把三相电源中的任意两相对调接线，电动机就可以反转。

7. 按钮、接触器双重联锁控制线路使线路操作更方便、工作更安全可靠。

【思考与练习题】

1. 常用的灭弧方法有哪些？

2. 熔断器的额定电流、熔体的额定电流和熔体的极限分断电流三者之间有何区别？

3. 某机床电动机的型号为 Y112M-4，额定功率为 4 kW，额定电压为 380 V，额定电流为 8.8 A，该电动机正常工作时不需要频繁起动。若用熔断器为电动机提供短路保护，试确定熔断器的型号规格。

4. 简述交流接触器的工作原理。

5. 三相交流电磁铁有无短路环？为什么？

6. 电动机起动电流较大，当电动机起动时，热继电器会不会动作？为什么？

7. 短路保护和过载保护有什么区别？

8. 简述控制按钮与行程开关的结构，它们在电路中各起什么作用？

9. 电气控制系统图分哪几类？

10. 电气原理图阅读的方法和步骤是什么？

11. 绘制电气原理图的基本规则有哪些？

12. 什么是自锁控制？为什么说接触器自锁控制线路具有欠电压和失电压保护？

13. 电动机"正-反-停"控制线路中，复合按钮已经起到了互锁作用，为什么还要用接触器的动断触点进行联锁？

14. 如果电动机正、反转控制线路只有正转控制没有反转控制，试分析导致该故障发生的可能原因。

15. 电气控制线路检修的方法有哪几种？

项目二
三相异步电动机的降压起动控制

一、项目描述

识读 Z3050 型摇臂钻床电气控制线路电气原理图,列出电器元件清单并根据电动机的技术参数选配合适型号的低压电器。根据所学的知识,对电气控制柜进行设计,并掌握设计电气控制柜的基本思路和设计要点。

二、任务分析

本项目在工程实际中应用广泛,涉及的知识技能较多,分析控制要求和控制对象,并完成以下任务。

（1）工作环节分析,明确使用工具、时间分配和安全工作内容。

（2）电工工具的正确使用。

（3）常用低压电器的识别、拆装与检修。

（4）识读电气原理图,独立分析电动机顺序起动、降压起动控制的工作过程。

（5）故障现象分析与排除。

三、工作提示

（一）能力目标

1. 专业能力

（1）能够对工作环节进行分析,并合理安排时间,做好各项安全措施。

（2）能够根据流程领取项目材料。

（3）能够正确使用工具。

（4）能够正确使用低压电器。

（5）能够正确使用开关电源。

（6）能够独立分析电气原理图。

（7）能够按要求进行上电前检测。

（8）能够按要求进行上电测试。

（9）能够排除出现的故障。

（10）计划合理、完善,实施安全、规范。

2. 核心能力

（1）有较强的安全操作意识,做到确保安全防护。

（2）能够相互协作、沟通并分析解决问题。

（3）能够阅读相关表格、统计物料并制作物料清单。

（4）项目完成后,能进行自我评估并提出改进措施。

（二）工作步骤

对于本项目涉及的每个任务,将按照信息收集、计划制订、任务实施、任务评价及任务总结五个步骤进行。

任务一　低压断路器、时间继电器的认识和选用

一、任务目标

【知识目标】

1. 掌握低压断路器的作用、工作原理和电路图形符号。
2. 掌握电磁式时间继电器的结构、型号及其含义。
3. 熟悉时间继电器的电路图形符号、工作原理及技术参数。

【能力目标】

1. 能正确安装与使用低压断路器。
2. 能正确检测、拆卸、校验和调整时间继电器。

【素养目标】

1. 具有安全、文明生产的操作意识和爱岗敬业的精神。
2. 树立正确的工作态度,能独立思考、自主训练。
3. 具有较强的观察、分析、表达和归纳的能力。

二、任务描述

低压断路器按灭弧介质分类,有空气断路器和真空断路器等;按用途分类,有配电用断路器、电动机保护用断路器、照明用断路器和漏电保护断路器等。本任务要求识别低压断路器的型号、接线柱并检测低压断路器质量。

三、工作任务

工作任务清单见表 2-1。

表 2-1　工作任务清单

任务内容	任务要求	验收方式
识别、选用低压断路器	观察低压断路器的结构,指出低压断路器主要部件的作用	自评、互评、师评
低压断路器的安装、接线	分组练习低压断路器的安装、接线	自评、互评、师评

四、相关知识

（一）低压断路器

低压断路器又称为自动空气开关。常见的低压断路器外形如图 2-1 所示。低压断路器是低压配电网络和电力拖动系统中非常重要的一种低压电器,除能完成手动或自动接通和分断电路外,也能对电路或电气设备发生的短路、过载及失电压等进行保护,同时也可用于电动机不频繁的起停控制。

(a) DZ47系列断路器　　(b) DZ108系列断路器　　(c) DW15系列断路器　　(d) NW17系列断路器

图 2-1　常见的低压断路器外形

1. 结构和工作原理

低压断路器按其结构形式可分为框架式低压断路器(万能式)和塑壳式低压断路器(装置式)两大类。框架式低压断路器主要用作配电网络的保护开关,塑壳式低压断路器除用作配电网络的保护开关外,还用作电动机、照明电路的控制开关。

低压断路器由操作机构、触点、保护装置(各种脱扣器)和灭弧装置等组成,其工作原理如图 2-2 所示。

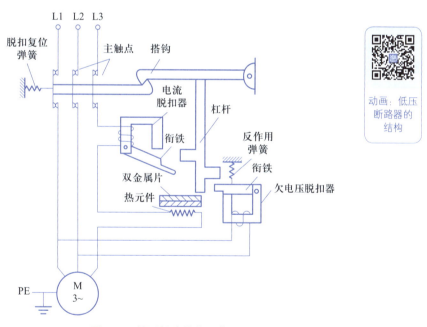

图 2-2　低压断路器的工作原理

在合闸后,搭钩将锁扣钩住,使主触点闭合,电动机通电起动运行。扳动手柄于"分"的位置(或按下"分"的按钮),搭钩脱开,主触点在脱扣复位弹簧的拉力作用下断开,切断电动机电源。除手动分断外,低压断路器还可以分别由三个脱扣器自动分断,实现对应的保护功能。

当线路发生过载时,过载电流流过热元件产生一定的热量,使双金属片受热向上弯曲,通过杠杆推动搭钩与锁扣脱开,在反作用弹簧的推动下,动、静触点分开,从而切断电路,使用电设备不致因过载而烧毁。

当线路发生短路故障时,短路电流超过电流脱扣器的瞬时脱扣整定电流,电流脱扣器产生足够大的吸力将衔铁吸合,通过杠杆推动搭钩与锁扣分开,从而切断电路,实现短路保护。

2. 低压断路器的型号及电路图形符号

低压断路器的型号含义及电路图形符号如图 2-3 所示。

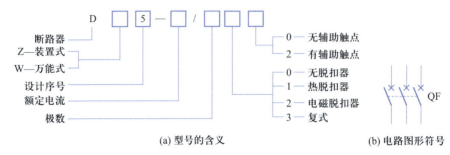

图 2-3　低压断路器的型号和电路图形符号

3. 主要技术参数

(1) 额定电压。低压断路器的额定电压是指与通断能力及使用类别相关的电压值。

(2) 额定电流。

1) 低压断路器壳架等级额定电流:用尺寸和结构相同的框架或塑料外壳中能装入的最大脱扣器额定电流表示。

2) 低压断路器额定电流:指在规定条件下低压断路器可长期通过的电流,又称为脱扣器额定电流。对带可调式脱扣器的低压断路器而言,是可长期通过的最大电流。

(3) 额定短路分断能力。额定短路分断能力是指低压断路器在额定频率和功率因数等规定条件下,能够分断的最大短路电流值。

4. 低压断路器的选用

(1) 低压断路器的额定电压和额定电流应大于或等于被保护电路的正常工作电压和负载电流。

(2) 热脱扣器的整定电流应等于所控制负载的额定电流。

(3) 过电流脱扣器的瞬时脱扣整定电流应大于负载正常工作时可能出现的峰值电流。用于控制电动机的低压断路器,其瞬时脱扣整定电流为

$$I_Z \geqslant K I_{st}$$

式中,K 为安全系数,可取 1.5~1.7;I_{st} 为电动机的起动电流。

(4) 欠电压脱扣器额定电压应等于被保护电路的额定电压。

(5) 低压断路器的极限分断能力应大于电路的最大短路电流的有效值。

【**例 2-1**】　用低压断路器控制一台型号为 Y132S-4 的三相异步电动机,电动机的额定功率为 5.5 kW,额定电压为 380 V,额定电流为 11.6 A,起动电流为额定电流的 7 倍,试选择低压断路器的型号和规格。

解:

(1) 确定低压断路器的种类。确定选用 DZ5-20 型低压断路器。

(2) 确定热脱扣器额定电流。选择热脱扣器的额定电流为 15 A,相应的电流整定范围为 10~15 A。

(3) 校验电磁脱扣器的瞬时脱扣整定电流。电磁脱扣器的瞬时脱扣整定电流为

$$I_Z = 10 \times 15 \text{ A} = 150 \text{ A}$$

而

$$KI_{st} = 1.7 \times 7 \times 11.6 \text{ A} = 138 \text{ A}$$

满足 $I_Z > KI_{st}$，符合要求。

（4）确定低压断路器的型号和规格。选用 DZ5-20/330 型低压断路器。

5. 低压断路器的安装与使用

（1）低压断路器应垂直安装，电源线应接在上端，负载接在下端。

（2）板前接线的低压断路器允许安装在金属支架上或金属底板上，但板后接线的低压断路器必须安装在绝缘板上。

（3）当低压断路器用作电源总开关或电动机的控制开关时，在低压断路器的电源进线侧必须加装刀开关或熔断器等，以形成明显的断开点。

（4）低压断路器使用前应将脱扣器工作面上的防锈油脂擦净，以免影响其正常工作。同时应定期检修，清除低压断路器上的积尘，给操作机构添加润滑剂。

（5）各脱扣器的动作值调整好后，不允许随意变动，并应定期检查各脱扣器的动作值是否满足要求。

（6）低压断路器的触点使用一定次数或分断短路电流后，应及时检查触点，如果触点表面有毛刺、颗粒等，应及时维修或更换。

6. 低压断路器的常见故障及处理方法

低压断路器的常见故障及处理方法见表2-2。

表 2-2 低压断路器的常见故障及处理方法

故障现象	可能原因	处理方法
不能合闸	欠电压脱扣器无电压或线圈损坏	检查施加电压或更换线圈
	储能弹簧变形	更换储能弹簧
	反作用弹簧力过大	重新调整
电流达到整定值，低压断路器不动作	双金属片损坏	更换双金属片
	衔铁与铁心距离太大或电磁线圈损坏	调整衔铁与铁心的距离或更换低压断路器
	主触点熔焊	检查原因并更换主触点
起动电动机时低压断路器立即分断	电流脱扣器瞬时整定值过小	调高整定值至规定值
	电流脱扣器的某些零件损坏	更换电流脱扣器
低压断路器闭合后一定时间自行分断	热脱扣器整定值过小	调高整定值至规定值
低压断路器温升过高	触点压力过小	调整触点压力或更换弹簧
	触点表面过分磨损或接触不良	更换触点或修整接触面
	两个导电零件连接螺钉松动	重新拧紧

（二）漏电保护断路器

漏电保护断路器是一种常用的漏电保护装置也称为剩余电流动作保护器。它既能控制电路的通与断，又能保证其控制的电路或设备发生漏电或接地故障时迅速掉闸，自动断开电源进行保护。低压断路器与漏电保护开关(脱扣器)两部分合并起来就构成一个完整的漏电保护断路器,其具有过载、短路、漏电保护功能。漏电保护断路器的外形如图2-4所示。

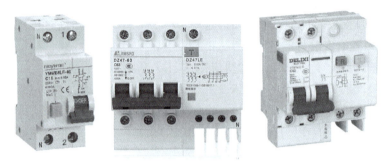

图2-4　漏电保护断路器的外形

目前,常用的电流型漏电保护断路器根据其结构不同分为电子式和电磁式两种。电磁式电流型漏电保护断路器的结构原理如图2-5所示。

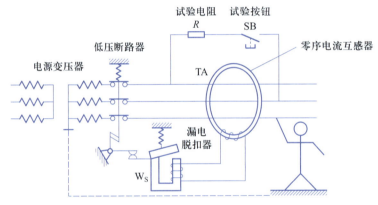

图2-5　电磁式电流型漏电保护器的结构原理

电磁式电流型漏电保护断路器主要由零序电流互感器、漏电脱扣器、试验按钮、低压断路器和外壳组成。实质上就是在一般的低压断路器中增加一个零序电流互感器和漏电脱扣器。当电网正常运行时,不论三相负载是否平衡,通过零序电流互感器一次侧的三相电流的相量和等于零,因此其二次绕组中无感应电流,漏电保护断路器也工作于闭合状态。一旦电网中发生漏电或触电事故,漏电或触电电流通过人体和人地返回零序电流互感器的中性点,因此三相电流的相量和不再等于零,二次绕组中将产生感应电流,加到漏电脱扣器上。当达到额定漏电动作电流时,漏电脱扣器动作,低压断路器分闸切断主电路,从而保障人身和设备安全。

为了经常检测漏电保护断路器的可靠性,其上设有试验按钮,与试验电阻 R 串联后跨接在两相线路上。当按下试验按钮后,漏电保护断路器立即分闸,证明其保护功能良好。

漏电保护断路器的典型产品有 DZ15L、DZL16、DZL18、DZ20L、DZL25 等系列,其电路图形符号如图2-6所示。

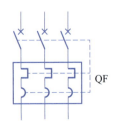

图2-6　漏电保护断路器的电路图形符号

（三）时间继电器

时间继电器在电气控制线路中用于时间的控制。它的种类很多,按其动作原理可分为空气阻尼式、电子式、电动式、电磁式等;按延时方式可分为通电延时型和断电延时型。

1. 空气阻尼式时间继电器

空气阻尼式时间继电器是利用空气阻尼原理获得延时的,其结构由电磁系统、延时机构和触点三部分组成。

图 2-7 所示为 JS7 系列空气阻尼式时间继电器的外形。

空气阻尼式时间继电器,既具有由空气室中的气动机构带动的延时触点,也具有由电磁机构直接带动的瞬动触点,可以做成通电延时型,也可做成断电延时型。电磁机构可以是直流的,也可以是交流的。

改变电磁机构的安装方向,便可实现不同的延时方式:当衔铁位于铁心和延时机构之间时为通电延时型,如图 2-8(a) 所示;当铁心位于衔铁和延时机构之间时为断电延时型,如图 2-8(b) 所示。

图 2-7　JS7 系列空气阻尼式时间继电器的外形

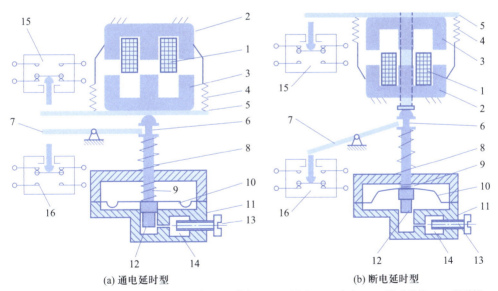

(a) 通电延时型　　　　　　　　(b) 断电延时型

1—线圈;2—铁心;3—衔铁;4—反力弹簧;5—推板;6—活塞杆;7—杠杆;8—塔形弹簧;9—弱弹簧;
10—橡皮膜;11—空气室壁;12—活塞;13—调节螺钉;14—进气孔;15、16—微动开关

图 2-8　JS7-A 系列空气阻尼式时间继电器结构原理

通电延时型时间继电器如图 2-8(a) 所示,当线圈通电时,衔铁克服反力弹簧的阻力,与固定的铁心吸合,活塞杆在塔形弹簧的作用下向上移动,空气由进气孔进入空气室。经过一段时间后,活塞才能完成全部过程,到达最上端,通过杠杆压动微动开关 16,使动断触点延时

断开,动合触点延时闭合。延时时间的长短取决于进气孔的节流程度,进气越快,延时越短。延时时间的调节是通过旋动调节螺钉,改变进气孔的大小。微动开关 15 在衔铁吸合后,通过推板立即动作,使动断触点瞬时断开,动合触点瞬时闭合。

当线圈断电时,衔铁在弹簧的作用下,通过活塞杆将活塞推向最下端,这时橡皮膜下方空气室内的空气通过橡皮膜、弱弹簧和活塞的局部所形成的单向阀,很迅速地从橡皮膜上方空气室缝隙中排掉,使微动开关 16 的动合触点瞬时断开,动断触点瞬时闭合,微动开关 15 的触点也瞬时动作,立即复位。

空气阻尼式时间继电器的特点是:延时范围较大(0.4~180 s)、结构简单、寿命长、价格低;但其延时误差较大、无调节刻度指示,难以确定整定延时值。在对延时精度要求较高的场合,不宜使用这种时间继电器。

2. 电子式时间继电器

电子式时间继电器在时间继电器中已成为主流产品,其采用晶体管或集成电路和电子元器件等构成。目前已有采用单片机控制的时间继电器。电子式时间继电器因具有延时范围广、精度高、体积小、耐冲击和振动、调节方便及寿命长等优点,所以发展很快,应用广泛。图 2-9 所示为电子式时间继电器的外形。

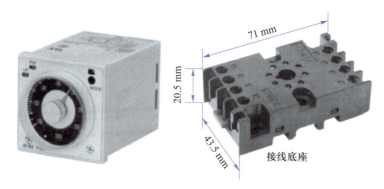

图 2-9　电子式时间继电器的外形

3. 时间继电器的型号和电路图形符号

时间继电器的型号及其含义如图 2-10 所示。

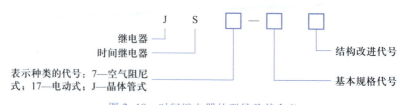

图 2-10　时间继电器的型号及其含义

时间继电器各种动合、动断触点的电路图形符号比较复杂,如图 2-11 所示。

4. 时间继电器的选择

时间继电器形式多样,各具特点,选择时应从以下方面考虑。

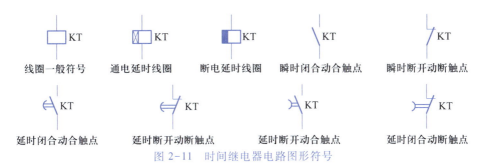

图 2-11　时间继电器电路图形符号

（1）根据电气控制线路对延时触点的要求选择延时方式，即通电延时型或断电延时型。

（2）根据延时范围和精度要求选择时间继电器类型和系列。

（3）根据使用场合、工作环境选择时间继电器的类型。如电源电压波动大的场合可选空气阻尼式或电动式时间继电器，电源频率不稳定的场合不宜选用电动式时间继电器；环境温度变化大的场合不宜选用空气阻尼式和电子式时间继电器。

（4）根据电气控制线路电压选择时间继电器线圈的电压。

教学视频：时间继电器的认识、选用与检测

五、工作过程

（一）信息收集

1. 引导题

生活中哪些行为会引发触电？

2. 任务分析

任务分析 1：了解低压断路器的功能。

低压断路器具有短路保护、过载保护和失电压保护等的功能，分别由（　　　）承担短路保护，（　　　）承担过载保护，（　　　）承担欠电压保护。

任务分析 2：了解 C 型低压断路器和 D 型低压断路器的区别。

C 型低压断路器：_____

D 型低压断路器：_____

任务分析 3：识别图 2-12 所示的时间继电器的电路图形符号

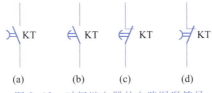

（a）　　（b）　　（c）　　（d）

图 2-12　时间继电器的电路图形符号

（a）_____　　（b）_____
（c）_____　　（d）_____

3. 基础工作分析

基础工作 1：

（1）表 2-3 中将低压断路器各部件的名称填入图 2-13 中相应的文本框中。

表 2-3　低压断路器的主要部件

名称	进线接线口	通断指示	型号	操作手柄	出线口	额定电流
序号	1	2	3	4	5	6

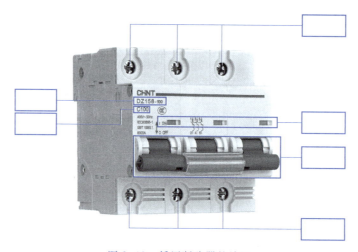

图 2-13　低压断路器的认识

（2）低压断路器的检查。低压断路器的检查项目见表 2-4。

表 2-4　低压断路器的检查项目

检查项目	万用表的挡位选择	检查结果
外观检查		
低压断路器触点的检查		
活动部件的检查		
闭合时，触点 1、2 间电阻的测量		
闭合时，触点 3、4 间电阻的测量		
闭合时，触点 5、6 间电阻的测量		
断开时，触点 1、2 间电阻的测量		
断开时，触点 3、4 间电阻的测量		
断开时，触点 5、6 间电阻的测量		

基础工作 2：识读时间继电器的接线图。

时间继电器侧面都有接线示意图，24 V 直流时间继电器与 220 V 交流时间继电器接线方法是一样的,如图 2-14 所示。

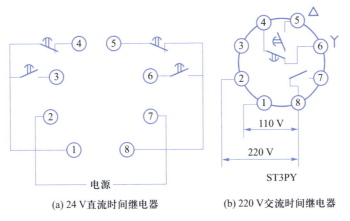

(a) 24 V直流时间继电器　　　(b) 220 V交流时间继电器

图 2-14　时间继电器的接线示意图

图 2-14(a)中动合触点的接线端子是_____,动断触点的接线端子是

_____。

图 2-14(b)中动合触点的接线端子是_____,动断触点的接线端子是

_____。

(二) 计划制订

1. 工作方式

工作方式:小组工作。

小组人数:4~5 人/组。

2. 设备器材

电工工具 1 套、导线若干、万用表 1 块。

3. 工作计划

根据任务要求,探讨解决方案,小组成员进行分工,明确每个人在任务实施过程中主要负责的任务,并填入表 2-5 中。

表 2-5　工作计划表

序号	工作步骤	人员分工	完成情况	工作时间	
				计划	实际
1					
2					
3					
4					
5					

(三) 任务实施

1. 识别和选用低压断路器

(1) 观察低压断路器的外形,写出如图 2-15 所示断路器的名称(微型断路器、塑壳式断路器、框架式断路器、单极断路器、双极断路器、三相断路器)。

图 2-15　低压断路器的识别

（2）如图 2-16 所示为低压断路器的结构示意图，写出 1、2、3、4、5 的结构名称，填写在表 2-6 中。

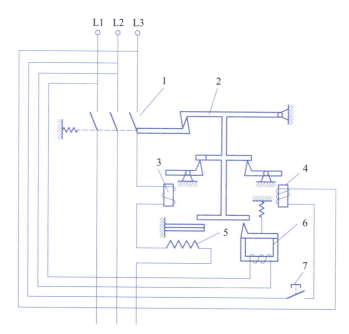

图 2-16　低压断路器的结构示意图

表 2-6　低压断路器的结构名称

序号	1	2	3	4	5	6	7
名称						欠电压脱扣器	按钮

2. 低压断路器的安装、接线

（1）检查低压断路器是否完好。

（2）在实训台网格板上固定低压断路器。

（3）用万用表检测低压断路器接通与断开的阻值是否正常。

（四）任务评价

在规定的时间内完成任务，各组进行自我评价并展示，根据评分标准各组之间进行检查,评分标准见表2-7。

表 2-7 评 分 标 准

序号	项目内容	考核要求	评分细则	配分	扣分	得分
1	电器元件识别	能够正确识别各种电器元件	识别错误、名称错误,每处扣3分	20		
2	电器元件功能	能够描述给定电器元件的类型、作用	描述模糊不清或不达要点,每处扣2分	20		
3	电路图形符号	能够正确地画出各种电器元件的电路图形符号	电路图形符号错误,每处扣2分	20		
4	仪表、工具使用	万用表、螺钉旋具的使用	常用电工工具名称、用途描述错误、操作错误,每处扣2分	20		
5	8S规范	整理、整顿、清扫、清洁、素养、安全、节约、学习	(1)检修前未清点工具、仪器、耗材,扣2分 (2)乱摆放工具,乱丢杂物,完成任务后不清理工位,扣2~5分 (3)违规操作,扣5~10分 (4)成员不积极参与,扣5分	20		
定额时间		90分钟,每超过5分钟扣5分				
开始时间			结束时间		总分	

指导教师签字

年　　月　　日

(五) 任务总结

本任务完成后,认真填写任务总结报告,见表2-8。

表 2-8 任务总结报告

任务名称		小组成员	
工作时间		完成时间	
工作地点		检验人员	

任务实施过程修正记录

原定计划(简要说明自己所承担的任务及实施的方法、步骤):	实际实施:

学习的知识点、技能点

知识点:	技能点:

疑惑点与解决方法	
疑惑点：	解决方法：
工作缺陷与整改方案	
工作缺陷：	整改方案：
任务感悟	

任务二　三相异步电动机顺序控制与降压起动控制

一、任务目标

【知识目标】

1. 掌握顺序控制线路的组成、电气原理图及工作原理。

2. 掌握三相异步电动机直接起动的条件。

3. 掌握常见三相异步电动机降压起动方法及工作原理。

4. 了解三相异步电动机降压起动控制线路特点及适用场合。

【能力目标】

1. 能用万用表对电器元件进行检测。

2. 能正确设计降压起动控制线路。

3. 能用万用表对控制线路进行通电前的检查。

【素养目标】

1. 自主学习,勇于探索,善于总结。

2. 具备严格遵守安全操作规程的职业意识。

3. 具备互帮互助、团队协作的能力。

二、任务描述

设计电动机(Y132M-4,7.5 kW,380 V,15.4 A,△联结)由时间继电器自动控制的丫-△降压起动控制线路。按下起动按钮,电动机降压起动,5 s后电动机全压运行;按下停止按钮,电动机停止运行。电路还有过载、短路、欠电压和失电压保护。

三、工作任务

工作任务清单见表2-9。

表 2-9 工作任务清单

任务内容	任务要求	验收方式
Y-△降压起动控制线路故障分析	1. 认真核实和分析电气原理图 2. 认真检查电路是否有明显的故障点	自评、互评、师评
分析 Z3050 型摇臂钻床电气控制线路	分析主电路、控制电路、辅助电路工作过程	自评、互评、师评

四、相关知识

（一）顺序控制

在装有多台电动机的生产机械上，各电动机所起的作用是不同的，有时需按一定的顺序起动或停止，才能保证操作过程的合理和工作的安全可靠。如铣床在主轴旋转后，工作台方可移动；磨床上要求润滑油泵起动后才能起动主轴等。像这种要求几台电动机的起动或停止必须按一定的先后顺序来完成的控制方式，称为电动机的顺序控制。

1. 主电路实现顺序控制

如图 2-17 所示，电动机 M1 和 M2 分别通过接触器 KM1 和 KM2 来控制。接触器 KM2 的主触点接在接触器 KM1 主触点的下面，这样就保证了当 KM1 主触点闭合，电动机 M1 起动运行后，电动机 M2 才可能接通电源运行。

教学视频：三相异步电动机的顺序控制

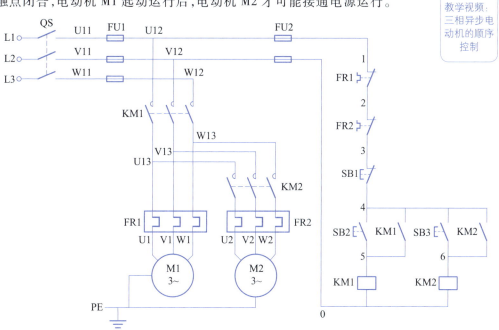

图 2-17 主电路实现顺序起动的控制线路电气原理图

控制线路的工作原理：按下 SB2，KM1 线圈得电并自锁，KM1 主触点闭合，M1 起动，此后，按下 SB3，KM2 主触点闭合，M2 才能起动。停止时，按下 SB1，KM1、KM2 断电，M1、M2 同时停止。

2. 控制电路实现顺序控制

（1）顺序起动控制。实现电动机顺序起动、同时停止的控制线路如图 2-18 所示。电动机 M1 起动运行后电动机 M2 才能起动。图 2-18（a）所示控制电路通过接触器 KM1 的"联锁"触点来实现顺序控制；图 2-18（b）所示控制电路通过接触器 KM1 的"自锁"触点实现。图 2-18

（b）所示控制电路的接法,可以省去接触器 KM1 的动合触点,使控制线路得到简化。

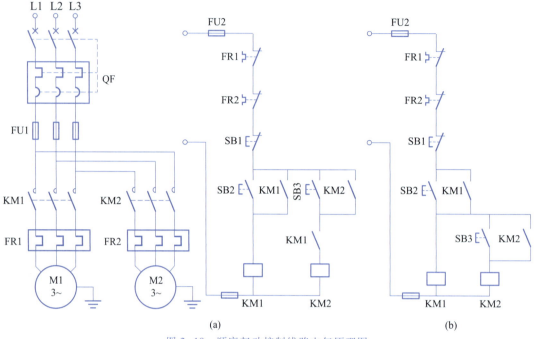

(a)

(b)

图 2-18　顺序起动控制线路电气原理图

（2）先起后停顺序控制。某机床要求在加工前先给机床提供液压油,对机床床身导轨进行润滑,或是提供机械运动的液压动力,这就要求先起动液压泵,然后才能起动工作台拖动电动机或主轴电动机;当机床停止时要求先停止拖动电动机或主轴电动机,再让液压泵停止。其控制线路电气原理图如图 2-19 所示。

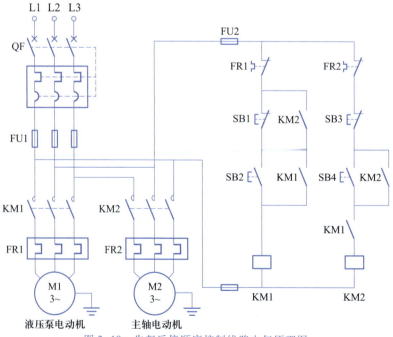

图 2-19　先起后停顺序控制线路电气原理图

（3）先起先停顺序控制。要求 M1 电动机起动后才能起动 M2，M1 停止后 M2 才能停止，其控制线路电气原理图如图 2-20 所示。

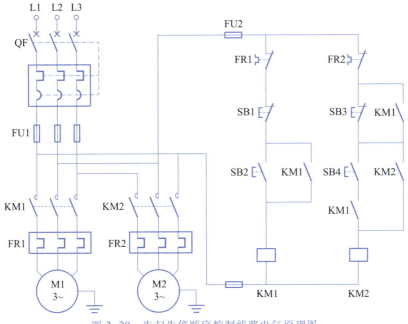

图 2-20　先起先停顺序控制线路电气原理图

（4）自动顺序控制。前面介绍的都是通过手动进行顺序控制的，在实际生产应用中，往往需要自动实现顺序控制。

如图 2-21 所示是采用时间继电器按时间原则顺序起动的自动顺序控制线路电气原理图。该控制线路要求电动机 M1 起动 t 秒后，电动机 M2 自动起动，可利用时间继电器的延时闭合动合触点来实现。

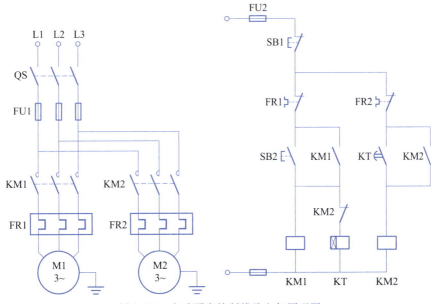

图 2-21　自动顺序控制线路电气原理图

按起动按钮 SB2,接触器 KM1 线圈通电并自锁,电动机 M1 起动,同时时间继电器 KT 线圈也通电。定时 t 秒到,时间继电器延时闭合的动合触点 KT 闭合,接触器 KM2 线圈通电并自锁,电动机 M2 起动,同时接触器 KM2 的动断触点切断了时间继电器 KT 线圈电源。

(二) 多地控制

如图 2-22 所示,有两套正、反起动/停止控制系统。两套系统对应着两个不同的控制地点,SB3、SB4 为电动机 M 的两地正转起动控制按钮,SB5、SB6 为电动机 M 的两地反转起动控制按钮,SB1、SB2 为两地停止控制按钮。

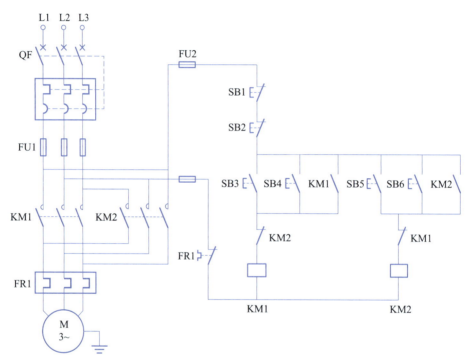

图 2-22 多地控制线路电气原理图

同理,对于三地或多地控制的原则是:起动按钮并联,停止按钮串联。

(三) 三相异步电动机降压起动控制

前面所述的三相交流异步电动机连续,正、反转等多种控制线路起动时,加在定子绕组上的电压为额定电压(380 V),属于全压起动(直接起动),虽然控制线路结构简单、使用维护方便,但起动电流很大,一般为正常工作电流的 4~7 倍。过大的起动电流会降低电动机的寿命,如果电源容量不大于电动机容量,还将明显地影响同一电网中其他电气设备的正常运行。

电动机满足下列条件之一的即可直接起动;否则应采用降压起动的方法。

(1) 容量在 10 kW 以下。

(2) 符合下列经验公式:

$$\frac{I_{st}}{I_N} < \frac{3}{4} + \frac{供电变压器容量(kV \cdot A)}{4 \times 起动电动机功率(kW)}$$

降压起动方式是指在起动过程中降低电动机定子绕组两端的外施电压,起动结束后,再将定子绕组两端的电压恢复到额定值。这种方法一般只适用于电动机的空载或轻载起动。

对于三相笼型异步电动机,常用的降压起动方法有:Y–△(星形–三角形)降压起动、定子串电阻(或电抗器)降压起动、定子串自耦变压器降压起动及延边三角形降压起动等方式。而对于三相绕线式异步电动机,还可采用转子串电阻起动或转子串频敏变阻器起动等方式来限制起动电流。

1. 三相异步电动机Y–△降压起动

教学视频:
三相异步电
动机的星–
三角降压起
动控制

Y–△降压起动:指电动机起动时,把定子绕组接成星形(Y)联结,以降低起动电压,限制起动电流。经过几秒,当电动机起动后,再把定子绕组换成三角形(△)联结,使电动机全压运行。

电动机绕组接成△联结时,每相绕组所承受的电压是电源的线电压(380 V),而接成Y联结时,每相绕组所承受的电压是电源的相电压(220 V)。起动时,电动机每相绕组上的电压为额定电压的$\frac{1}{\sqrt{3}}$,起动电流为△联结直接起动时的 1/3,从而减小了起动电流。

目前生产的功率在 4 kW 以上的Y系列中小型三相异步电动机,其定子绕组的规定接法一般为△联结,所以均可采用Y–△降压起动方法。Y–△降压起动控制线路电气原理图如图 2–23 所示。

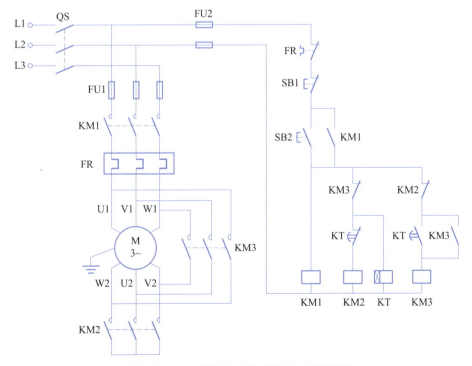

图 2–23　Y–△降压起动控制线路电气原理图

图 2-23 中使用了 3 个接触器 KM1、KM2、KM3 和一个通电延时型时间继电器 KT,当接触器 KM1、KM2 主触点闭合时,电动机成丫联结;当 KM1、KM3 主触点闭合时,电动机成△联结。

丫-△降压起动控制线路工作原理如图 2-24 所示。

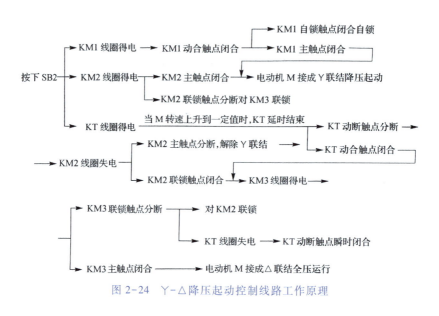

图 2-24　丫-△降压起动控制线路工作原理

停止时,按下 SB1,KM1、KM2 线圈断电,电动机停车。

注意事项

图 2-23 所示主电路中 KM3 的主触点与电动机各绕组的接法,要保证定子绕组为△联结,同时也要保证△联结时电动机的转向与丫联结时的转向一致。另外,KM2、KM3 的主触点不能同时闭合,否则会造成电源相间短路事故。本控制线路采取在控制电路中以辅助动断触点 KM2、KM3 构成联锁触点的方法来解决该问题。

该控制线路结构简单,缺点是起动转矩会相应下降为△联结的 1/3(三相笼型异步电动机的转矩与电压的平方成正比),转矩特性差,电动机起动起来后,要马上切换到△联结运行,中间的时间为 4~6 s。因而本控制线路适用于电网 380 V,正常工作时三相定子绕组接成△联结,额定电压 660/380 V(丫-△联结)的电动机轻载起动的场合。

2. 定子串电阻降压起动

丫-△降压起动只适合于正常运行时电动机额定电压等于电源线电压,定子绕组为△联结的三相交流异步电动机,而对于定子绕组是丫联结的三相异步电动机则需要用定子串电阻降压起动,如图 2-25 所示。

所谓定子串电阻降压起动,就是在电动机起动的过程中利用串联电阻来减小定子绕组电压,以达到限制起动电流的目的,一旦起动完毕,再将电阻短接,电动机进入全压正常运行状态。

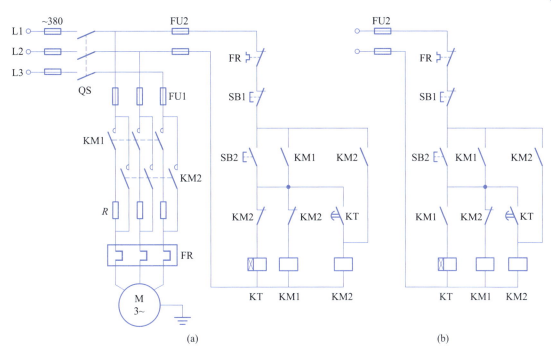

图 2-25　定子串电阻降压起动控制线路电气原理图

按下图 2-25(a) 中的起动按钮 SB2 后，电动机 M 先串电阻 R 降压起动，经一定延时后，全压运行。且在全压运行期间，时间继电器 KT 和接触器 KM1 线圈均失电，不仅节省电能，而且延长了电器元件的使用寿命。

在图 2-25(b) 所示的控制电路中，KT 线圈电路中串联了 KM1 的动合触点，这样当操作人员按下 SB2 时，只要 KM1 不闭合，即使延长 SB2 的按下时间，KT 也无法通电，从而避免了全压起动的可能。

定子串电阻降压起动的特点是控制线路结构简单、成本低、动作可靠，但每次起动都要在起动电阻上消耗大量的电能。因此，三相笼型异步电动机定子串电阻降压的起动方法，仅适合于要求起动平稳的中小容量电动机以及起动不频繁的场合。大容量的三相笼型异步电动机多采用串电抗器降压起动。

3. 定子串自耦变压器降压起动

对于容量较大且正常运行时定子绕组接成丫联结的三相笼型异步电动机，既不能采用丫-△降压起动，也不能采用定子串电阻降压起动，而是需要采用定子串自耦变压器降压起动。

起动时将电动机定子绕组接到自耦变压器的二次侧，改变自耦变压器抽头的位置就可以获得不同的起动电压。当电动机的转速接近额定值时，将自耦变压器切除，电动机的定子绕组直接与电源相连，在额定电压下运行。这个使电动机降压起动的自耦变压器也称为起动补偿器。

图 2-26 所示是定子串自耦变压器降压起动控制线路电气原理图。

该控制线路工作原理如下。

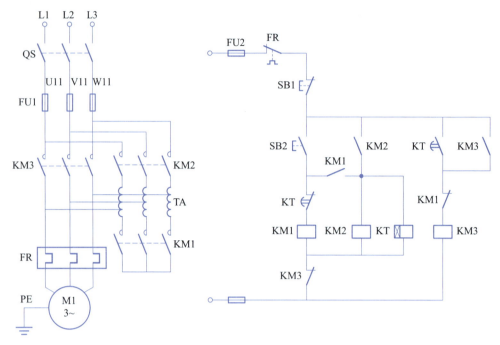

图 2-26　定子串自耦变压器降压起动控制线路电气原理图

合上电源开关 QS。

（1）降压起动：

（2）全压运行：当电动机转速上升到接近额定转速时，KT 延时结束。

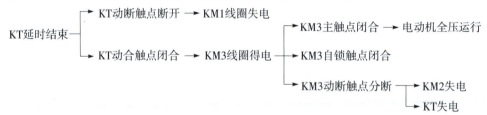

　注意事项

　　在按钮 SB2 和 KM2 的自锁触点之间串接一个 KM1 动合触点，其作用是：当接触器 KM1 的线圈断线时，按下按钮 SB2，KM3 线圈不会得电，电动机不会存在全压起动的可能。

　　定子串自耦变压器降压起动比丫-△降压起动的起动转矩大，并且可通过不同的抽头来调节起动电流和起动转矩的大小，具有调整灵活的优点，但自耦变压器价格较贵、相对电阻结构复杂、体积庞大、不允许频繁起动，通常用于起动大型和特殊用途的电动机。

五、工作过程

（一）信息收集

1. 引导题

（1）自动送料装车系统如图 2-27 所示。三级传送带起动过程如下：按下起动按钮，3 号传送带开始运行，5 s 后 2 号传送带开始运行，再过 5 s 后 1 号传送带开始运行。请说明该控制系统的特点。

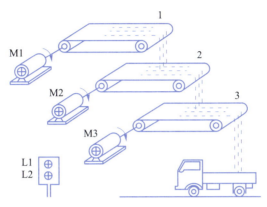

图 2-27　自动送料装车系统

_____

_____

_____。

（2）三相异步电动机的起动有什么要求？电动机直接起动的不良后果是什么？

_____

_____

_____。

（3）为丰富市民的休闲娱乐，某城市政府决定在新区安装一个大型音乐喷泉设备，喷泉水泵电动机的主要技术参数：型号为 Y112M-4，额定功率为 8.8 kW，额定工作电流为 11.6 A，额定电压为 380 V，额定频率为 50 Hz，△联结，转速为 1 440 r/min，绝缘等级为 B 级。要让电动机运行起来，你有多少种方法可以实现？

_____

_____

_____

_____。

2. 任务分析

任务分析 1：分析电气原理图，完成填空。

如图 2-28 所示，电动机 M1 和 M2 分别通过接触器 KM1 和 KM2 来控制，为了实现 M1 先起动，M2 后起动的顺序控制要求，M2 起动的必要条件是：SB4 按钮被按下和

_____。

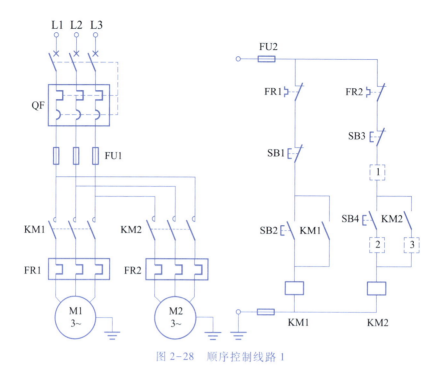

图 2-28 顺序控制线路 1

任务分析 2: 为实现 **M1 先起动,M2 后起动,** 在图 **2-29** 虚线框内完成电气原理图的补图。

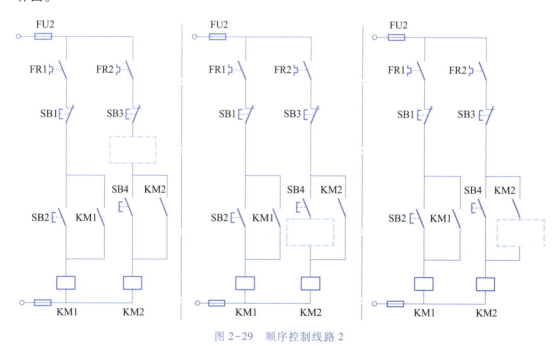

图 2-29 顺序控制线路 2

任务分析 3: 补图。

对于大容量电动机需要采用降压起动。电动机接线图如图 2-30 所示,请根据接线图完成电动机定子绕组丫-△联结的连线。

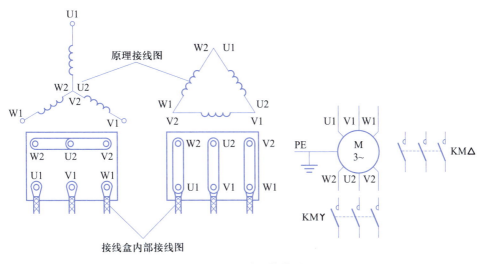

图 2-30　电动机接线图

3. 基础工作分析

基础工作 1：分析图 **2-31** 主电路中各电器元件的作用。

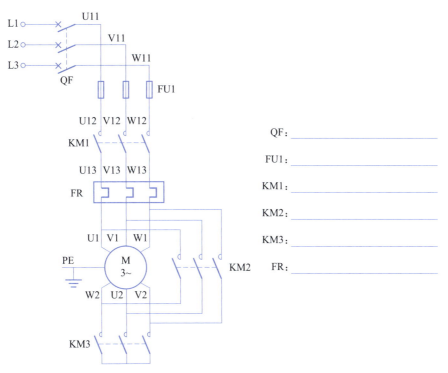

QF：_____

FU1：_____

KM1：_____

KM2：_____

KM3：_____

FR：_____

图 2-31　丫-△降压起动控制线路主电路

基础工作 **2**：电动机定子绕组丫、△联结时，其绕组上的电压和电流有什么区别？

_____

_____

_____

基础工作 3：简单描述丫－△降压起动的工作原理。

_____

_____

_____

（二）计划制订

1. 工作方式

工作方式：小组工作。

小组人数：4～5 人/组。

2. 设备器材

电工工具 1 套、导线若干、万用表 1 块。

3. 工作计划

根据本任务要求，探讨解决方案，小组成员进行分工，明确每个人在任务实施过程中主要负责的任务，并填入表 2-10 中。

表 2-10 工作计划表

序号	工作步骤	人员分工	完成情况	工作时间	
				计划	实际
1					
2					
3					
4					
5					

（三）任务实施

1. 丫－△降压起动控制故障分析

实训练习中一人排除故障，一人协助并填写检修记录单，另外的组员负责监护。

（1）丫－△降压起动控制线路的安装接线步骤如下：

分析控制线路图→列出电器元件清单→检查电器元件→安装电器元件→布线。

根据电动机的技术参数选择电器元件，填写所需电器元件材料清单。

（2）调试、检修电路。调试、检修电路流程如图 2-32 所示。

图 2-32 调试、检修电路流程

1）调试前的准备如下。

① 检查熔断器、交流接触器、热继电器、起停按钮、时间继电器位置是否正确、有无损坏，导线规格是否符合设计要求，操作按钮和接触器是否灵活可靠，热继电器和时间继电器

的整定值是否正确,信号指示是否正确。

② 对电路的绝缘电阻进行测试,验证是否符合要求。

2) 调试过程。

① 接通控制电路电源进行调试。

② 接通主电路和控制电路的电源,检查电动机转速和起动次序是否正常。正常后,在电动机转轴上加负载,检查热继电器是否有过负荷保护作用。有异常立即停电检修。

3) 检修。检修采用万用表电阻法。在不通电情况下进行,按住起动按钮,需要时按时间继电器衔铁测控制电路各点的电阻值,确定故障点并排除。压下接触器动铁心测主电路各点的电阻确定主电路故障并排除。

4) 填写检修记录单,见表 2-11。

表 2-11　检修记录单

故障现象	原因分析	检查方法

2. Z3050 型摇臂钻床电气控制线路分析

钻床是一种用途广泛的孔加工机床。它主要是用钻头钻削精度要求不太高的孔,另外还可用来扩孔、铰孔、刮平面及攻螺纹等。钻床分立式钻床、卧式钻床、深孔钻床和多轴钻床。Z3050 型摇臂钻床是一种常见的立式钻床,适用于单件和成批生产加工多孔的大型零件。

摇臂钻床主要由底座、外立柱、内立柱、摇臂、主轴箱、工作台等部件组成,其外形如图 2-33 所示。

Z3050 型摇臂钻床型号及含义如图 2-34。

教学视频:
Z3050型摇臂钻床电气控制

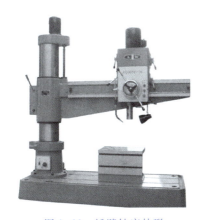

图 2-33　摇臂钻床外形　　　图 2-34　钻床型号及含义

(1) Z3050 型摇臂钻床的运动形式和控制要求。Z3050 型摇臂钻床的运动形式和控制要求见表 2-12。

(2) 电气控制线路分析。Z3050 型摇臂钻床电气控制线路电气原理图如图 2-35 所示。以报告形式完成主电路、控制电路和辅助电路的工作原理分析。

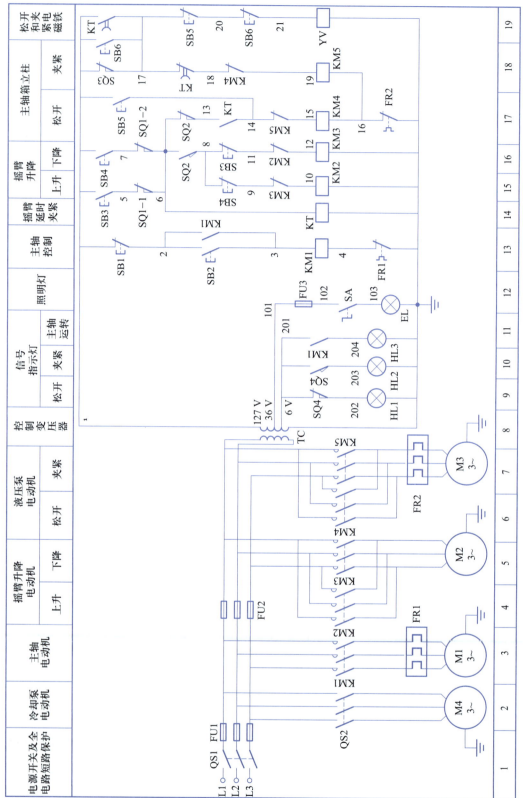

图 2-35　Z3050 型摇臂钻床电气控制线路电气原理图

表 2-12 Z3050 型摇臂钻床的运动形式和控制要求

运动种类	运动形式	控制要求
主运动	主轴带动钻头的旋转运动	（1）主轴电动机 M1 承担钻削和进给任务，只要求单向旋转 （2）主轴的正、反转通过机械方法——摩擦离合器来实现 （3）主轴的转速和进给量通过变速机构调节
进给运动	主轴的上下进给运动	由主轴电动机 M1 驱动，电动机 M1 的动力经主轴传给主轴进给变速传动机构，使主轴进行进给运动
辅助运动	摇臂沿外立柱的上下运动	由摇臂升降电动机 M2 通过升降丝杠带动摇臂沿外立柱上下运动，M2 需正、反转，升降有限位保护
	主轴箱沿摇臂的水平运动	通过手轮操作使主轴箱沿摇臂上的水平导轨径向运动
	摇臂的回转运动	依靠人力推动，使摇臂连同外立柱回旋运动
	摇臂及主轴箱的夹紧与放松	由液压泵电动机 M3 配合液压装置实现，要求电动机 M3 能正、反转
	加工过程的冷却	由冷却泵电动机 M4 驱动冷却泵输送冷却液

（四）任务评价

在规定的时间内完成任务，各组进行自我评价并展示，根据评分标准各组之间进行检查，评分标准见表 2-13。

表 2-13 评 分 标 准

序号	项目内容	考核要求	评分细则	配分	扣分	得分
1	电气控制线路分析	能简述电气控制线路主电路、控制电路和辅助电路的功能、工作过程	（1）主电路分析，每错一处扣 2 分 （2）控制电路分析，每错一处扣 2 分 （3）辅助电路分析，每错一处扣 2 分	30		
2	列出电器元件清单	按电气原理图及负载电动机功率的大小配齐电器元件及导线	漏写或错写，每处扣 2 分	20		
3	线路检查	在断电情况下会用万用表检查线路	漏检或错检，每处扣 1 分	10		
4	故障分析	在电气控制线路上分析故障可能的原因，思路正确	（1）标错故障范围，每个故障点扣 5 分 （2）不能标出最小故障范围，每个故障点扣 3 分 （3）实际排除故障中的思路不清楚，每个故障点扣 2 分	30		

序号	项目内容	考核要求	评分细则	配分	扣分	得分
5	8S 规范	整理、整顿、清扫、清洁、素养、安全、节约、学习	（1）没有穿戴防护用品，扣 4 分 （2）检修前未清点工具、仪器、耗材，扣 2 分 （3）未经验电笔测试前，用手触摸电器元件线端，扣 5 分 （4）乱摆放工具，乱丢杂物，完成任务后不清理工位，扣 2~5 分 （5）违规操作，扣 5~10 分 （6）成员不积极参与，扣 5 分	10		
	定额时间	90 分钟，每超过 5 分钟扣 5 分				
	开始时间		结束时间		总分	

指导教师签字

年 月 日

（五）任务总结

本任务完成后，认真填写任务总结报告，见表 2-14。

表 2-14 任务总结报告

任务名称		小组成员	
工作时间		完成时间	
工作地点		检验人员	

任务实施过程修正记录

原定计划（简要说明自己所承担的任务及实施的方法、步骤）：	实际实施：

学习的知识点、技能点

知识点：	技能点：

疑惑点与解决方法

疑惑点：	解决方法：

工作缺陷与整改方案

工作缺陷：	整改方案：

任务感悟

【项目小结】

本项目主要学习了低压断路器、漏电保护断路器和时间继电器的结构、工作原理、选用原则及基本电气控制线路,如三相异步电动机的顺序控制、Y−△降压起动控制、定子串电阻降压起动控制和定子串自耦变压器降压起动控制的工作过程。

通过基础知识的学习及技能的训练,能够绘制基本电气控制及保护电路,并且能够掌握Z3050型摇臂钻床的结构与拖动特点及电气控制原理分析方法。

【思考与练习题】

1. 低压断路器集控制和多种保护功能于一体,当电路中发生_____、过载和失电压等故障时,它能自动跳闸。

2. 低压断路器具有_____、安装使用方便、工作可靠、动作值可调、分断能力较强、兼作_____、动作后不需要更换电器元件等优点。

3. 容量为4 kW的小容量三相异步电动机一般采用_____起动。

4. 三相异步电动机起动方法中消耗功率较大的是_____起动。

5. 下列起动方法中可增大起动转矩的是_____。
   A. Y−△降压起动
   B. 定子串自耦变压器降压起动
   C. 延边三角形降压起动
   D. 转子串电阻起动

6. 一个饲料加工厂在搅拌混合料时,工人按下起动按钮,先将各种配料通过传送带机送入混合罐中,3 s后传送带拖动电动机停止,搅拌电动机起动搅拌饲料20 s后停止。请设计这个控制线路电气原理图。

7. 如图2−36所示是三条传送带运输机的示意图。对于这三条传送带运输机的电气要求是:
   (1) 起动顺序为3号、2号、1号,以防止货物在传送带上堆积;
   (2) 停车顺序为1号、2号、3号,以保证停车后传送带上不残存货物;
   (3) 当2号或3号出现故障停车时,1号能随即停车,以免继续进料。
   试画出三条传送带运输机的电气控制线路电气原理图,并叙述其工作原理。

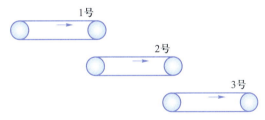

图2−36 三条传送带运输机的示意图

8. 设计一个控制线路,能在A、B两地分别控制同一台电动机单方向连续运行与点动控制,画出其电气原理图。

9. 电动机起动的方式分为哪几种,有什么特点?

10. 设计电动机正、反向Y−△降压起动控制线路。

项目三

三相异步电动机的制动控制

一、项目描述

某制造企业有一台 T68 型卧式镗床出现故障,机床操作人员报修到工程部,工程部维修小组派出维修人员到现场测试、检查、维修,最终使这台 T68 型卧式镗床正常工作。

二、任务分析

读懂 T68 型卧式镗床电气控制线路图纸,完成课程设计说明书,说明书中应该包含电气原理图及基本工作原理分析。

三、工作提示

(一)能力目标

1. 专业能力

(1)能够对工作环节进行分析,并合理安排时间,做好各项安全措施。

(2)能够根据流程领取项目材料。

(3)能够正确使用电工工具。

(4)能够正确使用低压电器。

(5)能够正确使用开关电源。

(6)能够独立分析电气原理图。

(7)能够按要求进行上电前检测。

(8)能够按要求进行上电测试。

(9)能够排除出现的故障。

(10)计划合理、完善,实施安全、规范。

2. 核心能力

(1)有较强的安全操作意识,做到确保安全防护。

(2)能够相互协作、沟通并分析解决问题。

(3)能够阅读相关表格、统计物料并制作物料清单。

(4)项目完成后,能进行自我评估并提出改进措施。

(二)工作步骤

对于本项目涉及的每个任务,将按照信息收集、计划制订、任务实施、任务评价及任务总结五个步骤进行。

任务一　继电器的认识和选用

一、任务目标

【知识目标】

1. 掌握继电器的分类、功能、基本结构、工作原理及型号含义。
2. 熟记继电器的电路图形符号。
3. 了解三相异步电动机的三种调速方法。
4. 理解双速电动机的工作原理与应用。

【能力目标】

1. 能正确识别、选择、安装、使用各种常用的继电器。
2. 掌握双速电动机的接线方法。
3. 能用万用表对电器元件进行检测。

【素养目标】

1. 具备严谨的学习态度。
2. 具备自主学习和终身学习的意识和能力。

二、任务描述

认识一种根据电量(如电压和电流等)或非电量(如热、时间、压力、转速等)的变化接通或断开控制线路,以实现自动控制或保护电力拖动装置的低压电器——继电器。

三、工作任务

工作任务清单见表 3-1。

表 3-1　工作任务清单

任务内容	任务要求	验收方式
继电器的作用、内部结构	了解继电器有安全保护、自动调节电路的作用;认识继电器各部件的名称	自评、互评、师评
继电器的检测	检测继电器的线圈、触点	自评、互评、师评

四、相关知识

(一) 继电器

继电器主要用于在各种控制电路中进行信号传递、放大、转换、联锁等,控制主电路和辅助电路中的电器元件按预定的动作程序进行工作,实现自动控制和保护的目的。继电器种类繁多,按用途可分为保护、控制和中间继电器;按动作原理可分为电磁式、感应式、电动式、电子式、机械式和固态继电器;按输入量可分为电流、电压、时间、速度和压力继电器;按动作时间可分为瞬时、延时继电器。这些类型的继电器的共同特点是触点额定电流不大于 5 A。

电磁式继电器的结构和工作原理与接触器基本相同,它由电磁机构和触点系统组成,如

图 3-1 所示。以下重点介绍几种继电器。

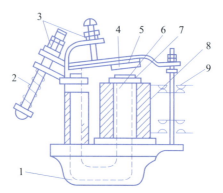

1—底座；2—反作用弹簧；3—调节螺钉；4—非磁性垫片；
5—衔铁；6—铁心；7—极靴；8—线圈；9—触点

图 3-1 电磁式继电器的结构

1. 中间继电器

中间继电器属于电压继电器，主要用在 500 V 及以下的小电流控制电路中，用于增加触点的数量及容量。

中间继电器的结构和原理与交流接触器基本相同，它们的主要区别是接触器的主触点可以通过大电流，而中间继电器的触点只能通过小电流。因此，中间继电器只能用于控制电路中。它没有主触点只有辅助触点，过载能力较小，触点数量比较多。

根据输入回路的不同，中间继电器又可分为直流继电器和交流继电器（直流用符号 DC 表示，交流用符号 AC 表示）。有些中间继电器带指示灯，如绿灯通常表示直流继电器，红灯表示交流继电器。实际工作中，通过电流低于 5 A 的电路也可以用中间继电器直接完成而不是仅仅用作控制电路。由于中间继电器对电压要求范围宽，实际应用中较为广泛，如 DC 12 V 的中间继电器在 9~15 V 都能正常工作。

JZX-22F 型中间继电器的外形如图 3-2(a) 所示，底视接线图如图 3-2(b) 所示：13 和 14 是线圈触点；1 和 9、……、4 和 12 是动断触点；5 和 9、……、8 和 12 是动合触点。JZX-22F 型中间继电器配套底座的外形及接线头示意图如图 3-3 所示。中间继电器的电路图形符号如图 3-4 所示。

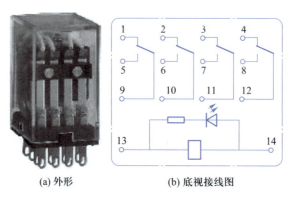

(a) 外形   (b) 底视接线图

图 3-2 JZX-22F 型中间继电器

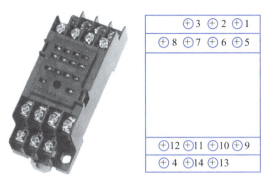

图 3-3　JZX-22F 型中间继电器配套底座的外形及接线头示意图

图 3-4　中间继电器的电路图形符号

2. 电流继电器

电流继电器用于电力拖动系统的电流保护和控制。其线圈串联接入主电路,用来感测主电路的线路电流;触点接于控制电路,为执行元件。

（1）过电流继电器:当通过继电器的电流超过预定值时就动作的继电器称为过电流继电器。

（2）欠电流继电器:当通过继电器的电流减小到低于其整定值时就动作的继电器称为欠电流继电器。

在电力系统中常用过电流继电器构成过电流和短路保护。欠电流继电器常用于直流回路的断线保护。在产品上只有直流欠电流继电器,没有交流欠电流继电器。电流继电器外形和电路图形符号如图 3-5 所示。

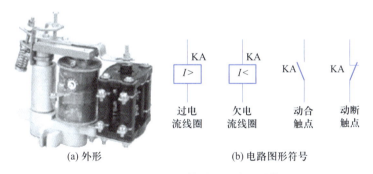

(a) 外形　　　　　　(b) 电路图形符号

图 3-5　电流继电器外形和电路图形符号

3. 电压继电器

电压继电器的线圈并联在被测量的电路中,根据线圈两端电压的大小来接通或断开电路。电压继电器分为过电压继电器、欠电压继电器和零电压继电器。欠电压继电器常用于电力线路的欠电压和失电压保护。直流电路一般不会产生过电压,所以在产品中只有交流过电压继电器,用于过电压保护。电压继电器的电路图形符号如图 3-6 所示。

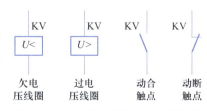

图 3-6　电压继电器的电路图形符号

4. 固态继电器

固态继电器(Solid State Relay,SSR)是一种由固态电子器件组成的新型无触点开关,利用电子器件(如晶体管、双向可控硅等半导体器件)的开关特性,实现无触点、无火花、能接通和断开电路的目的,因此又被称为"无触点开关"。

固态继电器如图3-7所示,单相固态继电器为四端有源器件,包括两个输入端和两个输出端,输入输出之间为光隔离,输入端加上直流或脉冲信号到一定电流值后,输出端就能从断态转变成通态。

图3-7 固态继电器

相对于以往的"线圈-簧片触点式"继电器,固态继电器没有任何可动的机械零件,工作中也没有任何机械动作,具有超越"线圈-簧片触点式"继电器的优势,如反应快、可靠度高、寿命长、无动作噪声、耐震、耐机械冲击、具有良好的防潮防霉防腐特性。

尽管市场上的固态继电器型号规格繁多,但它们的工作原理基本上是相似的,主要由输入(控制)电路、驱动电路和输出(负载)电路三部分组成。固态继电器的控制信号所需的功率极低,因此可以用弱信号控制强电流。其控制电压和负载电压按使用场合可以分成交流和直流两大类,因此会有 DC-AC、DC-DC、AC-AC、AC-DC 四种类型,它们分别在交流或直流电源上作负载的开关,不能混用。

5. 速度继电器

速度继电器是用来反映转速与转向变化的继电器,主要用于三相笼型异步电动机的反接制动控制,所以也称为反接制动继电器。速度继电器的外形及结构原理如图3-8所示。

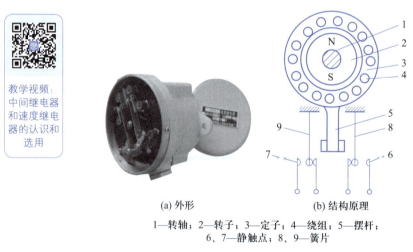

教学视频:
中间继电器和速度继电器的认识和选用

(a) 外形   (b) 结构原理

1—转轴;2—转子;3—定子;4—绕组;5—摆杆;
6、7—静触点;8、9—簧片

图3-8 速度继电器的外形及结构原理

(1)速度继电器的结构和工作原理。从结构上看,速度继电器主要由转子、转轴、定子和触点等部分组成。转子是一个圆柱形永久磁铁,定子是一个笼型空心圆环,由硅钢片叠成,并装有笼型绕组。

工作原理：速度继电器的转轴和电动机的轴通过联轴器相连，定子空套在转子上。当电动机转动时，速度继电器的转子随之转动，定子内的绕组便切割磁力线，产生感应电流，此电流与转子磁场作用产生转矩，使定子随转子方向开始转动。电动机转速达到某一值时，产生的转矩能使定子转到一定角度使摆杆推动动断触点动作；当电动机转速低于某一值或停车时，定子产生的转矩会减小或消失，触点在弹簧的作用下复位。

速度继电器有两组触点（每组各有一对动合触点和动断触点），可分别控制电动机正、反转的反接制动。通常当速度继电器转轴的转速达到 120 r/min 时，触点即动作；当转速低于 100 r/min 时，触点即复位。

（2）速度继电器的型号和电路图形符号。速度继电器的型号及其含义如图 3-9。

速度继电器的电路图形符号如图 3-10 所示。

图 3-9　速度继电器的型号及其含义　　　图 3-10　速度继电器的电路图形符号

（二）双速异步电动机

在生产中，有时要求异步电动机在不改变负载的情况下转速能够调节，这称为异步电动机的调速。

双速异步电动机是通过改变磁极对数来改变电动机的转速，即变极调速，属于有级调速，主要用于调速性能要求不高的场合，如铣床、镗床、磨床等机床及其他设备上，所需设备简单、体积小、质量轻，但电动机绕组引出头较多、调速级数少、级差大。变极调速只适用于笼型异步电动机，它通过改变定子绕组的接线以改变磁极对数，从而实现调速。几种常见的双速电动机外形如图 3-11 所示。

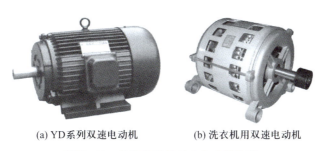

(a) YD系列双速电动机　　　　(b) 洗衣机用双速电动机

图 3-11　几种常见的双速电动机外形

1. 变极调速原理

利用这种方法调速时，定子绕组要特殊设计，与普通电动机的绕组不同，要求绕组可用改变外部接线的办法来改变磁极对数。改变定子绕组磁极对数的方法是将一相绕组中一半线圈的电流方向反过来。如图 3-12 所示，每个绕组由两个线圈组成，当两个线圈串联时，对应的磁极对数为 2；当两个线圈并联时，对应的磁极对数为 1。

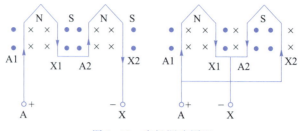

图 3-12　变极调速原理

根据公式 $n = \dfrac{60f}{p}(1-s)$ 可知，三相异步电动机的转速与电源的频率 f、电动机的转差率 s、电动机的磁极对数 p 有关。在电源频率 f、转差率 s 不变的条件下，三相异步电动机的转速与磁极对数 p 成反比，因此，改变三相异步电动机的磁极对数就可以改变电动机的转速。

改变三相异步电动机的磁极对数只能在倍数关系下进行，而且比例关系为整数。例如，2 极和 4 极、6 极、8 极之间可以变换，4 极和 8 极之间可以变换，而 4 极和 6 极之间不能变换。

2. 双速电动机的接线

图 3-13（a）所示为三相双速异步电动机定子绕组 △ 联结。电动机低速运行时，三相绕组的接线端子 U1、V1、W1 与电源线连接，U2、V2、W2 三个接线端悬空，三相定子绕组接成 △ 联结，此时电动机磁极为 4 极，磁极对数 p 为 2，同步转速为 1 500 r/min。

图 3-13（b）所示为双速异步电动机定子绕组 YY 联结。电动机高速运行时，接线端子 U1、V1、W1 连接在一起，U2、V2、W2 三个接线端与电源线连接。此时电动机定子绕组为 YY 联结，电动机磁极为 2 极，磁极对数 p 为 1，同步转速为 3 000 r/min。

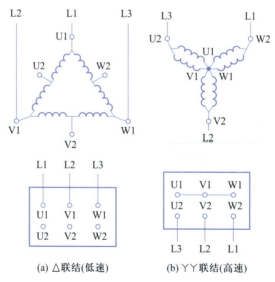

(a) △联结(低速)　　(b) YY联结(高速)

图 3-13　4/2 极的双速电动机定子绕组接线示意图

注意：在变极调速时，应把电源相序反接，以保证高速和低速时电动机的旋转方向不变。

五、工作过程

（一）信息收集

1. 引导题

继电器有功能继电器和电路控制继电器两种。汽车上常见的功能继电器包括闪光继电器、刮水器间歇继电器等，电路控制继电器包括前照灯继电器、雾灯继电器、起动继电器、喇叭继电器、减荷继电器等。思考它们的作用分别是什么？

_____

_____

2. 任务分析

任务分析 1：继电器和接触器的区别是什么？

_____

_____

任务分析 2：在图 3-14 所示文本框中写出表 3-2 中继电器各部件的编号。

表 3-2　继电器各部件的编号

名称	动断触点	动合触点	铁心	晶体管	插脚	衔铁	线圈	返回弹簧
序号	1	2	3	4	5	6	7	8

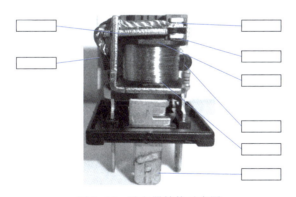

图 3-14　继电器结构示意图

任务分析 3：电动机高速与低速运行时，定子绕组分别接成什么形式，分别是几对磁极？

_____

_____

3. 基础工作分析

基础工作 1：完成继电器的检测，并将测量结果填入表 3-3 空格中。

表 3-3　继电器的检测表

四脚继电器检测	测量端子	电压	电阻	判断
通电	4-负极			
断电	3-4			
断电	1-2			
五脚继电器检测	测量端子	电压	电阻	判断
通电	5-负极			
断电	4-负极			
断电	1-2			

基础工作 2:电路连接。

车辆超重报警装置示意图如图 3-15 所示,当车辆超重时(当压力传感器压力达到设定值时,接通电路),信号灯就发光。试连接好电路。

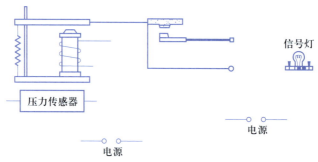

图 3-15　车辆超重报警装置示意图

(二) 计划制订

1. 工作方式

工作方式:小组工作。

小组人数:4~5 人/组。

2. 设备器材

电工工具 1 套、导线若干、万用表 1 块。

3. 工作计划

根据本任务要求,探讨解决方案,小组成员进行分工,明确每个人在任务实施过程中主要负责的任务,并写入表 3-4 中。

表 3-4　工作计划表

序号	工作步骤	人员分工	完成情况	工作时间	
				计划	实际
1					
2					
3					
4					
5					

（三）任务实施

1. 继电器线圈的检测

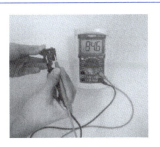

将万用表拨至 200Ω 挡，然后将两表笔分别与线圈接线端子（85-86 端子）接触，测量其电阻值：

（1）正常时，线圈阻值为 75~80 Ω。

（2）若测量电阻值为∞，说明线圈断路。

（3）若测量电阻过小，说明线圈短路

2. 继电器动断触点的检测

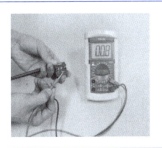

将万用表拨至 200 Ω 挡，然后将两表笔分别与动断触点接线端子（30-87a 端子）接触测量其电阻值：

（1）正常时，万用表应有电阻值且小于等于 0.8 Ω。

（2）若测量电阻值为∞，说明触点烧蚀

3. 继电器动合触点的检测

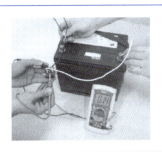

正常时，万用表应有电阻值且小于等于 1.4 Ω

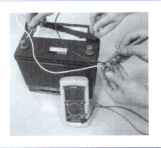

若测量电阻值为∞，说明触点烧蚀

（四）任务评价

在规定的时间内完成任务，各组进行自我评价并展示，根据评分标准各组之间进行检查，评分标准见表 3-5。

表 3-5 评 分 标 准

序号	项目内容	考核要求	评分细则	配分	扣分	得分
1	电器元件识别	能够正确识别各种电器元件	识别错误、名称错误,每处扣3分	20		
2	电器元件功能描述	能够描述给定电器元件的类型、作用	描述模糊不清或不达要点,每处扣2分	20		
3	电路图形符号绘制	能够正确地画出各种电器元件的电路图形符号	电路图形符号错误,每处扣2分	20		
4	仪表、工具使用	万用表、螺钉旋具的使用	常用电工工具名称、用途描述错误和操作错误,每处扣2分	20		
5	8S规范	整理、整顿、清扫、清洁、素养、安全、节约、学习	(1) 检修前未清点工具、仪器、耗材,扣2分 (2) 乱摆放工具,乱丢杂物,完成任务后不清理工位,扣2~5分 (3) 违规操作,扣5~10分 (4) 成员不积极参与,扣5分	20		
定额时间		30分钟,每超过5分钟扣5分				
开始时间			结束时间		总分	

指导教师签字

年　　月　　日

（五）任务总结

本任务完成后,认真填写任务总结报告,见表3-6。

表 3-6 任务总结报告

任务名称		小组成员	
工作时间		完成时间	
工作地点		检验人员	

任务实施过程修正记录

原定计划(简要说明自己所承担的任务及实施的方法、步骤):	实际实施:

学习的知识点、技能点

知识点:	技能点:

疑惑点与解决方法	
疑惑点：	解决方法：
工作缺陷与整改方案	
工作缺陷：	整改方案：
任务感悟	

任务二 三相异步电动机调速、制动控制

一、任务目标

【知识目标】

1. 了解三相异步电动机的三种调速方法。

2. 识读分析双速异步电动机高、低速控制线路的构成和工作原理。

3. 熟悉反接制动的制动原理,掌握反接制动控制线路分析方法。

【能力目标】

1. 掌握双速电动机控制线路的常见故障排除方法。

2. 能正确安装双速电动机控制线路。

3. 能用万用表对控制线路进行通电前的检查。

【素养目标】

1. 具有较强的沟通能力及团队协作精神。

2. 形成勇于创新、敬业爱岗的工作作风。

3. 具有较强的质量、安全意识。

二、任务描述

1. 某校区移动大门由 YD90L 型双速电动机驱动实现开关门,控制要求如下。

(1) 按下低速起动按钮,双速电动机低速运行。

(2) 按下高速起动按钮,双速电动机高速运行。

(3) 高、低速之间可以直接相互转换,但旋转方向必须一致。

(4) 按下停止按钮,双速电动机停止。

2. 机床在生产加工过程中为了提高生产效率,在完成某一工步后要求立即停止,因此,在电动机停车时,要求有制动措施。

三、工作任务

工作任务清单见表3-7。

表 3-7 工作任务清单

任务内容	任务要求	验收方式
双速电动机自动控制线路安装	掌握双速电动机定子的连接方法,把握主要内容,理清思路	自评、互评、师评
分析 T68 型卧式镗床电气控制线路	分析主电路、控制电路、辅助电路工作过程	自评、互评、师评

四、相关知识

生产机械设备为了满足生产过程的需要,对速度有多种需求。三相异步电动机可通过机械调速、变极调速和变频调速等方式改变速度。当速度要求不是很精确时,通常使用变极调速。

（一）双速异步电动机调速控制

1. 手动双速控制

图 3-16 所示为三相双速异步电动机手动控制线路电气原理图。图中 KM1 为△联结低速运行接触器,KM2、KM3 为丫丫联结高速运行接触器,SB1 为△联结低速起动运行按钮,SB2

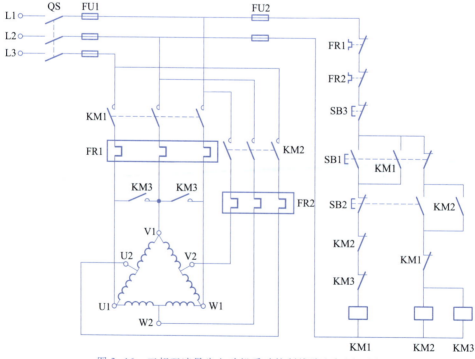

图 3-16 三相双速异步电动机手动控制线路电气原理图

为丫丫联结高速起动运行按钮。手动控制线路的工作过程如下。

（1）低速起动。先合上电源开关 QS，按下起动按钮 SB1，其一组动断触点断开，切断高速运行接触器 KM2、KM3 线圈回路电源，起到停止高速运行及按钮互锁作用；其另一组动合触点闭合，KM1 线圈得电且自锁，KM1 三相主触点闭合，电动机定子绕组 △ 联结，电动机低速起动运行。如果再按下按钮 SB2，则电动机由低速运行变为丫丫联结高速运行。

（2）高速起动。先合上电源开关 QS，直接按下起动按钮 SB2，KM2、KM3 线圈得电且自锁。KM2 三相主触点闭合，接通高速绕组电源，KM3 三相主触点闭合，电动机得电且丫丫联结高速运行。按下 SB1，电动机变为 △ 联结低速运行。

电动机在接线时的相序不能接错，要按电气原理图接线，否则，在高速运行时电动机将会反转并产生很大的冲击电流。另外，电动机在高速、低速运行时的额定电流不相同。因此，热继电器 FR1 和 FR2 要根据不同保护电路分别调整整定值，不要接错。

2. 自动双速控制

在有些场合为了减小电动机高速起动时的能耗，起动时先以 △ 联结低速起动运行，然后自动地转为丫丫联结高速运行，这一过程可以用时间继电器来控制，其控制线路电气原理图如图 3-17 所示，KT 为断电延时型时间继电器，KA 为中间继电器。自动双速控制的工作过程如下。

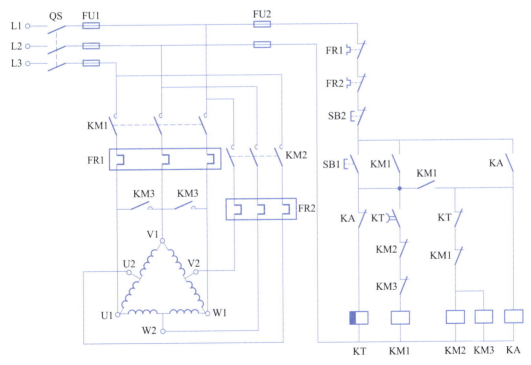

图 3-17　三相双速异步电动机自动控制线路电气原理图

先合上电源开关 QS，按下起动按钮 SB1，时间继电器 KT、接触器 KM1、中间继电器 KA 先后得电且自锁，将电动机定子绕组接成 △ 联结，电动机以低速起动运行，并通过时间继电器 KT 和接触器 KM1 的动断触点对接触器 KM2、KM3 进行联锁。同时，KA 的得电使 KT 失电,经过一段时间的延时,时间继电器 KT 延时断开动合触点断开,接触器 KM1 失电,使接触器 KM2、KM3 得电,电动机的定子绕组自动地转为丫丫联结,电动机高速运行。

(二)三相异步电动机制动控制

三相异步电动机从切除电源到完全停车,由于惯性的关系,总要经过一段时间,这往往不能适应某些生产机械工艺的要求,如万能铣床要求立即停车、起重机吊钩需要准确定位等。为提高生产效率并满足生产工艺的需要,要求电动机能迅速停车,通常需要对电动机进行制动控制。

教学视频:
三相异步电动机的制动控制

三相异步电动机的制动方法分为机械制动和电气制动两大类。机械制动常用的方法有电磁抱闸制动器制动、电磁离合器制动等;电气制动是使电动机产生一个与转子原来转动方向相反的电磁力矩(制动力矩)来进行制动,常用的方法有反接制动、能耗制动、电容制动和回馈制动等。

1. 电磁抱闸制动器制动

电磁抱闸制动器由制动电磁铁和闸瓦制动器组成,其外形如图 3-18 所示,其结构如图 3-19 所示。

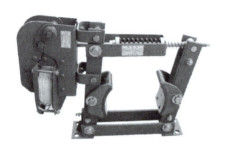

图 3-18　电磁制动器的外形

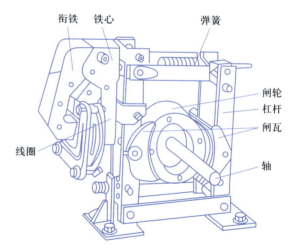

图 3-19　电磁抱闸制动器的结构

在图 3-19 中,制动电磁铁由铁心、衔铁和线圈三部分组成,并有单相和二相之分。闸瓦制动器包括闸轮、闸瓦、杠杆和弹簧等部分,闸轮与电动机装在同一根转轴上。电磁抱闸分为断电制动型和通电制动型两种。

断电制动型电磁抱闸制动器的工作原理:当制动电磁铁的线圈得电时,闸瓦制动器的闸瓦与闸轮分开,无制动作用;当线圈失电时,闸瓦制动器的闸瓦紧紧抱住闸轮制动。其控制线路电气原理图如图 3-20 所示。

通电制动型电磁抱闸制动器的工作原理:当制动电磁铁的线圈得电时,闸瓦紧紧抱住闸轮制动;当线圈失电时,闸瓦制动器的闸瓦与闸轮分开,无制动作用。其控制线路电气原理图如图 3-21 所示。

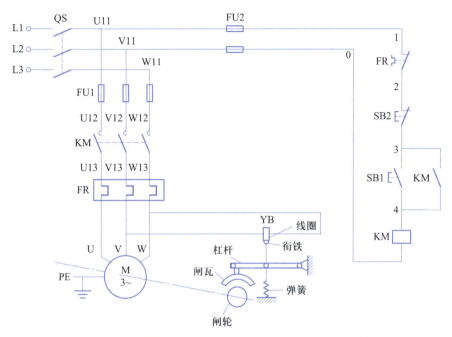

图 3-20　断电制动型电磁抱闸制动器控制线路电气原理图

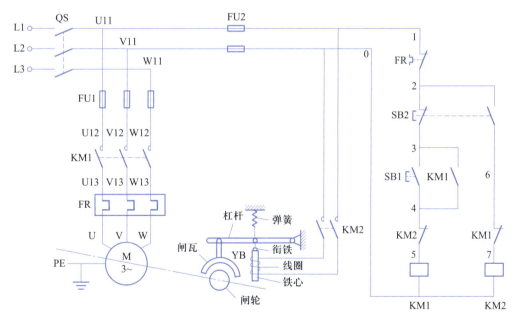

图 3-21　通电制动型电磁抱闸制动器控制线路电气原理图

2. 电磁离合器制动

电磁离合器的外形和结构示意图如图 3-22 所示。

当电动机断电时,线圈失电,制动弹簧将静摩擦片紧紧地压在动摩擦片上,此时电动机通过绳轮轴被制动。当电动机通电运行时,励磁线圈也同时得电,电磁铁的动铁心被静铁心吸合,使静摩擦片分开,于是动摩擦片连同绳轮轴在电动机的带动下正常起动运行。

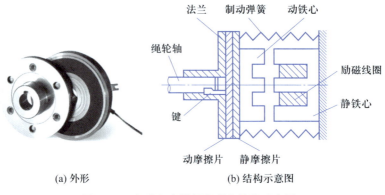

(a) 外形　　　　　　　　(b) 结构示意图

图 3-22　电磁离合器的外形和结构示意图

3. 单向运行的反接制动控制线路

反接制动的关键在于改变电动机电源的相序,且当电动机转速接近零时,能自动将电源切除。为此在反接制动控制过程中采用速度继电器来检测电动机的速度变化。

图 3-23 所示为三相笼型异步电动机单向运行的反接制动控制线路电气原理图。图中,KM1 为单向旋转接触器,KM2 为反接制动接触器,KS 为速度继电器。在主电路中串入限流电阻 R,10 kW 以上电动机的定子电路中串入对称电阻或不对称电阻,称为制动电阻,以限制制动电流和减少制动冲击力。

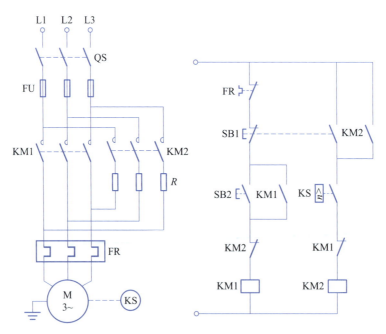

图 3-23　单向运行的反接制动控制线路电气原理图

起动时,合上电源开关 QS,按下起动按钮 SB2,接触器 KM1 线圈通电并自锁,电动机在全电压下起动运行,当转速升到某一值(通常大于 120 r/min)以后,速度继电器 KS 的动合触点闭合,为制动接触器 KM2 的通电做准备。

需要停车时,按下停止按钮 SB1,KM1 断电释放,KM2 线圈通电动作并自锁,KM2 的动合主触点闭合,改变了电动机定子绕组中电源的相序,电动机在定子绕组串入电阻 R 的情况下反接制动,电动机的转速迅速下降,当转速低于 100 r/min 时,速度继电器 KS 复位,KM2 线圈断电释放,制动过程结束。

反接制动的优点是制动能力强、制动时间短;缺点是能量损耗大、制动时冲击力大、制动准确度差。反接制动适用于不太经常制动的设备,如铣床、镗床和中型车床主轴的制动。

4. 三相异步电动机能耗制动控制线路

切断三相异步电动机的三相交流电源后,立即在定子绕组中通入一个直流电源,以产生一个恒定的磁场,而因惯性旋转的转子绕组则切割磁力线产生感应电流,继而产生与惯性转动方向相反的电磁转矩,对转子起到制动作用。当电动机转速降至零时,再切除直流电源。这种消耗转子的机械能,并将其转化成电能,从而产生制动力的制动方法,称为能耗制动。

图 3-24 所示为按时间原则控制的三相异步电动机能耗制动控制线路电气原理图。

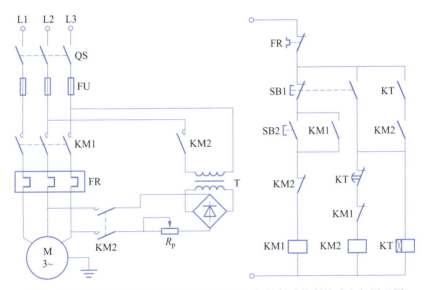

图 3-24　按时间原则控制的三相异步电动机能耗制动控制线路电气原理图

起动时,合上电源开关 QS,按下起动按钮 SB2,则接触器 KM1 动作并自锁,其主触点接通电动机主电路,电动机在全电压下起动运行。

停车时,按下停止按钮 SB1,其动断触点断开使 KM1 线圈断电,切断电动机电源,SB1 的动合触点闭合,接触器 KM2、时间继电器 KT 线圈通电并经 KM2 的辅助触点和 KT 的瞬动触点自锁;同时,KM2 的主触点闭合,给电动机两相定子绕组送入直流电流,进行能耗制动。经过一定时间后,KT 延时结束,其延时打开的动断触点打开,KM2 线圈断电释放,切断直流电源,并且 KT 线圈断电,为下次制动做好准备。

由以上分析可知,时间继电器 KT 的整定值即为制动过程的时间。KM1 和 KM2 的动断触点进行联锁的目的是防止交流电和直流电同时加入电动机定子绕组。

能耗制动的特点是制动电流较小、能量损耗小、制动准确,但它需要直流电源,制动速度较慢,所以能耗制动适用于要求平稳制动的场合。

(三) T68 型卧式镗床

镗床是用于加工孔的机床。与钻床比较,镗床主要用于加工尺寸精确的孔和各孔间的距离要求较精确的零件,如一些箱体零件(机床主轴箱、变速箱等)。镗床的加工形式主要是用镗刀镗削在工件上已铸出或已粗钻的孔,此外,大部分镗床还可以进行铣削、钻孔、扩孔和铰孔等加工。

镗床的类型有卧式镗床、坐标镗床、金刚镗床、专用镗床等,其中,以卧式镗床应用最广。T68 型卧式镗床的外形如图 3-25 所示。

图 3-25　T68 型卧式镗床的外形

T68 型卧式镗床主要由床身、前立柱、镗头架、工作台、后立柱和尾架等组成,其结构示意图如图 3-26 所示。

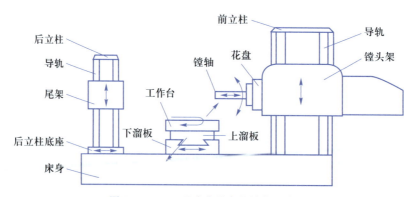

图 3-26　T68 型卧式镗床的结构示意图

T68 型卧式镗床的型号及其含义如图 3-27 所示。

图 3-27　T68 型卧式镗床的型号及其含义

五、工作过程

（一）信息收集

1. 引导题

音乐喷泉如图 3-28 所示,其喷水的高低和出水量的大小由电动机的转速控制,举例说明电动机调速控制的场合还有哪些?

图 3-28　音乐喷泉示意图

_____

_____

_____

2. 任务分析

任务分析 1:双速电动机定子绕组从一种接法改变为另外一种接法时,要保证电动机的旋转方向不变,如何实现? 高速与低速时可以相互直接转换吗? 说明理由。

_____

_____

任务分析 2:能耗制动和反接制动的比较,填入表 3-8 中。

表 3-8　不同制动方式的比较

制动方式	优点	缺点	适用性
能耗制动			
反接制动			

3. 基础工作分析

基础工作 1:电路分析。

图 3-29 所示电路和前面学过的哪种控制线路相似? 试分析它的工作原理。

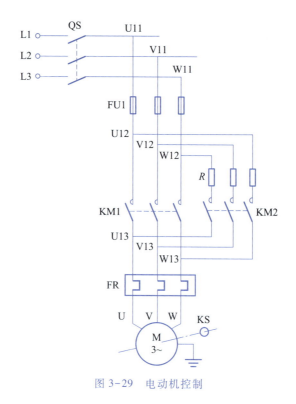

图 3-29　电动机控制

基础工作 2：公式 $n=\dfrac{60f}{p}(1-s)$ 适合所有的交流电动机调速,然而对于绕线式电动机调速,一般都是给转子电路中串接电阻(改变电动机的转差率)达到调速的目的,绕线式异步电动机的调速方法有哪些?

(二) 计划制订

1. 工作方式

工作方式:小组工作。

小组人数:4~5 人/组。

2. 设备器材

电工工具 1 套、导线若干、万用表 1 块。

3. 工作计划

根据本任务的要求,探讨解决方案,小组成员进行分工,明确每个人在任务实施过程中主要负责的任务,并填入表 3-9 中。

表 3-9　工作计划表

序号	工作步骤	人员分工	完成情况	工作时间	
				计划	实际
1					
2					
3					
4					
5					

（三）任务实施

1. 双速电动机自动控制线路安装

（1）器材准备：

1）所用工具、设备：三相五线交流电源、单相交流电源、电工通用工具（验电笔、一字螺钉旋具、十字螺钉旋具、剥线钳、尖嘴钳、电工刀等）、万用表、绝缘电阻表（500 V，0～200 MΩ）、劳保用品（绝缘鞋、工作服等）。

2）电器元件外观检查：检查所用的电器元件，要求外观应完整无损，附件、备件齐全。

3）使用工具检查：用万用表、绝缘电阻表检测电器元件及电动机的有关技术数据，看其是否符合要求。

（2）电路安装：

1）编写安装步骤；

2）画出电器元件布置图和电气安装接线图；

3）写出安装工艺；

4）教师审查后安装；

5）通电试车。

2. T68 型卧式镗床电气控制线路分析

（1）T68 型卧式镗床的运动形式和控制要求。T68 型卧式镗床的运动形式和控制要求见表 3-10。

教学视频：
T68型卧式
镗床电气
控制

表 3-10　T68 型卧式镗床的运动形式和控制要求

运动种类	运动形式	控制要求
主运动	镗轴和花盘的旋转运动	该镗床镗刀装在镗轴前端孔内或装在花盘的刀具溜板上
进给运动	（1）镗轴和花盘轴向进给运动 （2）镗头架的垂直进给运动 （3）工作台的纵向和横向进给运动	（1）其主运动和进给运动共用一台电动机驱动 （2）采用机电联合调速，即用变速箱进行机械调速和用双速电动机进行电气调速 （3）主轴电动机要求可正、反转，点动，双速和制动
辅助运动	工作台的旋转运动、后立柱的水平移动和尾架的垂直移动	为缩短调整工件和刀具间相对位置时间，机床各部分还可以用快速移动电动机来驱动

（2）电气控制线路分析。T68 型卧式镗床电气控制线路电气原理图如图 3-30 所示。以报告形式完成主电路、控制电路和辅助电路的工作原理分析。

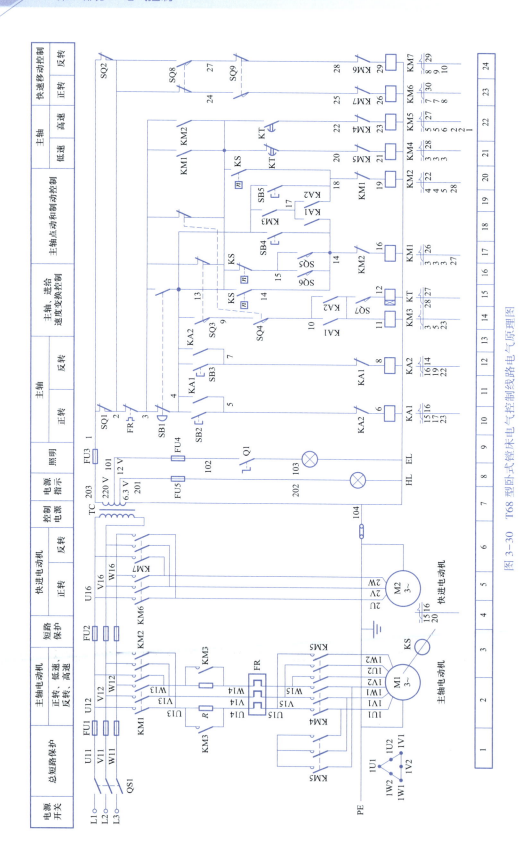

图 3-30　T68 型卧式镗床电气控制线路电气原理图

（四）任务评价

在规定的时间内完成任务,各组进行自我评价并展示,根据评分标准各组之间进行检查,评分标准见表3-11。

表 3-11 评 分 标 准

序号	项目内容	考核要求	评分细则	配分	扣分	得分
1	电器元件识别	能够正确识别各种电器元件	识别错误、名称错误,每处扣3分	20		
2	电器元件功能	能够描述给定电器元件的类型、作用	描述模糊不清或不达要点,每处扣2分	20		
3	电路图形符号	能够正确地画出各种电器元件的电路图形符号	电路图形符号错误,每处扣2分	20		
4	仪表、工具使用	万用表、螺钉旋具的使用	常用电工工具名称、用途描述错误及操作错误,每处扣2分	20		
5	8S 规范	整理、整顿、清扫、清洁、素养、安全、节约、学习	（1）检修前未清点工具、仪器、耗材,扣2分 （2）乱摆放工具,乱丢杂物,完成任务后不清理工位,扣2~5分 （3）违规操作,扣5~10分 （4）成员不积极参与,扣5分	20		
定额时间	90分钟,每超过5分钟扣5分					
开始时间		结束时间		总分		
指导教师签字						
				年 月 日		

（五）任务总结

本任务完成后,认真填写任务总结报告,见表3-12。

表 3-12 任务总结报告

任务名称		小组成员	
工作时间		完成时间	
工作地点		检验人员	

任务实施过程修正记录

原定计划（简要说明自己所承担的任务及实施的方法、步骤）：	实际实施：

学习的知识点、技能点

知识点：	技能点：

续表

疑惑点与解决方法

疑惑点： 解决方法：

工作缺陷与整改方案

工作缺陷： 整改方案：

任务感悟

【项目小结】

本项目主要学习了中间继电器的工作原理及检验方法；速度继电器的结构、工作原理和用途；4/2极双速电动机的工作原理、定子绕组的两种连接方法（△联结和丫丫联结）及基本电气控制线路，如双速异步电动机调速控制、三相异步电动机单向反接制动控制和能耗制动控制的工作过程。

通过基础知识的学习及技能的训练，能够陈述电磁式继电器的工作原理，具备中间继电器的检测能力；能够绘制基本电气控制线路电气原理图，并且能够掌握T68型卧式镗床的结构与驱动特点及电气控制原理分析方法。

【思考与练习题】

1. 改变电动机的转速，有三种方法，即_____、_____和_____。
2. _____只适用于三相笼型异步电动机，它通过改变定子绕组的接线以改变磁极对数，从而实现调速。
3. 三相异步电动机变极是通过_____来实现的。
4. 三相异步电动机的制动方式可分为_____和_____两大类。
5. 变极调速由于磁极对数的改变是成倍的，因此尽管可在一台电动机中做成单绕组双速或双绕组三速或四速，变极调速仍是_____，它只适应于不要求平滑调速的场合。
6. 继电器按输入信号的性质和工作原理可分为哪些种类？
7. 中间继电器和接触器有何区别？在什么条件下可用中间继电器代替交流接触器？
8. 电流继电器、电压继电器和中间继电器各有什么作用？
9. 双速电动机除高、低速之外，还要求正、反转怎么实现？
10. 简述电磁离合器的工作原理。
11. 什么是反接制动？什么是能耗制动？各有什么特点？

第二部分

PLC控制

项目四

PLC 概述

一、项目描述

车间的 CA6140 型普通车床,由传统的继电器控制改为可编程控制器(PLC)控制,其操作及功能不变,但可靠性显著改善。现需要选择 PLC 模块,连接输入/输出(I/O)设备,输入控制程序,调试系统,实现控制功能。

二、任务分析

通过前期的学习,分析控制要求和控制对象,并完成以下任务。

(1)工作环节分析,明确使用工具、时间分配和安全工作内容。

(2)PLC 模块的识别、装配。

(3)分配 I/O,连接 I/O 设备。

(4)安装编程软件,设置参数,建立项目。

(5)识别元件,输入程序,下载监控。

(6)调试系统,排除故障,实现功能。

三、工作提示

(一)能力目标

1. 专业能力

(1)掌握 PLC 的选型方法和工作原理。

(2)会设计 PLC 控制系统电气原理图。

(3)能够安装 PLC,进行 I/O 配线,调试硬件系统。

(4)掌握软件的获取、安装、参数设置。

(5)能够按要求输入程序,并进行上电测试。

(6)能够监控程序运行,并排除出现的故障。

2. 核心能力

(1)能够正确选取 PLC 模块。

(2)能够安装 PLC,连接 I/O 设备。

（3）能够输入 PLC 程序，监控调试。

（二）工作步骤

对于本项目涉及的每个任务，将按照信息收集、计划制订、任务实施、任务评价及任务总结五个步骤进行。

任务一　认识 PLC

一、任务目标

【知识目标】

1. 了解 PLC 的产生、特点、分类及应用。

2. 了解 PLC 的工作原理。

3. 熟悉 S7-1200 PLC 的型号含义、硬件结构及各部件的作用。

4. 掌握 S7-1200 PLC 端子接线。

【能力目标】

1. 能按要求对 PLC 进行正确安装。

2. 能对 PLC 进行分类。

3. 会选择 PLC 模块。

4. 能熟练进行 PLC 电源接线和 I/O 端子接线。

【素养目标】

1. 具有较强的分析和解决问题的独立工作能力。

2. 形成严谨、求实的科学工作作风。

二、任务描述

选择 PLC 模块，正确连接 I/O 端子及电源线。

三、工作任务

工作任务清单见表 4-1。

表 4-1　工作任务清单

任务内容	任务要求	验收方式
全面认识 S7-1200 PLC 的强大功能	了解 S7-1200 PLC 的通信功能、工艺功能	自评、互评、师评
PLC 硬件安装	安装一个典型的 S7-1200 PLC 硬件系统	自评、互评、师评
S7-1200 硬件接线	完成电源接线和 I/O 端子接线	自评、互评、师评

四、相关知识

（一）PLC 的产生

1969 年美国数据设备公司（DEC）为通用汽车公司的生产流水线研制了世界上公认的

第一台可编程控制器（Programmable Lagic Controller,PLC），到目前世界上已有 300 多家 PLC 厂商,其部分厂商见表 4-2。

表 4-2　部分 PLC 生产厂商及产品系列

国家	公司	产品系列
中国	汇川	H0U、H1U、H2U、H3U 系列
中国	和利时	LM、LE、LK 系列
中国	信捷	XC、XD、XG、XL 系列
中国	台达	ES、EH、SA、SA、SC、SV 系列
德国	西门子	LOGO、200/300/400、SMART、S7-1200/1500
美国	罗克韦尔	SLC500 系列
日本	三菱	FX2N、3U、3G、5U、A、L、Q 系列
日本	欧姆龙	C、C200H、CPM1A、CQMI、CV 系列
日本	基恩士	KV、KZ 系列
日本	松下电工	FP 系列
日本	富士电机	N 系列
法国	施耐德	M、TSX、140 系列

西门子 PLC 由 1975 年的 S3 系列、1979 年的 S5 系列、1994 年的 S7 系列、2009 年的 1200 系列,2012 年的 SMART 系列,发展到 2013 年的 S7-1500 系列,性能越来越强大。

（二）PLC 的特点

1. 高可靠性

继电接触器控制系统中,电器元件的老化、脱焊、触点的抖动以及触点电弧等现象大大降低了系统的可靠性。而在 PLC 控制系统中,接线减少到继电接触器控制系统的 $1/10 \sim 1/100$,大量的机械触点由无触点的半导体电路来完成,加上 PLC 充分考虑了各种干扰,在硬件和软件上采取了一系列抗干扰措施,因此有极高的可靠性。据有关资料统计,目前某些品种的 PLC 平均无故障时间达到 10 年以上。

2. 应用灵活

PLC 产品均成系列化生产,品种齐全,多数采用模块式的硬件结构,组合和扩展方便,用户可根据自己的需要灵活选用,以满足系统大小不同及功能繁简各异的控制要求。PLC 常采用箱体式结构,体积及质量和通常的接触器差不多,电气控制柜的体积缩小到原来的 $1/2 \sim 1/10$,有利于实现机电一体化。

3. 编程方便

PLC 的编程采用与继电器电路极为相似的梯形图语言,直观易懂,深受现场电气技术人员的欢迎。

4. 扩展能力强

PLC 可以方便地与各种类型的输入、输出量连接,实现 D/A 转换、A/D 转换、PID 运算、过程控制、数字控制等功能。PLC还具有通信联网功能,便于进行现场控制和远程监控。

5. 设计周期短

PLC的编程元件相当于继电接触器系统中的中间继电器、时间继电器、计数器等,虽数量巨大,却是用程序(软接线)代替硬接线,因而设计安装接线工作量少,设计周期短。

(三) PLC的应用领域

1. 用于开关量控制

开关量控制又称数字量控制,用于以单机控制为主的设备自动化领域,如包装机械、印刷机械、纺织机械、注塑机械、自动焊接设备、隧道盾构设备、水处理设备、多轴磨床等。这些设备的所有动作都需要依据设定在PLC内的程序来指导执行和完成。这是PLC最基本的控制领域。

2. 用于模拟量控制

模拟量控制用于以过程控制为主的自动化行业,如污水处理、自来水处理、楼宇控制、火电主控/辅控、水电主控/辅控、冶金行业、太阳能、水泥、石油、石化、铁路交通等。这些行业设备需连续生产运行,存在许多的监控点和大量的实时参数,而要监视、控制和采集这些实时参数,也必须依靠PLC来完成。

3. 用于通信和联网控制

PLC的通信包括主机与远程I/O间的通信、多台PLC之间的通信、PLC与其他智能设备(计算机、变频器、数控装置、智能仪表、工业机器人等)之间的通信。近年来PLC的通信功能不断加强,已经在各类工业控制网络中发挥着巨大的作用。

(四) PLC的分类

1. 根据I/O点数分类

根据I/O点数可将PLC分为微型机、小型机、中型机和大型机。

(1) 微型机:I/O点数小于64点,内存容量在256 B~1 KB。微型机主要用于单台设备的监控,在纺织机械、数控机床、塑料加工机械、小型包装机械上运用广泛,甚至应用于家庭中。

(2) 小型机:I/O点数(总数)在64~256点之间,具有算术运算和模拟量处理、数据通信等功能。小型机的特点是价格低、体积小,适用于控制自动化单机设备,开发机电一体化产品。

(3) 中型机:I/O点数在256~1024点之间,它除了具备逻辑运算功能,还增加了模拟量输入/输出、算术运算、数据传送、数据通信等功能,可完成既有开关量又有模拟量的复杂控制。中型机的特点是功能强、配置灵活,适用于具有诸如温度、压力、流量、速度、角度、位置等复杂机械以及连续生产过程控制场合。

(4) 大型机:I/O点数在1024点以上,功能更加完善,具有数据运算、模拟调节、联网通信、监视记录、打印等功能。大型机的特点是I/O点数特别多、控制规模宏大、组网能力强,可用于大规模的过程控制,构成分布式控制系统或整个工厂的集散控制系统(Distributed Control System,DCS)。

2. 根据结构形式分类

从结构上看,PLC可分为整体式和模块式。

(1) 整体式。这种结构PLC的电源、CPU、I/O部件都集中配置在一个箱体中,有的甚至全部装在一块印制电路板上。图 4-1 所示为整体式 PLC(西门子 S7-1200)。

(2) 模块式。这种形式的 PLC 各部分以单独的模块分开设置,如电源模块、CPU 模块、输入模块、输出模块及其他智能模块等。这种 PLC 一般设有机架,模块间为串行连接,如图 4-2 所示为模块式 PLC(西门子 S7-1500)。一般大、中型 PLC 均采用这种结构。模块式 PLC 的缺点是结构较复杂、各种插件多,因而增加了造价。

图 4-1　整体式 PLC(西门子 S7-1200)

图 4-2　模块式 PLC(西门子 S7-1500)

3. 根据用途分类

根据用途的不同,PLC 可分为通用 PLC 和专用 PLC。

(1) 通用 PLC。它是一般的 PLC,可根据不同的控制要求,编写不同的程序。通用 PLC 容易生产、造价低,但针对某一特殊应用时编程困难,已有的功能不一定能用上。

(2) 专用 PLC。它是完成某一专门任务的 PLC,其指令程序是固化或永久存储在该 PLC 中的,虽然缺乏通用性,但其执行单一任务时快速、高效,如电梯、机械加工、楼宇控制、乳业、塑料、节能和水处理机械等都有专用 PLC,当然其造价也高。

(五) PLC 的硬件构成

图 4-3 所示为 PLC 的硬件构成示意图,其各组成部分及作用如下。

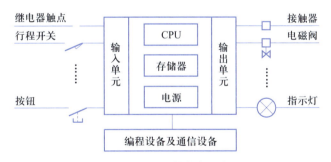

图 4-3　PLC 硬件构成示意图

1. 中央处理器(CPU)

与一般计算机一样,CPU 是 PLC 的核心,它按机内系统程序赋予的功能指挥 PLC 有条不紊地工作,其主要任务如下。

(1) 接收并存储从编程设备输入的用户程序和数据及通过 I/O 单元送来的现场数据。

(2) 诊断 PLC 内部电路的工作故障和编程中的语法错误。

(3) PLC 进入运行状态后,从存储器逐条读取用户指令,解释并按指令规定的任务进行数据传递、逻辑或算术运算,并根据运算结果,更新有关标志位的状态和输出映像存储器的内容,再经输出部件实现输出控制。

CPU 芯片的性能关系到 PLC 处理控制信息的能力与速度,CPU 位数越高,运算速度越快,系统处理的信息量越大,系统的性能越好。

2. 存储器

存储器是存放程序及数据的地方。PLC 运行所需的程序分为系统程序及用户程序,存储器也分为系统存储器和用户存储器两部分。

(1) 系统存储器:用来存放 PLC 生产厂家编写的系统程序,并固化在只读存储器(ROM)内,用户不能更改。

(2) 用户存储器:包括程序存储区和数据存储区两部分。程序存储区存放针对具体控制任务,用规定的 PLC 编程语言编写的控制程序。其内容可以由用户任意修改或增删。数据存储区用来存放用户程序中使用的 ON/OFF 状态、数值、数据等,它们被称为 PLC 的编程"软"元件,是 PLC 应用中用户涉及最频繁的存储区。

PLC 中存储器的字长有 8 位、16 位及 32 位的。

3. 输入、输出单元

输入、输出单元用于 PLC 接收和发送各类信号,包含用于连接开关量的输入接口、输出接口,以总线形式出现的总线扩展接口及以通信方式连接外部信号的通信接口。现分述如下。

(1) 开关量输入接口:用于连接按钮、开关、行程开关、继电器触点、接近开关、光电开关、数字拨码开关及各类传感器的执行触点,是 PLC 的主要输入接口。开关量输入接口有交流输入及直流输入两种形式,如图 4-4 所示。图中虚线框内的部分为 PLC 内部电路,框外为用户接线。开关量输入接口通过光电隔离电路连接存储器内部的输入存储器。

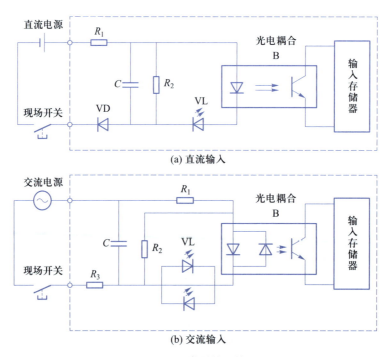

图 4-4　开关量输入接口

(2) 开关量输出接口:用于连接继电器、接触器、电磁阀的线圈,是 PLC 的主要输出接口。根据机内输出器件的不同,PLC开关量输出接口通常有晶体管输出、晶闸管输出和继电器输出三种输出电路,如图4-5所示。其中,继电器输出方式最常用,适用于交、直流负载,其特点是带负载能力强,但动作频率与响应速度慢。晶体管输出适用于直流负载,其特点是动作频率高、响应速度快,但带负载能力小。晶闸管输出适用于交流负载,响应速度快,带负载能力不大。开关量输出接口通过光电隔离电路连接存储器内部的输出存储器。

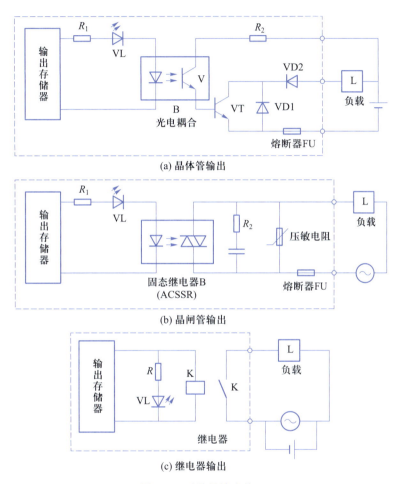

图4-5　开关量输出接口

（3）总线扩展接口:用于连接主机的扩展单元及各类功能模块。

（4）通信接口:用于连接通信设备,与计算机（PC）、触摸屏、变频器等智能设备交换数据。

4. 电源

小型整体式PLC内部设有一个开关电源,可为机内电路及扩展单元供电（DC 5 V）,另一方面还可为外部输入元件及扩展模块提供24 V的直流电源。

5. 编程设备

最早的编程设备是编程器。编程器用来生成用户程序,并用它进行编辑、检查、修改和监视用户程序的执行情况等。手持式编程器只能输入和编辑指令表程序,一般用于小型

PLC和现场调试,由于功能限制已趋向淘汰。现在使用编程软件可以在计算机屏幕上直接生成和编辑程序,且便于不同编程语言的转换,程序可以存盘、打印等。

给S7-1200 PLC编程时,配备一台安装有博途软件的计算机和一根连接计算机和PLC的网络通信电缆即可。

（六）PLC 的工作原理

PLC是在系统程序的管理下,依据用户程序的安排,结合输入信号的变化,确定输出接口的状态,以推动输出接口上所连接的现场设备工作。当然,这不是PLC工作的全部内容,全部内容还要更复杂一些。

图4-6是PLC运行示意图。从图中可知,PLC的工作过程除了与应用程序相关的处理外还有许多内部管理工作,如通信服务等,这些也是必不可少的。此外,PLC有两种工作模式,一种为停止(STOP)状态,一种为运行(RUN)状态,只有运行状态下,PLC才执行用户程序,并输出运算结果。停止及运行的选择可以通过机器面板的模式开关进行切换,或通过程序加以控制。

图 4-6　PLC 运行示意图

PLC相对继电器电路最重要的区别是串行工作方式,这里有两层含义:一是图4-6中所含的各项工作内容是分时完成的;二是PLC对I/O信号的响应不是实时的。这里选择PLC工作过程中与控制任务最直接相关的三个阶段:输入采样阶段、程序执行阶段、输出刷新阶段重点说明,如图4-7所示。

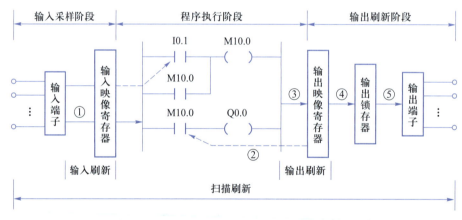

图 4-7　PLC 扫描的工作过程

（1）输入采样阶段:PLC将各输入状态存入存储器中对应的输入映像寄存器中。此时,输入映像寄存器被刷新。接着进入程序执行阶段,在程序执行阶段和输出刷新阶段,输入映像寄存器与外界隔离,无论输入信号如何变化,其内容保持不变。

（2）程序执行阶段:PLC根据最新读入的输入信号状态,执行一次应用程序,结果存入输出映像寄存器中。对输出映像寄存器来说,各个编程元件的状态会随着程序执行过程而变化。该阶段通过映像寄存器对I/O进行存取,而不是实际的I/O点,这样有利于系统的稳定运行,提高编程质量及程序的执行速度。

（3）输出刷新阶段：在所有指令执行完毕后，一次性地将程序执行结果送到输出端子，驱动外部负载。当 CPU 的工作模式从 RUN 变为 STOP 时，数字量输出被置为系统块中的输出表定义的状态，或保持当时的状态。默认的设置是将数字量输出清零。

如果在程序中使用了中断，中断事件发生时，CPU 停止正常的扫描工作模式，立即执行中断程序，中断功能可以提高 PLC 对某些事件的响应速度。

在程序执行过程中使用立即 I/O 指令可以直接存取 I/O 点（读引脚）。用立即 I/O 指令读输入点的值时，相应的输入过程映像寄存器的值未被更新。用立即 I/O 指令改写输出点的值时，相应的输出过程映像寄存器的值被更新。

在 PLC 处于运行（RUN）状态时，完成一次内部处理、通信服务、输入采样、程序执行、输出刷新五个工作阶段所需要的时间称为一个扫描周期。即 PLC 从主程序第一行一直执行到最后一行后重回到第一行所需要的时间，其典型值为 1~50 ms。综合以上几个工作阶段的工作内容后不难知道，在本扫描周期的程序执行阶段发生的输入状态变化是不会影响本周期的输出的。无论是输入采样，还是程序执行、输出刷新，每一个动作都需要分时工作。实际上指令的执行也是分时的，对于梯形图程序，分时执行可理解为从左至右、从上而下执行梯形图程序的各个支路（程序段）。对于指令表程序，可以理解为依指令的顺序逐条执行指令表程序。程序执行所需的时间与用户程序的长短、指令的种类和 CPU 执行指令的速度有很大关系。用户程序较长时，程序执行时间在扫描周期中占相当大的比例。

概括而言，PLC 的工作方式是一个不断循环的顺序扫描工作方式。CPU 从第一条指令开始，按顺序逐条地执行用户程序直到用户程序结束，然后返回第一条指令开始新的一轮扫描。PLC 就是这样周而复始地重复执行上述的循环扫描。

（七）S7-1200 PLC 的硬件结构

S7-1200 PLC 主要由 CPU 模块、信号板、信号模块、通信模块组成，各种模块安装在标准 DIN 导轨上。S7-1200 PLC 的硬件组成具有高度的灵活性，用户可以根据自身需求确定 PLC 的结构，系统扩展十分方便。S7-1200 PLC 的扩展功能与支持的扩展单元如图 4-8 所示。

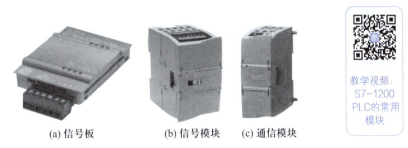

教学视频：
S7-1200
PLC的常用
模块

(a) 信号板　　　　(b) 信号模块　　　(c) 通信模块

图 4-8　S7-1200 的扩展功能与支持的扩展单元

1. CPU 模块

（1）CPU 模块构成。S7-1200 PLC 的 CPU 模块构成如图 4-9 所示，包括电源接口、存储卡插槽（上部保护盖下面）、可拆卸的用户 I/O 接线连接器、I/O 的状态 LED 和 PROFINET 以太网接口的 RJ45 连接器，此外还有 3 个指示 CPU 运行状态的 LED。

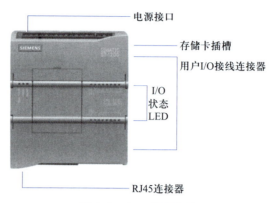

图 4-9　CPU 模块构成

（2）CPU 模块型号。常见的 CPU 模块型号主要有 CPU1211C、CPU1212C、CPU1214C、CPU1215C、CPU1217C，此外还有故障安全型 CPU。不同型号的比较见表 4-3。

表 4-3　常见 S7-1200 系列 CPU 模块不同型号的比较

特性	CPU1211C	CPU1212C	CPU1214C	CPU1215C	CPU1217C
本机数字量 I/O 点数	6 入/4 出	8 入/6 出	14 入/10 出	14 入/10 出	14 入/10 出
本机模拟量 I/O 点数	2 入	2 入	2 入	2 入/2 出	2 入/2 出
工作存储器/装载存储器	50 KB/1 MB	75 KB/2 MB	100 KB/4 MB	125 KB/4 MB	150 KB/4 MB
信号模块扩展个数	无	2	8	8	8
最大本地数字量 I/O 点数	14	82	284	284	284
最大本地模拟量 I/O 点数	13	19	67	69	69
高速计数器	最多可以组态 6 个使用任意内置或信号板输入的高速计数器				
脉冲输出（最多 4 点）	100 kHz	100 kHz 或 30 kHz	100 kHz 或 30 kHz		1 MHz 或 100 kHz
上升沿/下降沿中断点数	6/6	8/8	12/12		
脉冲捕获输入点数	6	8	14		
传感器电源输出电流/mA	300	300	400		
外形尺寸/mm	90×100×75	90×100×75	110×100×75	130×100×75	150×100×75

教学视频：
S7-1200 PLC
的外部接线

（3）CPU 外部接线图。S7-1200 PLC 每一类型的 CPU 有 3 种不同的电源电压和输入、输出版本（见表 4-4），其细分规格的含义如图 4-10 所示。由于其接线方法基本相似，下面以 CPU1214C 为例介绍这 3 种版本的外部接线图。

表 4-4　S7-1200 系列 CPU 的 3 种版本

版本	电源电压	DI（输入电压）	DQ（输出电压）	DQ（输出电流）
DC/DC/DC	DC 24 V	DC 24 V	DC 24 V	0.5 A，MOSFET
DC/DC/Rly	DC 24 V	DC 24 V	DC 5～30 V，AC 5～250 V	2 A，DC 30 W/AC 200 W
AC/DC/Rly	AC 85～264 V	DC 24 V	DC 5～30 V，AC 5～250 V	2A，DC 30 W/AC 200 W

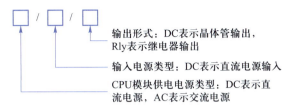

图 4-10 细分规格的含义

注意事项

继电器输出 PLC 虽然响应较慢,但其驱动能力强,一般为 2 A,这是继电器输出 PLC 的重要优点,继电器输出 PLC 对于一般的误接线,通常不会引起内部器件的烧毁。晶体管输出 PLC 的输出电流为 0.5 A,可见晶体管输出 PLC 的驱动能力小,此外,晶体管输出 PLC 对于一般的误接线,可能会引起 PLC 内部器件的烧毁。

① CPU 1214C AC/DC/Rly 的外部接线如图 4-11 所示。

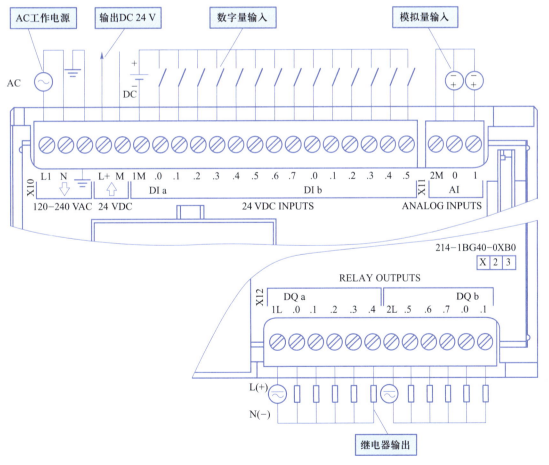

图 4-11 CPU 1214C AC/DC/Rly 的外部接线图

② CPU 1214C DC/DC/Rly 的外部接线图如图 4-12 所示,其与图 4-11 的区别在于前者的电源电压为 DC 24V。

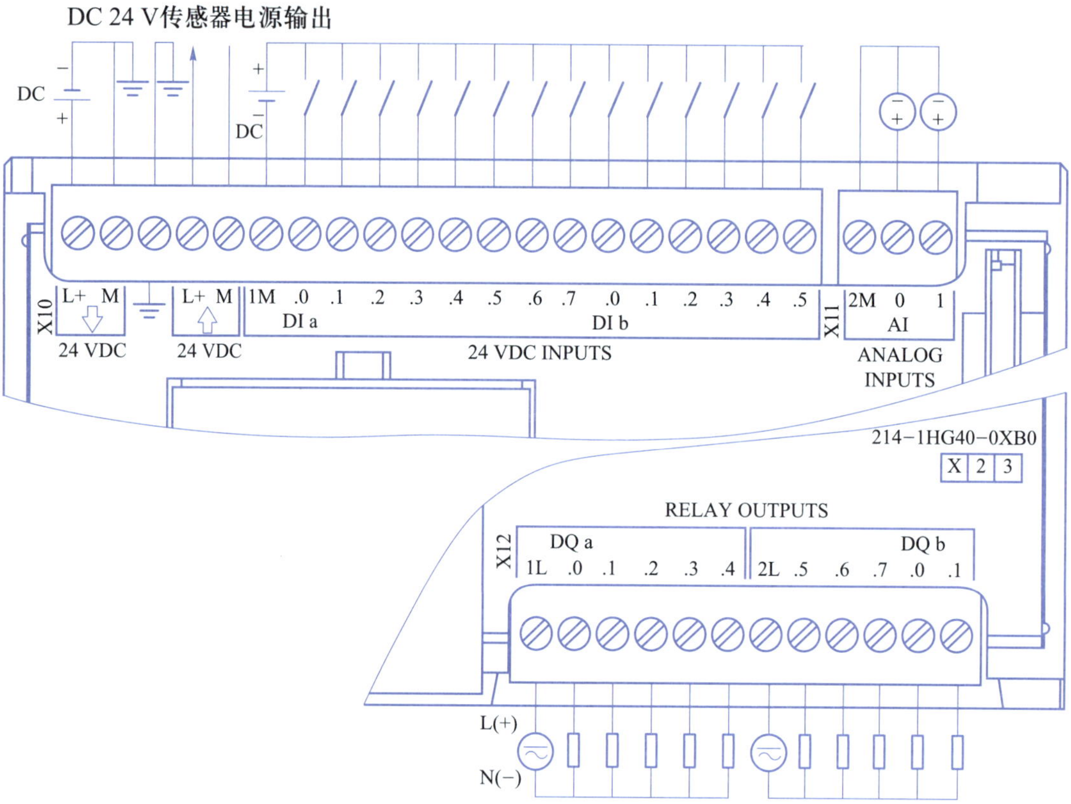

DC 24 V传感器电源输出

214-1HG40-0XB0

图 4-12　CPU1214C DC/DC/Rly 的外部接线图

③ CPU 1214C DC/DC/DC 的电源电压、输入回路电压和输出回路电压均为 DC 24V,如图 4-13 所示。

2. 信号板与信号模块

(1) 信号板。S7-1200 PLC 所有的 CPU 模块的正面都可以安装一块信号板,并且不会增加安装的空间。有时添加一块信号板,就可以增加需要的功能。例如数字量输出信号板使继电器输出的 CPU 具有高速输出的功能。

安装时首先取下端子盖板,然后将信号板直接插入 S7-1200 CPU 正面的槽内。信号板有可拆卸的端子,因此可以很容易地更换信号板。

(2) 信号模块。输入(Input)模块和输出(Output)模块简称为 I/O 模块,数字量(又称为开关量)输入模块和数字量输出模块简称为 DI 模块和 DQ 模块,模拟量输入模块和模拟量输出模块简称为 AI 模块和 AQ 模块,它们统称为信号模块,简称为 SM。

信号模块安装在 CPU 模块的右边,扩展能力最强的 CPU 可以扩展 8 个信号模块,以增加数字量和模拟量输入/输出点。

CPU1211C 不能扩展信号模块,而 CPU1212C 只能连接两个信号模块,其他 S7-1200 CPU 可以连接 8 个信号模块,如图 4-14 所示。

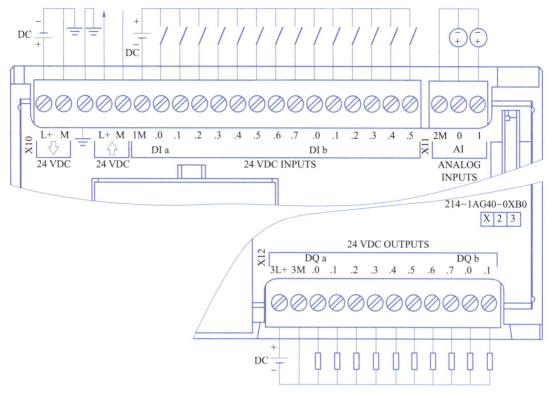

图 4-13　CPU 1214C DC/DC/DC 的外部接线图

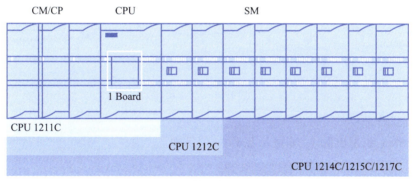

图 4-14　信号模块的扩展

3. 通信模块

通信模块安装在 CPU 模块的左边,最多可以添加 3 块通信模块,可以使用点对点通信模块、PROFIBUS 模块、工业远程通信模块、AS-i 接口模块和 IO-Link 模块。

五、工作过程

(一)信息收集

1. 引导题(可通过网络查询)

传统的手电筒与智能手机上的手电筒有何不同?

2. 任务分析

任务分析 1:传统手电筒的控制原理是什么?

_____

_____

任务分析 2:智能手机手电筒的控制原理是什么?

_____

_____

任务分析 3:扫描工作方式对程序执行的影响。

如图 4-15 所示的梯形图,当按钮动作后,左面的程序只需要____个扫描周期就可完成对 M0.4 的刷新,而右面的程序要经过____个扫描周期才能完成对 M0.4 的刷新。

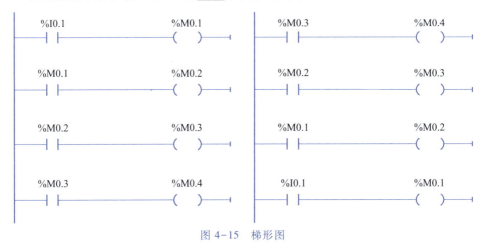

图 4-15　梯形图

3. 基础工作分析

基础工作 1:识别出图 4-16 所示各 PLC 的品牌。

_____

_____

_____

_____

图 4-16　各 PLC 的品牌

基础工作2：如图 **4-17** 所示，填写西门子 **PLC** 的面板构成。

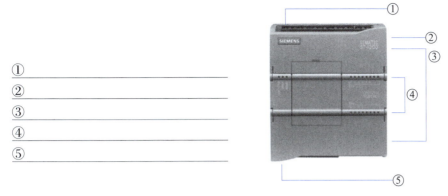

① _____

② _____

③ _____

④ _____

⑤ _____

图 4-17　PLC 面板

基础工作3：将输出电路的特点和适用场合填写在表 **4-5** 中对比。

表 4-5　输出电路的特点和适用场合

电路形式	特点	适用场合
晶体管输出		
继电器输出		

（二）计划制订

1. 工作方式

工作方式：小组工作。

小组人数：4~5 人/组。

2. 设备器材

电工工具 1 套、导线若干、万用表 1 块。

3. 工作计划

根据本任务的要求，探讨解决方案，小组成员进行分工，明确每个人在任务实施过程中主要负责的任务，并填入表 4-6 中。

表 4-6　工　作　计　划

序号	工作步骤	人员分工	完成情况	工作时间	
				计划	实际
1					
2					
3					
4					
5					

（三）任务实施

1. 全面认识 S7-1200 PLC 的强大功能

（1）集成的通信接口与通信模块。S7-1200 PLC 具有非常强大的通信功能，并提供如下通信选项：I-Device（智能设备）、PROFINET、PROFIBUS、远距离控制通信、点对点（PtP）通信、USS 通信、Modbus RTU、AS-i 和 I/O Link MASTER。

实时工业以太网是现场总线发展的趋势，S7-1200 CPU 模块集成的 PROFINET 接口可以与计算机、触摸屏（HMI）、其他 PLC、PROFINET I/O 设备（如 ET 200 远程 I/O 和 SINAMICS 驱动设备）及使用标准的 TCP 通信协议的设备通信。该接口由一个抗干扰的 RJ45 连接器组成，具有自动交叉网线功能，支持最多 23 个以太网连接，数据传输速率达 10/100 Mbit/s。

CSM 1277 是紧凑型交换机模块，有 4 个具有自检测和交叉自适应功能的 RJ45 连接器。它安装在 S7-1200 PLC 的安装导轨上，不需要组态，即可实现 S7-1200 PLC 与其他多个设备的连接如图 4-18 所示。

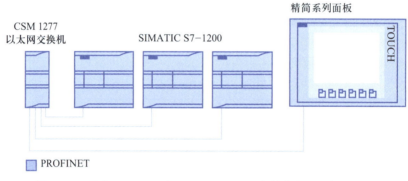

图 4-18　通过 CSM 1277 实现 S7-1200 PLC 与其他多个设备的连接

（2）CPU 模块集成的工艺功能。S7-1200 CPU 模块集成的工艺功能包括高速计数器、高速脉冲输出、运动控制和 PID 控制。

1）高速计数器。最多可组态 6 个 CPU 模块内置或信号板输入的高速计数器。CPU 1217C 有 4 个最高频率为 1 MHz 的高速计数器。其他 CPU 组态最高频率为 100 kHz（单相）/80 kHz（互差 90°的正交相位）或最高频率为 30 kHz（单相）/20 kHz（正交相位）的高速计数器（与输入点地址有关）。如果使用信号板，最高计数频率为 200 kHz（单相）/160 kHz（正交相位）。

2）高速脉冲输出。最多 4 点高速脉冲输出（包括信号板的 DQ 输出）。CPU 1217C 的高速脉冲输出最高频率为 1 MHz，其他 CPU 为 100 kHz，信号板为 200 kHz。S7-1200 CPU 模块的高速脉冲输出可以用于步进电动机或伺服电动机的速度和位置控制。

3）运动控制。通过一个轴工艺对象和 PLC open 运动控制指令，CPU 可以输出脉冲信号来控制步进电动机速度、阀位置或加热元件的占空比。除了返回原点和点动功能，还支持绝对位置控制、相对位置控制和速度控制。轴工艺对象有专用的组态窗口、调试窗口和诊断窗口。

4）PID 控制。用于对闭环过程进行控制，建议 PID 控制回路的个数不要超过 16。STEP 7 软件的 PID 调试窗口提供了用于参数调节的形象直观的曲线图，支持 PID 参数自整定。

2. PLC 的选型

选择适当型号的 PLC 是设计中至关重要的一步。在选择 PLC 时,首先应对系统要求的输入、输出有详细的了解,即输入量有多少,输出量有多少,哪些是开关(或数字)量,哪些是模拟量,对于数字型输出量还应了解负载的性质,以选择合适的输出形式(继电器输出、晶体管输出、双向晶闸管输出)。在确定了 PLC 的控制规模后,还要考虑一定的余量,以适应工艺流程的变动及系统功能的扩充,一般可按 10%～15% 的余量来考虑。另外,还要考虑 PLC 的结构,从 I/O 点数的搭配上加以分析,决定选择整体式还是模块式的 PLC。

PLC 输出类型选择和使用时应关注以下要点。

(1)一定要关注负载容量。输出接口须遵守允许最大电流限制,以保证输出接口的发热限制在允许范围。

(2)一定要关注负载性质。感性负载在开合瞬间会产生瞬间高压,继电器的寿命将大大缩短,驱动感性负载时应在负载两端接入吸收保护电路;如果直接驱动电容负载,在导通瞬间将产生冲击浪涌电流,原则上输出接口不宜接入容性负载。

(3)一定要关注动作频率。当动作频率较高时,建议选择晶体管输出类型,如果同时还要驱动大电流则可以使用晶体管输出驱动中间继电器的模式。当控制步进电动机/伺服系统,或用到高速脉冲输出/PWM 波,或用于动作频率高的场合,只能选用晶体管输出。PLC 对扩展模块与主模块的输出类型并不要求一致,因此当系统点数较多而功能各异时,可以考虑继电器输出主模块扩展晶体管输出或晶体管输出主模块扩展继电器输出以达到最佳配合。

事实证明,根据负载性质和容量以及工作频率进行正确选型和系统设计,输出接口的故障率明显下降。

3. 安装一个典型的 S7-1200 PLC 硬件系统

教学视频:
S7-1200
PLC的硬件
系统安装

安装一个单导轨 PLC 控制系统,包含 S7-1200 CPU 模块、SM 模块、通信模块等,要求各模块的安装符合规范。

安装注意事项:PLC 的所有单元都应在断电时安装、拆卸;切勿将导线头、金属屑等杂物落入机体内,模块周围要留出一定的空间,以便于机体周围的通风和散热。此外,为了防止噪声对模块的干扰,应将 CPU 模块与产生高电子噪声的设备(如变频器)分隔开,并可靠接地。

4. S7-1200 PLC 硬件接线

(1)工具检查。正确选择项目中使用的工具,在使用过程中注意维护与保养。在工具使用前对工具状态进行检查并填写表 4-7,若有破损工具及时与实训指导教师沟通并进行更换。

表 4-7　工具检查表

序号	名称	工具状态是否良好	损坏情况(没有损坏则不填写)
1	剥线钳	是○　否○	
2	针形端子压线钳	是○　否○	
3	斜口钳	是○　否○	
4	十字螺钉旋具	是○　否○	
5	一字螺钉旋具	是○　否○	

续表

序号	名称	工具状态是否良好	损坏情况(没有损坏则不填写)
6	万用表	是○ 否○	
7	验电笔	是○ 否○	
8	钢丝钳	是○ 否○	
9	断线钳	是○ 否○	
10	尖嘴钳	是○ 否○	
11	电工刀	是○ 否○	
12	手工锯	是○ 否○	

注:检查工具的绝缘材料是否破损,工具的刃口是否损坏,验电笔是否能正常检测,手工锯的锯条是否完好、方向是否正确,工具上面是否有油污,万用表的电量是否充足、功能是否正常等

（2）按接线图进行装配。

1）电源的接线。CPU模块电源接线如图4-19所示。

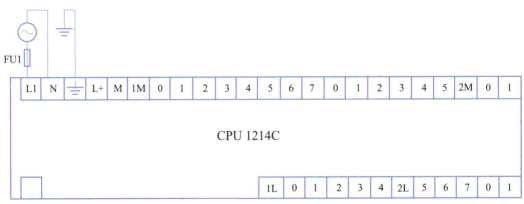

图4-19 CPU模块电源接线图

2）普通按钮的接线。CPU模块输入回路普通按钮的接线如图4-20所示。

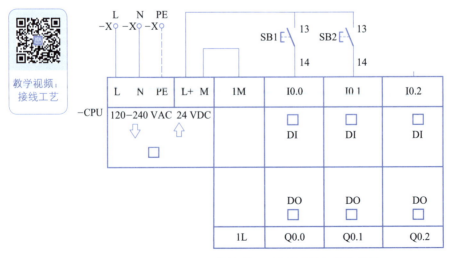

图4-20 CPU模块输入回路普通按钮的接线图

3）NPN 和 PNP 型接近开关的接线。一般,接近开关可以分为 PNP 型和 NPN 型两种,下面以三线制接近开关为例,看下它们的异同点。

① PNP 型接近开关的接线。对于 PNP 型接近开关,当晶体管满足导通条件的时候,黑色线(信号输出线)和棕色线会连在一起,属于等电位,黑色线输出高电平。所以公共端 1 M 就要接电源的 0 V(低电平),即漏型接法。PNP 型接近开关与 S7-1200 PLC 的接线如图 4-21 所示。

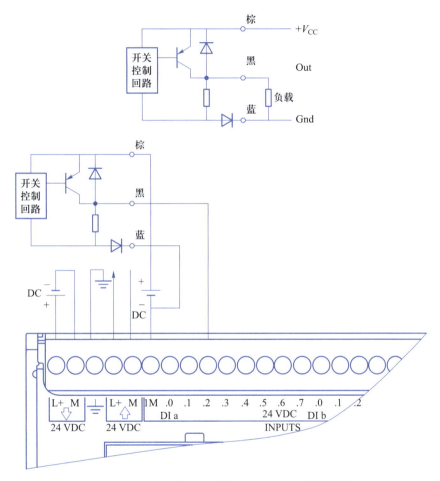

图 4-21　PNP 型接近开关与 S7-1200 PLC 的接线图

② NPN 型接近开关的接线。对于 NPN 型接近开关,当晶体管满足导通条件的时候,黑色线和蓝色线会连接到一起,也属于等电位,黑色线输出低电平。所以公共端 1 M 接电源 24 V 端(高电平),即源型接法。NPN 型接近开关与 S7-1200 PLC 的接线如图 4-22 所示。

4）中间继电器的接线图。CPU 模块输出回路中间继电器的接线如图 4-23 所示。

（3）自检。用万用表电阻挡检查各接点是否良好;用绝缘电阻表测量各接点间及对地电阻是否符合要求;用手检查各接点是否有接触不良等情况。

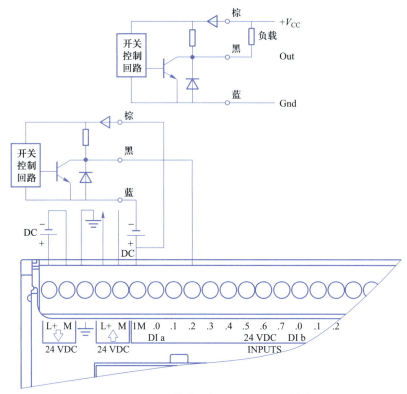

图 4-22 NPN 型传感器与 S7-1200 PLC 接线图

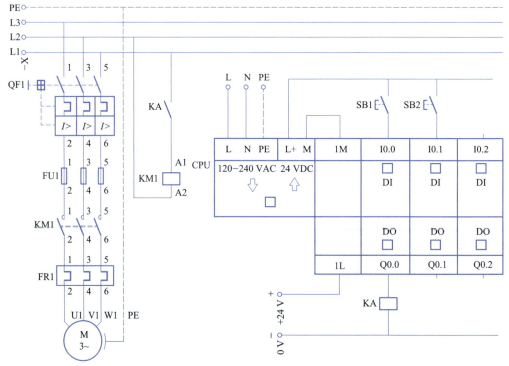

图 4-23 CPU 模块输出回路中间继电器的接线图

（四）任务评价

在规定的时间内完成任务,各组进行自我评价并展示,根据评分标准各组之间进行检查,评分标准见表4-8。

表4-8　评分标准

序号	项目内容	考核要求	评分细则	配分	扣分	得分
1	装配	用正确的方法,按步骤装配CPU模块及电源接线	（1）装配步骤及方法不正确,每次扣5分 （2）装配不熟练,扣5~10分 （3）丢失零部件,每件扣10分 （4）损坏零部件,扣20分	40		
2	检修	正确利用工具对各部分的质量进行检验	（1）未进行检修或检修无效果,扣30分 （2）检修步骤及方法不正确,每次扣5分 （3）扩大故障（无法修复）,扣30分	30		
3	校验	通电,观测CPU模块是否正常工作,且各项功能是否完好	（1）不能进行通电校验,扣20分 （2）检验的方法不正确,扣10~15分 （3）检验结果不正确,扣10~20分 （4）通电时指示不正确,扣10分	20		
4	8S规范	整理、整顿、清扫、清洁、素养、安全、节约、学习	（1）没有穿戴防护用品,扣4分 （2）检修前未清点工具、仪器、耗材,扣2分 （3）乱摆放工具,乱丢杂物,完成任务后不清理工位,扣2~5分 （4）违规操作,扣5~10分 （5）成员不积极参与,扣5分	10		
定额时间		90分钟,每超时2分钟及以内扣5分				
开始时间			结束时间		总分	

指导教师签字

年　　　月　　　日

（五）任务总结

本任务完成后,认真填写任务总结报告,见表4-9。

表4-9　任务总结报告

任务名称		小组成员	
工作时间		完成时间	
工作地点		检验人员	

任务实施过程修正记录

原定计划（简要说明自己所承担的任务及实施的方法、步骤）：	实际实施：

续表

学习的知识点、技能点	
知识点：	技能点：

疑惑点与解决办法	
疑惑点：	解决方法：

工作缺陷与整改方案	
工作缺陷：	整改方案：

任务感悟

任务二 PLC 编程元件的认识

一、任务目标

【知识目标】

1. 理解 PLC 梯形图语言的基本形式。

2. 掌握 PLC 的编程元件与寻址方式。

【能力目标】

1. 掌握 PLC 编程元件的种类、编号规则及应用。

2. 了解 S7-1200 PLC 存储器的组成部分及数据类型。

【素养目标】

1. 养成严谨认真的学习态度及自主学习、网络搜索学习资源的良好习惯。

2. 具备较强的团结协作能力及主动探究能力。

二、任务描述

根据 CA6140 型普通车床 PLC 控制要求,掌握其编程需要用到的梯形图编程语言、PLC 编程元件的功能和寻址方式。

三、工作任务

工作任务清单见表 4-10。

表 4-10 工作任务清单

任务内容	任务要求	验收方式
编程语言	掌握 PLC 的编程语言及特点	自评、互评、师评
编程元件	掌握 PLC 的编程元件的功能及寻址方式	自评、互评、师评
PLC 的 I/O 配置	根据控制要求,确定输入设备、输出设备	自评、互评、师评

四、相关知识

(一）编程语言

1. 梯形图

梯形图(Ladder Diagram,LAD)是最常用的 PLC 图形编程语言。梯形图与继电接触器控制系统的电气原理图相似,具有直观易懂的优点,很容易被工厂熟悉继电接触器控制系统的电气人员掌握,它特别适用于开关量逻辑控制。

梯形图由触点、线圈和指令框组成。触点表示逻辑输入条件,如外部的开关、按钮和内部条件等;线圈通常代表逻辑输出结果,用来控制外部的指示灯、交流接触器和内部的标志位等;指令框用来表示定时器、计数器或者数学运算等指令。

理解梯形图的一个关键概念是"能流",即一种假想的"能量流"。在图 4-24 所示梯形图中,如把左边的母线假设为电源的"相线",而把右边的母线假想为电源的"中性线",当 I0.0 与 I0.1 的触点接通,或 M0.0 与 I0.1 的触点接通时,"能流"流向 M0.0 的线圈,则线圈被激励,线圈为 1,M0.0 的动合、动断触点就会动作。与此相反,如没有"能流"流达某个线圈,线圈就不会被激励。利用能流这一概念,可以帮助电气工程师更好地理解和分析梯形图,能流只能从左向右流动,不能反向。

图 4-24 起保停控制电路梯形图程序

2. 顺序功能图

顺序功能图采用画工艺流程图的方法编程,只要在每一个工艺方框的输入和输出端,标上特定的符号即可。对于在工厂中做工艺设计的工程师来说,用这种方法编程,不需要很多的电气知识,非常方便。西门子 PLC 所支持的编程语言 S7-GRAPH(简称 GRAPH)就属于顺序功能图,GRAPH 语言的编程界面如图 4-25 所示。

说明:西门子 S7-300/400/1500 系列 PLC 支持 GRAPH 语言,而 S7-200 SMART PLC 及 S7-1200 PLC 不支持 GRAPH 语言。

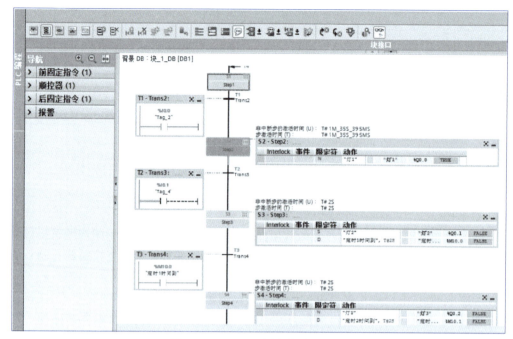

图 4-25 GRAPH 语言的编程界面

3. 指令表

指令表(Instruction List,IL)类似于通用计算机程序的助记符语言,是 PLC 的另一种常用基础编程语言。所谓指令表,是指一系列指令按一定顺序的排列,每条指令有一定的含义,指令的顺序也表达一定的含义。指令往往由两部分组成:一是由几个容易记忆的字符(一般为英文缩写词)来表示某种操作功能,称为助记符,如用"MUL"表示"乘";另一部分则是用编程元件表示的操作数,准确地说是操作数的地址,也就是存放乘数与积的地方。有的指令有单个或多个的操作数,也有的指令没有操作数,没有操作数的称为无操作数指令(无操作数指令用来对指令间的关联做出辅助说明)。

4. 功能块图

功能图(Function Block Diagram,FBD)是一种由逻辑功能符号组成的功能块来表达命令的图形语言,这种编程语言基本上沿用了半导体逻辑电路的逻辑方块图,对每一种功能都使用一个功能块,其运算功能由块内的符号确定。常用"与""或""非"等逻辑功能表达控制逻辑。和功能块有关的输入画在块的左边,输出画在块的右边。采用这种编程语言,不仅能简单明确地表现逻辑功能,还能通过对各种功能块的组合,实现加法、乘法、比较等高级功能,对于熟悉逻辑电路和逻辑代数的工程师来说,是非常方便的。图 4-26 所示功能块图程序的控制逻辑与图 4-23 所示的梯形图程序相同。

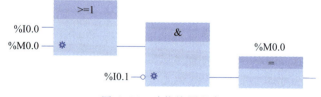

图 4-26 功能块图程序

5. 结构化控制语言

结构化控制语言(Structured Control Language,SCL)是一种基于 PASCAL 的高级编程语言。这种语言基于 IEC 1131-3 标准。SCL 除了包含 PLC 的典型元素(如输入、输出、定时器或位存储器),还包含高级编程语言中的表达式、赋值运算和运算符。SCL 提供了简便的指令进行程序控制,如创建程序分支、循环或跳转。SCL 尤其适用于数据管理、过程优化、配方管理和数学计算、统计任务等应用领域。SCL 程序示例如图 4-27 所示。

```
1 ☐IF "START" OR "FLAG" THEN
2      "FLAG" := TRUE;
3  END_IF;
4 ☐IF "STOP" THEN
5      "FLAG" := FALSE;
6  END IF;
```

图 4-27　SCL 程序示例

6. 编程语言的切换

如图 4-28(a)所示,右键单击项目树中 PLC 的"程序块"文件夹中的某个代码块,选中快捷菜单中的"切换编程语言",LAD 和 FDB 语言可以相互切换。SCL 语言只能在"添加新块"对话框中选择,或右键单击程序段选中快捷菜单中的"插入 SCL 程序段",如图 4-28(b)所示。

(a) 切换编程语言

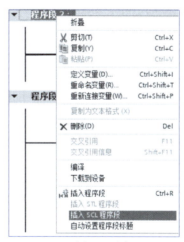

(b) 选择SCL语言

图 4-28　编程语言的切换

(二) 常用数据类型

1. 数制

数制,就是数的计数方法,是指用一组固定的符号和统一的规则来表示数值的方法。按进位的原则进行计数的方法,称为进位计数制。比如,在十进位计数制中,是按照"逢 10 进 1"的原则进行计数的。

教学视频:
S7-1200
PLC的数据
类型

(1)二进制。二进制数的 1 位(bit)只能取 0 和 1 两个值。用 1 位二进制数来表示开关量的两种不同的状态。西门子的二进制表示方法是在数值前加前缀 2#,例如 2#1001110110011101 就是 16 位二进制常数。二进制的运算规则是"逢 2 进 1"。

(2)多位二进制数。多位二进制数用来表示大于 1 的数字。从右往左的第 n 位(最低位为第 0 位)的权值为 2^n。例如,2#1100 对应的十进制数为:$1 \times 2^3 + 1 \times 2^2 + 0 \times 2^1 + 0 \times 2^0 = 8 + 4 = 12$。

（3）十进制。十进制的运算规则是"逢10进1"。其数码为0～9。对于二进制数1000 0110不容易看出是多少,可如果是十进制数134,马上就有了大小的概念。在编程中引入十进制数就是为了阅读和书写的方便。

【例8-1】　试把十进制数52转换成二进制数。

解:除2取余,逆序排列,如图4-29所示。

（4）十六进制。十六进制的16个数字是0～9和A、B、C、D、E、F(对应于十进制中的10～15,不区分大小写)。每1位十六进制数可用4位二进制数表示,如16#A用二进制表示为2#1010。

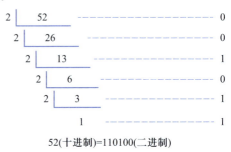

52(十进制)=110100(二进制)

图4-29　十进制数转换成二进制数

B#16#、W#16#和DW#16#分别表示十六进制的字节、字和双字。掌握二进制数和十六进制数之间的转化,对于学习西门子PLC来说是十分重要的。

示例:2#0001 0011 1010 1111可以转换为16#13AF。

十六进制数的运算规则是"逢16进1",第n位的权值为16^n。16#2F对应的十进制数为$2 \times 16^1 + 15 \times 16^0 = 47$。

（5）BCD码。BCD码是用4位二进制数表示1位十进制数,BCD码用0000、0001、0010、0011、0100、0101、0110、0111、1000、1001分别表示十进制数的0、1、2、3、4、5、6、7、8、9。

BCD码其实是十六进制数,但是各位间的运算规则是逢10进1,十进制数可以方便地转化为BCD码,如十进制数296转换成十六进制BCD码是16#0296。

注意事项

十进制数296转换成十六进制数是16#128,要特别注意。

---

2. 数据类型

数据是程序处理和控制的对象。在程序运行过程中,数据是通过变量来存储和传递的。变量有两个要素:名称和数据类型。对程序块或者数据块进行变量声明时,都要包括这两个要素。数据类型决定了数据的属性,如数据长度和取值范围等。

博途软件中的数据类型包括基本数据类型(二进制数、整数、浮点数、定时器、DATE、TOD、LTOD、CHAR、WCHAR)、复杂数据类型(DT、LDT、DTL、STRING、WSTRING、ARRAY、STRUCT)、PLC数据类型(用户自定义数据类型,UDT)、系统数据类型、硬件数据类型、指针(VARIANT)、参数类型。

数据类型及举例见表4-11。

表4-11　数据类型及举例

数据类型	符号	位数	取值范围	常数举例
位	Bool	1	1、0	TRUE、FALSE 或 1、0
字节	Byte	8	16#00～16#FF	16#12,16#AB

续表

数据类型	符号	位数	取值范围	常数举例
字	Word	16	16#0000 ~ 16#FFFF	16#ABCD,16#0001
双字	DWord	32	16#00000000 ~ 16#FFFFFFFF	16#02468ACE
短整数	Sint	8	-128 ~ 127	123,-123
整数	Int	16	-32768 ~ 32767	12573,-12573
双整数	Dint	32	-2147483648 ~ 2147483647	12357934,-12357934
无符号短整数	USInt	8	0 ~ 255	123
无符号整数	UInt	16	0 ~ 65535	12321
无符号双整数	UDInt	32	0 ~ 4294967295	1234586
浮点数(实数)	Real	32	$\pm 1.175495 \times 10^{-38}$ ~ $\pm 3.402823 \times 10^{38}$	12.45,-3.4,-1.2E+12
长浮点数	LReal	64	$\pm 2.2250738585072014 \times 10^{-308}$ ~ $\pm 1.7976931348623157 \times 10^{308}$	12345.123456789, -1.2E+40
时间	Time	32	T#-24d20h3Im23s648ms ~ T#+24d20h3Im23s647ms	T#10d20h30m20s630ms
日期	Date	16	D#1990-1-1 ~ D#2169-6-6	D#2017-10-31
实时时间	Time_Of_Day	32	TOD#0:0:0.0 ~ TOD#23:59:59.999	TOD#10:20:30.400
长格式日期和时间	DTL	12B	最大 DTL#2262-04-11-23:47:16.854775807	DTL#2016-10-16-20:30:20.250
字符	Char	8	ASCII 字符集	'A'
16 位宽字符	WChar	16	16#0000 ~ 16#FFFF	WCHAR#'a'
字符串	String	n+2B	0 ~ 254 个字符	STRING#'NAME'
16 位宽字符串	WString	n+2 字	可能的最大值:0 ~ 16382	WSTRING#'HelloWorld'

（1）基本数据类型。基本数据类型是根据 IEC 61131-3（国际电工委员会指定的 PLC 编程语言标准）来定义的,每个基本数据类型具有固定的长度,且不超过 64 位。

短整数(Sint)型数据的操作数长度为 8 位,由以下两部分组成:一部分是符号,另一部分是数值。位 0 ~ 6 的信号状态表示数值;位 7 的信号状态表示符号,符号可以是"0"（正信号状态）或"1"（负信号状态）。

（2）复杂数据类型。复杂数据类型中的数据由基本数据类型的数据组合而成,其长度可能超过 64 位。S7-1200 PLC 中可以有 ARRAY（数组）和 STRUCT（结构）等复杂数据类型。

1）ARRAY（数组）。在处理相同数据类型的组合数据时,使用 ARRAY 是明智的选择。ARRAY 数据类型的格式为:Array［下限 .. 上限］of <数据类型>。

ARRAY 数据类型表示一个由多个数目固定且数据类型相同元素组成的数据结构。这

141

些元素可使用除 ARRAY 之外的所有数据类型。数组的维数最大可以到 6 维。例如：Array[1..3,1..5,1..6]of Int,定义了一个元素为整数,大小为 3×5×6 的三维数组,其声明如图 4-30 所示。可以用符号名加上索引来引用数组中的某一个元素 ,例如 a[1,2,3]。ARRAY（数组）的索引可以是常数,也可以是变量。在 S7-1200 PLC 中,所有语言均可支持 ARRAY（数组）的间接寻址。在 LAD 中实现 Array（数组）的变量索引寻址示例如图 4-31 所示。

		名称	数据类型	起始值
1		▼ Static		
2		■ ▼ a	Array[1..3, 1..5, 1..6] of Int	
3		■ a[1,1,1]	Int	0
4		■ a[1,1,2]	Int	0
5		■ a[1,1,3]	Int	0
6		■ a[1,1,4]	Int	0
7		■ a[1,1,5]	Int	0
8		■ a[1,1,6]	Int	0
9		■ a[1,2,1]	Int	0
10		■ a[1,2,2]	Int	0
11		■ a[1,2,3]	Int	0
12		■ a[1,2,4]	Int	0
13		■ a[1,2,5]	Int	0
14		■ a[1,2,6]	Int	0
15		■ a[1,3,1]	Int	0
16		■ a[1,3,2]	Int	0

数据块_1

图 4-30　Array 数据类型三维数组的声明

2）STRUCT（结构体）。结构体是由不同数据类型组成的复合型数据,通常用来定义一组相关的数据。例如,在优化的数据块中定义"Motor"（电机）的一组数据,如图 4-32 所示。

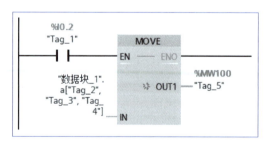

图 4-31　在 LAD 中实现 Array（数组）的
变量索引寻址示例

图 4-32　"Motor"Struct 变量的声明

如果引用整个结构体变量,可以直接填写符号地址,如"Drive. Motor",如果引用结构体变量中的一个单元,如"Speed_Min",也可以使用符号名访问,如"Drive. Motor. Speed_Min"。

（3）PLC 数据类型。PLC 数据类型与 STRUCT 数据类型的定义类似,可以由不同的数据类型组成,如基本数据类型和复杂数据类型。不同的是,PLC 数据类型是一个由用户自定义的数据类型模板,它作为一个整体的变量模板可以在数据块(DB)、函数块(FB)、函数(FC)中多次使用。PLC 数据类型还可以相互嵌套使用。

在项目树 CPU 下,双击“PLC 数据类型”可新建一个用户数据类型。例如,在用户数据类型中定义一个名称为“Motor”的数据结构,如图 4-33 所示。

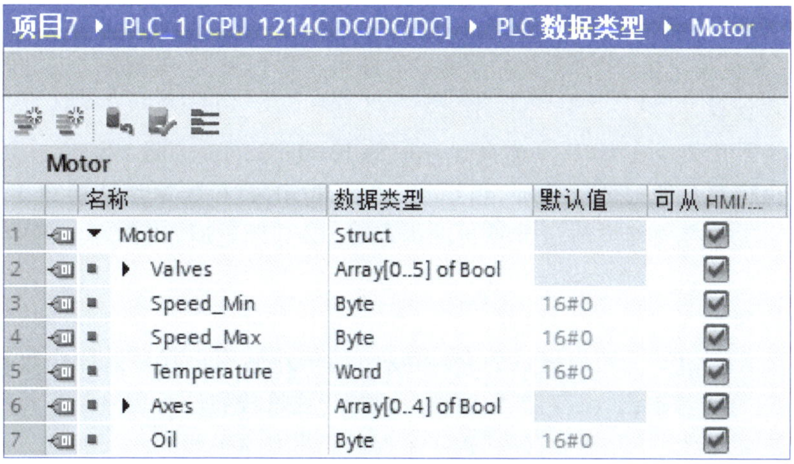

项目7 ▸ PLC_1 [CPU 1214C DC/DC/DC] ▸ PLC 数据类型 ▸ Motor

Motor

	名称	数据类型	默认值	可从 HMI/...
1	▼ Motor	Struct		☑
2	▸ Valves	Array[0..5] of Bool		☑
3	Speed_Min	Byte	16#0	☑
4	Speed_Max	Byte	16#0	☑
5	Temperature	Word	16#0	☑
6	▸ Axes	Array[0..4] of Bool		☑
7	Oil	Byte	16#0	☑

图 4-33　PLC 数据类型的定义

然后在数据块或函数块、函数的形参中添加多个使用该 PLC 数据类型的变量,它们分别对应不同的“Motor”(电机),如图 4-34 所示。

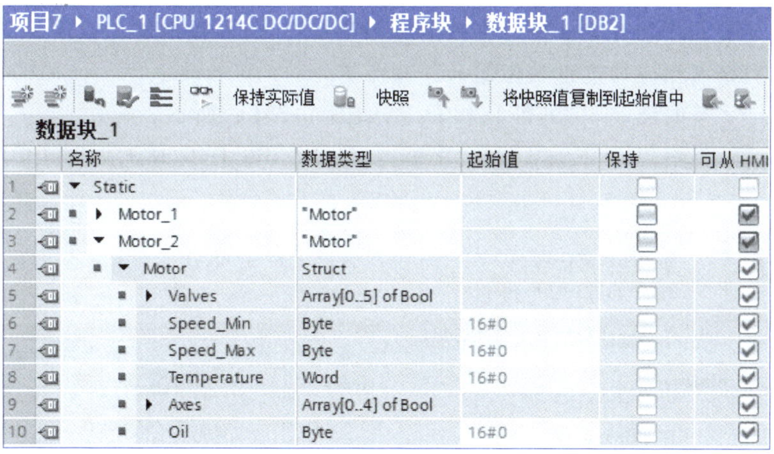

项目7 ▸ PLC_1 [CPU 1214C DC/DC/DC] ▸ 程序块 ▸ 数据块_1 [DB2]

保持实际值　快照　将快照值复制到起始值中

数据块_1

	名称	数据类型	起始值	保持	可从 HMI
1	▼ Static			☐	☐
2	▸ Motor_1	"Motor"		☐	☑
3	▼ Motor_2	"Motor"		☐	☑
4	▼ Motor	Struct		☐	☑
5	▸ Valves	Array[0..5] of Bool		☐	☑
6	Speed_Min	Byte	16#0	☐	☑
7	Speed_Max	Byte	16#0	☐	☑
8	Temperature	Word	16#0	☐	☑
9	▸ Axes	Array[0..4] of Bool		☐	☑
10	Oil	Byte	16#0	☐	☑

图 4-34　PLC 数据类型的使用

(4) 系统数据类型。系统数据类型是预定义的结构,由系统提供。系统数据类型的结构由固定数目的可具有各种数据类型的元素构成。系统数据类型的结构不能更改,只能用于特定指令。

(5) 硬件数据类型。硬件数据类型由 CPU 提供,可用的硬件数据类型数目取决于具体使用的 CPU。

一个特定的硬件数据类型的常量取决于在硬件配置中设置的模块。在用户程序中插入控制或激活某个已组态的模块的指令时,可把对应的硬件数据类型的常量作为参数。此外,硬件数据类型也常用于诊断。

(三) 物理存储器

1. 装载存储器

装载存储器是非易失性的存储器,用于保存用户程序、数据和组态信息。项目下载到 CPU 时,保存在装载存储器中,装载存储器具有断电保持功能,它类似于计算机的硬盘。

2. 工作存储器

工作存储器是集成在 CPU 中的高速存取的 RAM,为了提高运行速度,CPU 将用户程序中与程序执行有关的部分。例如,组织块、函数块、函数和数据块从装载存储器复制到工作存储器。工作存储器类似于计算机的内存条,CPU 断电时,工作存储器中的内容将会丢失。

3. 系统存储器

系统存储器是 CPU 为用户提供的存储组件,用于存储用户程序的操作数据。例如,过程映像输入、过程映像输出、位存储、定时器、计数器、块堆栈和诊断缓冲区等。

对存储器的"读写""访问""存取"这 3 个词的意思基本上相同。

(四) 编程元件及寻址

1. 输入存储器(I)

输入存储器又称为输入映像寄存器,即为"输入点",它与 PLC 的输入端子相对应,一般 PLC 上都设有与之相对应的指示灯用来显示其 ON/OFF 状态。输入信号通过隔离电路改变输入存储器的状态,一个输入存储器在存储区中占一位。输入存储器的状态不受程序的执行所左右,仅与输入状态有关。在每次扫描循环开始时,CPU 读取输入点的外部输入电路的状态,并将它们存入相应的过程映像输入存储器中。

位格式:I[字节地址].[位地址],如 I3.2,如图 4-35(a)所示。

字节、字或双字格式:I[长度][起始字节地址],如 IB0、IW0、ID0,如图 4-35(b)所示。

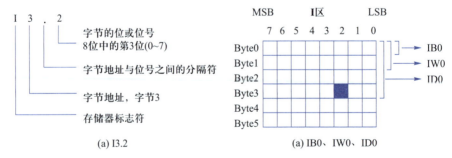

(a) I3.2　　　　　　　　(a) IB0、IW0、ID0

图 4-35　输入存储器的寻址方式

2. 输出存储器(Q)

输出存储器又称为输出映像寄存器,即为"输出点",它存储程序执行的结果,与 PLC 的输出端子相对应,一般 PLC 上都设有与输出存储器相对应的指示灯用来显示其 ON/OFF 状态。每个输出存储器在存储区中占一位,与一个输出接口相对应。输出存储器通过隔离电路,将程序运算结果送到输出接口并决定输出接口所连接器件的工作状态。正常运行时(强制除外)输出存储器的状态由程序的执行结果决定。

位格式:Q[字节地址].[位地址],如 Q1.1。

字节、字或双字格式:Q[长度][起始字节地址],如 QB5、QW6、QD8。

3. 位存储器(M)

位存储器又称为中间存储器,用来存储运算的中间操作状态或其他控制信息,但是不能直接驱动外部负载,PLC 的外部负载只能通过输出存储器进行驱动。

位格式:M[字节地址].[位地址],如 M2.7。

字节、字或双字格式:M[长度][起始字节地址],如 MB100、MW100、MD100,如图 4-36 所示。

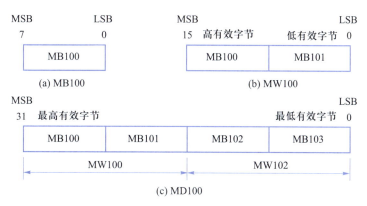

图 4-36 位存储器 M 的字节、字和双字格式

一般的位存储器不具备断电保持功能,PLC 断电后其状态全部复位为 OFF;而保持型存储器可以记忆断电前的状态并保持住,通过程序条件才能确定其状态的改变。可在 PLC 默认变量表中修改该属性,如图 4-37 所示。

图 4-37 保持型存储器的设置

4. 数据块(DB)

PLC 中的数据块是指令处理的对象,即操作数,是有一定意义的数字、字母、符号和模拟量等,有变量和常量、数据类型、长度之分。为了运算及显示的需要,需不断进行转换。

位格式:DBX[字节地址].[位地址],如 DBX2.7。

字节、字或双字格式:DB[长度][起始字节地址],如 DBB10、DBW10、DBD10。

5. 局部存储区(L)

局部存储区位于 CPU 的系统存储器中,其地址标识符为"L",用于存储函数、函数块的临时变量、组织块中的开始信息、参数传递信息以及梯形图的内部结果。在程序中访问局部存储区的表示方法与输入相同。块的临时局部数据,CPU 运行时自行分配。

局部存储区和位存储器 M 很相似,但只有一个区别:位存储器 M 是全局有效的,而局部存储区只在局部有效。全局是指同一个存储区可以被任何程序存取(包括主程序、子程序和中断服务程序),局部是指该存储区只能被特定的程序访问。

位格式:L[字节地址].[位地址],如 L0.0。

字节、字或双字格式:L[长度][起始字节地址],如 LB0、LW0、LD0。

6. 物理输入(:P)

物理输入即为立即读取输入,位于 CPU 的系统存储器中,地址标识符为":P",加在输入映像寄存器地址的后面。与输入映像寄存器功能不同,程序访问物理输入时,不经过输入映像寄存器的扫描,直接将输入接口的信息读入,并作为逻辑运算的条件。

位格式:I[字节地址].[位地址],如 I2.7:P。

字或双字格式:I[长度][起始字节地址]:P,如 IW8:P。

7. 物理输出(:P)

物理输出即为立即写输出,位于 CPU 的系统存储器中,其地址标识符为":P",加在输出映像寄存器地址的后面。与输出映像寄存器功能不同,程序访问物理输出时,不经过输出映像寄存器的扫描,直接将逻辑运算的结果(写出信息)写出到输出接口。

位格式:Q[字节地址].[位地址],如 Q2.7:P。

字或双字格式:Q[长度][起始字节地址]:P,如 QW8:P。

五、工作过程

(一) 信息收集

1. 引导题

如何把自己的控制要求告诉计算机? 将自己的解决思路(解决方案)写出来。

_____

_____

2. 任务分析

任务分析 1:人与机器交流,可以采用什么语言?

_____

_____

任务分析 2:

(1) 输入信号与输出信号的区别是什么?

_____

_____

(2) 外部信号与内部信号的区别是什么?

任务分析 **3**：指出图 **4-38** 所示梯形图程序中的寻址方式。

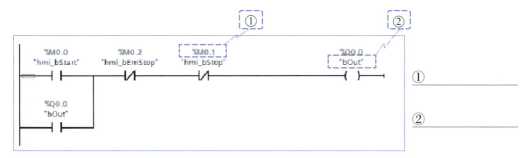

图 4-38 梯形图程序

3．基础工作分析

基础工作 **1**：填写表 **4-12** 中的地址访问方式。

表 4-12 地址访问方式

存储单位		长度	访问地址
名称	关键字		
位			
字节			
字			
双字			

基础工作 **2**：对图 **4-39** 中的位存储器（M）进行寻址。

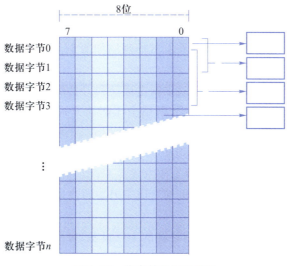

图 4-39 位存储器（M）寻址

基础工作 3：M20.2、MB20、MW20 和 MD20 等地址有没有重叠现象？如果 MD20 = 16# 13B，那么 MB20、MB21、MB22、MB23、M23.0 的数值是多少？

（二）计划制订

1. 工作方式

工作方式：小组工作。

小组人数：4~5 人/组。

2. 设备器材

电工工具 1 套、导线若干、万用表 1 块。

3. 工作计划

根据本任务的要求，探讨解决方案，小组成员进行分工，明确每个人在任务实施过程中主要负责的任务，并填入表 4-13 中。

表 4-13 工作计划表

序号	工作步骤	人员分工	完成情况	工作时间	
				计划	实际
1					
2					
3					
4					
5					

（三）任务实施

1. PLC 的 I/O 配置

CA6140 型普通车床的电气控制线路电气原理图如图 4-40 所示。其中三台电动机作用分别如下。

教学视频：车床电气控制系统的PLC改造

主轴电动机 M1：完成主轴主运动和刀具的纵横向进给运动的驱动，电动机为三相笼型异步电动机，采用全压起动方式，主轴采用机械变速，正、反转采用机械换向机构。

冷却泵电动机 M2：用于加工时提供冷却液，防止刀具和工件的温升过高，采用全压起动和连续工作方式。

刀架快速移动电动机 M3：用于刀架的快速移动，可随时手动控制起动和停车。

确定 CA6140 型普通车床 PLC 控制系统的 I/O 设备，每一种设备按顺序分配 I/O 地址，列出 PLC 的 I/O 地址分配表。每一个输入信号占用一个输入地址，每一个输出地址驱动一个外部负载。CA6140 型普通车床 PLC 控制系统 I/O 地址分配表见表 4-14。

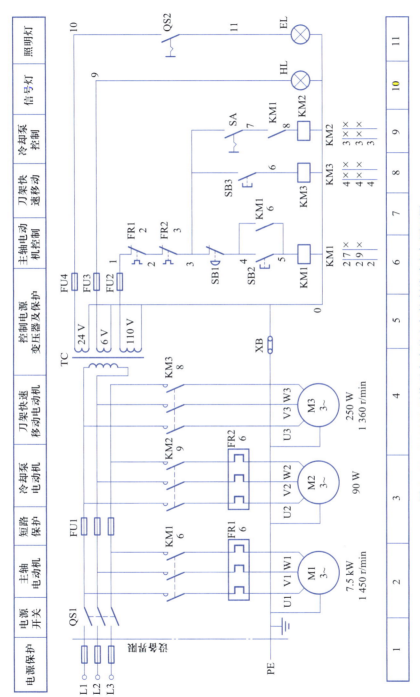

图 4-40　CA6140 型普通车床的电气控制线路电气原理图

表 4-14　CA6140 型普通车床 PLC 控制系统 I/O 地址分配表

输入设备			输出设备		
符号	功能	PLC 地址	符号	功能	PLC 地址
SB2			KM1		
SB1			KM2		
FR1			KM3		
SA					
FR2					
SB3					

2. 根据 CA6140 型普通车床 PLC 控制系统的 I/O 地址分配，设计 I/O 接线图

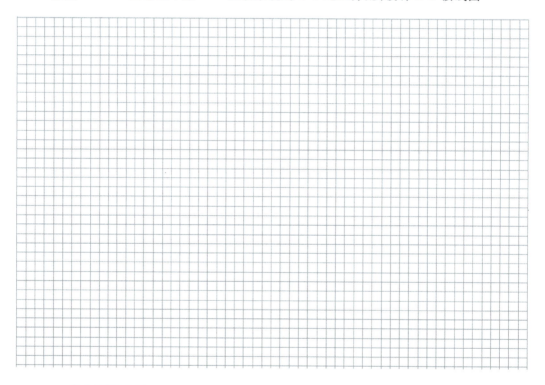

（四）任务评价

在规定的时间内完成任务，各组进行自我评价并展示，根据评分标准各组之间进行检查，评分标准见表 4-15。

表 4-15　评 分 标 准

序号	项目内容	考核要求	评分细则	配分	扣分	得分
1	输入信号	能够画出接线图	叙述内容不清，不达要点均不给分	30		
2	输出信号	能够画出接线图	叙述内容不清，不达要点均不给分	30		

续表

序号	项目内容	考核要求	评分细则	配分	扣分	得分
3	故障分析	在电气控制线路上分析故障可能的原因,思路正确	(1) 画错电源,扣 10 分 (2) 画错信号点,每点扣 5 分 (3) 解释信号功能,思路不清楚,每个点扣 5 分	20		
4	故障检修计划	编写简明故障检修计划,思路正确	遗漏重要步骤,扣 5 分	10		
5	8S 规范	整理、整顿、清扫、清洁、素养、安全、节约、学习	(1) 没有穿戴防护用品,扣 4 分 (2) 乱摆放工具,乱丢杂物,完成任务后不清理工位,扣 2~5 分 (3) 违规操作,扣 5~10 分 (4) 成员不积极参与,扣 5 分	10		
定额时间	90 分钟,每超过 5 分钟及以内扣 5 分					
开始时间		结束时间		总分		

指导教师签字

年　　　月　　　日

（五）任务总结

本任务完成后,认真填写任务总结报告,见表4-16。

表 4-16 任务总结报告

任务名称		小组成员	
工作时间		完成时间	
工作地点		检验人员	

任务制作过程修正记录

原定计划(简要说明自己所承担的任务及实施的方法、步骤):	实际实施:

学习的知识点、技能点

知识点:	技能点:

疑惑点与解决方法

疑惑点:	解决方法:

续表

工作缺陷与整改方案	
工作缺陷：	整改方案：
任务感悟	

任务三　编程软件的操作

一、任务目标

【知识目标】

1. 了解博途软件的获取及安装方法。

2. 掌握博途软件的基本功能、使用方法。

【能力目标】

1. 会使用博途软件开发 S7-1200 PLC 控制系统。

2. 会创建项目，完成硬件组态，并掌握程序的写入/读出操作。

3. 能正确连接编程电缆。

4. 掌握程序监控操作，能完成软、硬件调试。

【素养目标】

1. 具备较强的观察和分析能力。

2. 具备较强的团结协作能力及主动探究能力。

二、任务描述

CA6140 型普通车床的 PLC 控制系统设计，需安装博途软件，掌握其基本操作，输入程序，连接 I/O 设备，监控调试，以实现机床控制要求。

三、工作任务

工作任务清单见表 4-17。

表 4-17　工作任务清单

任务内容	任务要求	验收方式
安装博途软件	获取博途软件，安装到计算机	自评、互评、师评
软件功能	设置参数，输入下载程序	自评、互评、师评
硬件连接	正确连接 PLC I/O 设备	自评、互评、师评
程序录入	熟练录入程序，掌握下载步骤，监控调试	自评、互评、师评

四、相关知识

（一）博途软件

1. 博途软件介绍

TIA Portal（以下简称博途）软件是西门子公司发布的一款全新的全集成自动化软件。它是业内首个采用统一的工程组态和软件项目环境的自动化软件，几乎适用于所有自动化任务。

博途软件有 4 个级别的版本，分别为 Basic（基本版）、Comfort（精致版）、Advanced（高级版）、Professional（专业版）。

基本版只支持对 S7-1200 PLC 进行编程，专业版支持对所有 PLC 进行编程和组态。

博途软件专业版由 5 部分组成：用于硬件组态和编写 PLC 程序的 SIMATIC STEP 7；用于仿真调试的 SIMATIC S7-PLCSIM；用于组态可视化监控系统、支持触摸屏和 PC 工作站的 SIMATIC WinCC；用于设置和调试变频器的 SINAMICS Startdrive；用于安全性 S7 系统的 STEP 7 Safety。

2. 对计算机的要求

博途软件推荐的计算机硬件配置如图 4-41 所示。

项目	最低配置要求	推荐配置
RAM	8 GB	16 GB或更大
硬盘	20 GB	固态硬盘(大于50 GB)
CPU	Intel®Core™ i3-6 100 U，2.30 GHz	Intel®Core™ i5-6 440 EQ (最高3.4 GHz)
屏幕分辨率	1 024×768	1 920×1 080

图 4-41　博途软件推荐的计算机硬件配置

博途软件中的 5 个部分应按下列顺序安装：SIMATIC STEP 7、SIMATIC S7-PLCSIM、SIMATIC WinCC、SINAMICS Startdrive、STEP 7 Safety。

建议在安装软件之前，关闭杀毒软件和安全卫士之类的软件，以免在安装过程中发生一些文件被阻止造成安装不完全的问题。安装许可证授权时，一定要安装长密钥。

（二）博途软件的功能

博途软件提供两种不同的工具视图，即基于项目的项目视图和基于任务的 Portal（门户）视图。在 Portal 视图中，可以概览自动化项目的所有任务。

安装好博途软件后，双击桌面上的图标，打开启动界面（即 Portal 视图）。单击启动界面左下角的"项目视图"，将切换到项目视图，博途软件的项目视图如图 4-42 所示。下面介绍项目视图主要组成部分的功能。

提示：菜单中浅灰色的命令和工具栏中浅灰色的按钮表示在当前条件下，不能使用该命令和该按钮。例如在执行了"编辑"菜单中的"复制"命令后，"粘贴"命令才会由浅灰色变为黑色，表示可以执行该命令。

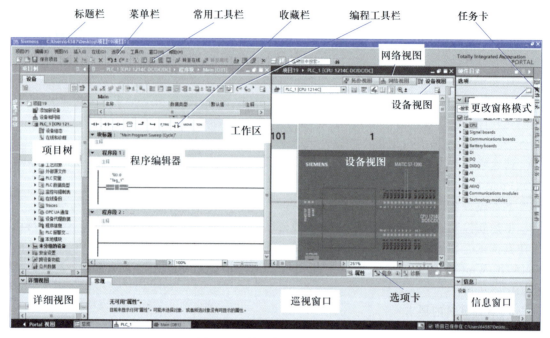

图 4-42　博途软件的项目视图

1. 项目树

项目树可以用来访问所有的设备和项目数据,添加新的设备,编辑已有的设备,打开处理项目数据的编辑器。

项目中的各组成部分在项目树中以树形结构显示,分为 4 个层次:项目、设备、文件夹和对象。项目树的使用方式与 Windows 的资源管理器相似。作为每个编辑器的子元件,用文件夹以结构化的方式保存对象。

单击项目树右上角的"折叠"按钮,项目树和下面的详细视图消失,同时最左边的垂直条的上端出现"展开"按钮,单击它将打开项目树和详细视图。可以用类似的方法隐藏和显示标有"折叠""展开"的其他内容。

将鼠标的光标放到相邻的两个窗口的垂直分界线上,当其变成带双向箭头的光标时,按住鼠标的左键移动鼠标,可以移动分界线,以调节分界线两边的窗口大小。可以用同样的方法调节水平分界线。

2. 详细视图

项目树下面的区域是详细视图,打开项目树中的"PLC 变量"文件夹,选中其中的"默认变量表",详细视图将显示出该变量表中的符号。可以将其中的符号地址拖拽到程序中需要设置地址处。拖拽到已设置的地址上时,原来的地址将会被替换。

3. 工作区

工作区可以同时打开几个编辑器,但是一般只能在工作区显示一个当前打开的编辑器。在视图最下面显示被打开的编辑器,单击它们可以切换在工作区显示的编辑器。

在工作区同时打开程序编辑器和设备视图,将设备视图放大到 200% 或以上,可以将模块上的 I/O 点拖拽到程序编辑器中指令的地址域,这样能快速设置指令的地址,还能在 PLC 变量表中创建相应的条目。也可以用上述方法将模块上的 I/O 点拖拽到 PLC 变量表中。

4. 巡视窗口

巡视窗口用来显示在工作区中选中的对象的附加信息，还可以用巡视窗口来设置对象的属性。巡视窗口有 3 个选项卡。

"属性"选项卡：用来显示和修改选中的工作区中对象的属性。巡视窗口左边的窗口是浏览窗口，选中其中的某个参数组，在右边窗口显示和编辑相应的信息或参数。

"信息"选项卡：显示所选对象和操作的详细信息，以及编译后的报警信息。

"诊断"选项卡：显示系统诊断事件和组态的报警事件。

5. 任务卡

任务卡的功能与编辑器有关。可以通过任务卡进行进一步的或附加的操作，如从库或硬件目录中选择对象，搜索与替代项目中的对象，将预定义的对象拖拽到工作区等。

单击任务卡中的"更改窗格模式"按钮，可以在同时打开几个窗格和只打开一个窗格之间切换。

（三）创建项目与硬件组态

1. 新建一个项目

双击 ，打开博途软件，执行菜单命令"项目"→"新建"，在弹出的"创建新项目"对话框中，将项目的名称修改为"电动机控制"，同时可以修改保存项目的路径。设置完成后单击"创建"按钮，系统开始生成项目，保存在一个刚刚设置的路径中。

教学视频：S7-1200 PLC的硬件配置

2. 添加新设备

双击项目树中的"添加新设备"，系统弹出"添加新设备"对话框，如图 4-43 所示。单击其中的"控制器"按钮，双击要添加的 CPU，可以添加一个 PLC。在项目树、设备视图和网络视图中可以看到添加的 PLC。

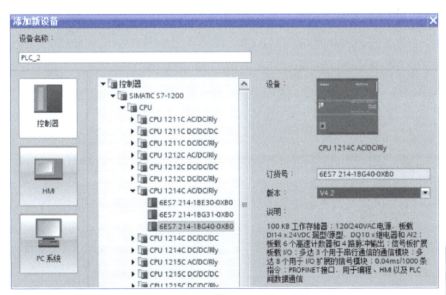

图 4-43　"添加新设备"对话框

教学视频：博途软件的项目配置

3. 设置项目的参数

执行菜单命令"选项"→"设置"，单击弹出的"设置"对话框中的"常规"，如图 4-44 所示，用户界面语言为默认的“中文”，助记符为默认的“国际”（英语助记符）。

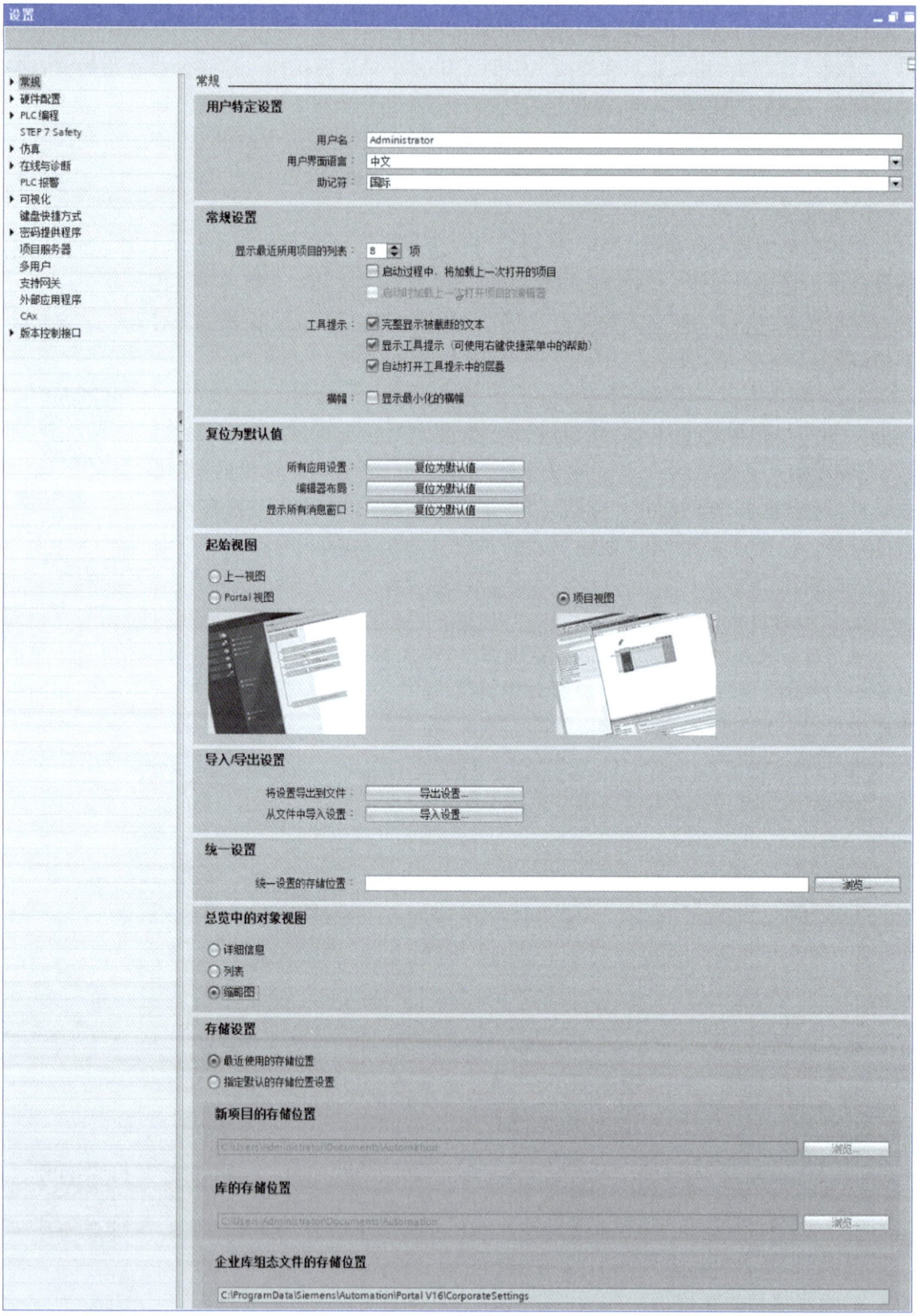

图 4-44　设备博途软件的常规参数

建议用单选框选中"起始视图"区的"项目视图"或"最近的视图"。以后在打开博途软件时将会自动打开项目视图或上一次关闭时的视图。图中"常规"后右边窗口下面的部分内容,在"存储设置"区,可以选择最近使用的存储位置或默认的存储位置。

4. 硬件组态的任务

硬件组态的任务就是在设备视图和网络视图中,生成一个与实际的硬件系统对应的虚拟系统。在虚拟系统中,PLC 和触摸屏之间的连接,PLC 各模块的型号、订货号和版本号,各模块的安装位置和各设备之间的通信连接,都应与实际的硬件系统完全相同。此外还应设置模块的参数,即给参数赋值。

PLC 控制系统启动时,CPU 将比较预设组态和实际组态,可以设置为"即便不匹配,也启动 CPU",如图 4-45 所示。

图 4-45　设备启动方式

5. 在设备视图中添加模块

打开项目树中的"PLC_1"文件夹,双击其中的"设备组态",打开设备视图,可以看到 1 号插槽中的 CPU 模块。在硬件组态时,需要将 I/O 模块或通信模块放置到工作区的机架插槽内,有两种放置硬件对象的方法。

(1)用拖拽的方法放置硬件对象。在硬件目录窗口中打开文件夹"\通信模块\点到点\CM1241(RS485)",单击选中订货号为 6ES7 241-1CH30-0XB0 的 CM1241(RS485)通信模块,此时其背景变为深色。在可以插入该模块的 CPU 左边的 3 个插槽四周将出现深蓝色的方框,只能将该模块插入这些插槽。用鼠标左键按住该模块不放,移动鼠标光标,将选中的模块拖拽到机架中 CPU 左边的 101 号插槽。移动过程中,该模块浅色的图标和订货号随着光标一起移动;没有移动到允许放置该模块的区域时,光标的形状为🚫(禁止放置)。移动到允许放置该模块的区域(即 101 号插槽)时,101 号插槽出现浅色的边框,松开鼠标左键,拖动的模块将被放置到选中的插槽。

用上述的方法将 CPU、触摸屏或分布式 I/O 设备拖拽到网络视图,可以生成新的设备。

(2)用双击的方法放置硬件对象。放置通信模块还有另外一个简便的方法,先用鼠标左键单击机架中需要放置通信模块的插槽,使它的四周出现深蓝色的边框,再用鼠标左键双击硬件目录中要放置的通信模块的订货号,该通信模块便出现在选中的插槽中。

放置信号模块和信号板的方法与放置通信模块的方法相同,信号板安装在 CPU 模块内,信号模块安装在 CPU 右侧的 2~9 号槽。可以将信号模块插入已经组态的两个信号模块中间。插入点右边所有的信号模块将向右移动一个插槽的位置,新的信号模块被插入到空出来的插槽。

6. 硬件目录中的过滤器

如果勾选了"硬件目录"窗口左上角的"过滤"复选框,激活了硬件目录的过滤器功能,硬件目录则只显示与工作区有关的硬件。例如,打开 S7-1200 PLC 的设备视图时,如果勾选了"过滤"复选框,硬件目录窗口将不显示其他控制设备,只显示 S7-1200 PLC 的组件。

7. 删除硬件组件

可以删除设备视图或网络视图中被选中的硬件组件,被删除的硬件组件的插槽可供其他硬件组件使用。不能单独删除 CPU 和机架,只能在网络视图或项目树中删除整个PLC 站。

删除硬件组件后,可能在项目中产生矛盾,即违反了插槽规则。选中项目树中的"PLC_1",单击工具栏上的"编译"按钮,对硬件组态进行编译。编译时进行一致性检查,如果有错误将会显示错误信息,应改正错误后重新进行编译,直到没有错误。

8. 复制与粘贴硬件组件

可以在项目树、网络视图或设备视图中复制硬件组件,然后将保存在剪贴板上的硬件组件粘贴到其他地方。可以在网络视图中复制和粘贴站点,在设备视图中复制和粘贴模块。可以用拖拽的方法或通过剪贴板在设备视图或网络视图中移动硬件组件,但是 CPU 必须在1 号槽。

9. 改变设备的型号

用鼠标右键单击设备视图中要更改型号的 CPU 或 HMI,在弹出的快捷菜单中选择"更改设备"命令,在弹出的"更改设备"对话框的"新设备"列表中双击用来替换的设备订货号,设备型号即被更改。

(四)下载程序

PLC 默认的 IP 地址为 192.168.0.1,子网掩码为 255.255.255.0。设置计算机网卡的IPv4 地址为 192.168.0.10,不用设置网关的 IP 地址。

教学视频:
PLC程序
的上载、下
载、监控和
修改

1. 下载项目

设置好 IP 地址后,接通 PLC 的电源。选中项目树中的"PLC_1",单击工具栏上的"下载"按钮,系统弹出"扩展下载到设备"对话框,如图 4-46 所示。单击"开始搜索"按钮,选中地址为"192.168.0.1"的设备,再单击"下载"按钮,系统弹出"下载预览"对话框,如图 4-47 所示。单击"装载"按钮,编程软件首先对项目进行编译,编译成功后,开始下载。单击"完成"按钮,下载完毕。PLC 切换到 RUN 模式,RUN/STOP LED 变为绿色。

打开以太网接口上面的盖板,通信正常时,Link LED(绿色)亮,RX/TX LED(橙色)周期性闪动。打开项目树中的"在线访问"文件夹,可以看到组态的 IP 地址已经下载给 PLC。

注意:项目中 PLC 的硬件版本应与实际硬件版本一致;否则硬件不兼容,不能下载。

2. 使用菜单命令下载

(1)选中 PLC_1,执行菜单命令"在线"→"下载到设备",将已编译的硬件组态数据和程序下载给选中的设备。

(2)执行菜单命令"在线"→"扩展下载到设备",系统弹出"扩展下载到设备"对话框,将硬件组态数据和程序下载给选中的设备。

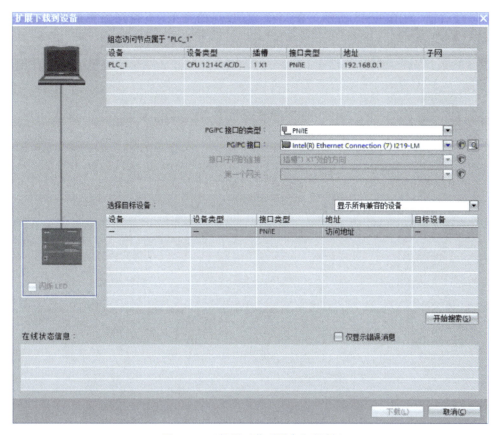

图 4-46 "扩展下载到设备"对话框

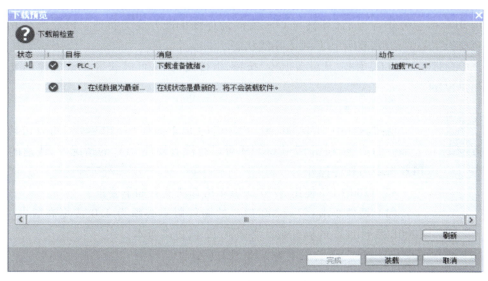

图 4-47 "下载预览"对话框

3. 上传设备作为新站

做好计算机与 PLC 通信的准备工作后,首先生成一个新项目,选中项目树中新生成的项目,执行菜单命令"在线"→"将设备作为新站上传(硬件和软件)",系统弹出"将设备上传到

PG/PC"对话框,如图4-48所示。在"PG/PC 接口的类型"下拉列表中选择实际使用的网卡。

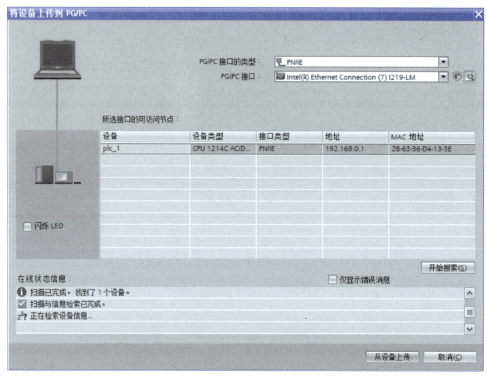

图4-48　"将设备上传到PG/PC"对话框

单击"开始搜索"按钮,经过一定的时间后,在"所选接口的可访问节点"列表中,将出现连接的 PLC 和它的 IP 地址,计算机与 PLC 之间的连线由断开变为接通。PLC 所在方框的背景色变为实心的橙色,表示 PLC 进入在线状态。

选中列表中的 PLC,单击"从设备上传"按钮,上传成功后,可以获得 PLC 完整的硬件配置和用户程序。

教学视频:
博途软件的
仿真功能
应用

（五）仿真调试

博途软件中 SIMATIC S7-PLCSIM（以下简称 S7-PLCSIM）可以仿真 PLC 大部分的功能,利用 S7-PLCSIM 可以在没有硬件 PLC 的情况下,快速的熟悉 PLC 指令和软件操作。

S7-1200 PLC 使用 S7-PLCSIM 仿真功能有如下要求:

（1）硬件要求:S7-1200 PLC 的固件版本必须为 4.0 或更高版本。S7-1200F 系列 PLC 的固件版本必须 4.12 或更高版本。

（2）软件要求:S7-PLCSIM 的版本为 V13 SP1 及以上。

S7-PLCSIM 仿真范围:几乎支持 S7-1200 的所有指令,目前不支持计数、PID 控制、运动控制等工艺模块。

下面是电动机点动运行 PLC 控制程序的仿真调试步骤。

1. 打开 S7-PLCSIM

单击工具栏上的"启动仿真"按钮█,启动 S7-PLCSIM,出现 S7-PLCSIM 的精简视图。

打开 S7-PLCSIM 后,博途软件将优先与仿真 PLC 通信,不再与真实的 PLC 通信。

打开 S7-PLCSIM 后,系统弹出"扩展下载到设备"对话框,单击"开始搜索"按钮,"选择目设备"列表中显示出搜索到的仿真 CPU 的以太网接口的 IP 地址,如图 4-49 所示。

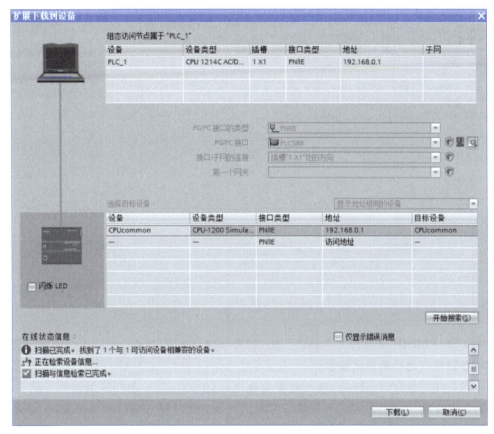

图 4-49　"扩展下载到设备"对话框

单击"下载"按钮,系统弹出"是否要将这些设置保存为 PG/PC 接口的默认值?"对话框,单击"是"按钮确认保存。系统弹出"下载预览"对话框,单击"下载"按钮,编译组态成功后,将程序下载到仿真 PLC。下载结束后,系统弹出"下载结果"对话框,勾选其中的"全部启动"复选框,单击"完成"按钮,仿真 PLC 被切换到 RUN 模式。

2. 仿真表

单击精简视图右上角的"切换到项目视图"按钮 🖥,切换到项目视图。双击项目树的"SIM 表格"文件夹中的"SIM 表格_1",打开该仿真表。在"地址"列分别输入"I0.0""Q0.0",可以显示 I0.0、Q0.0 的状态。

单击图 4-50 中第一行"位"列中的小方框,方框中出现"√",I0.0 变为 TRUE 后,模拟按下正转按钮。梯形图中 I0.0 的动合触点闭合,如图 4-51 所示。由于 OB1 中程序的作用,第二行的 Q0.0(电动机接触器)变为 TRUE,梯形图中其线圈通电,电动机正转。

再次单击图 4-50 中第一行"位"列中的小方框,方框中出现的"√"消失,I0.0 变为 FALSE,模拟松开正转按钮。梯形图中 I0.0 的动合触点断开。由于 OB1 中程序的作用,

Q0.0(电动机接触器)变为 FALSE,梯形图中其线圈断电,电动机停止转动。

图 4-50　S7-PLCSIM 的项目视图

图 4-51　程序状态监视

单击 S7-PLCSIM 项目视图工具栏上的"切换到精简视图"按钮，可以返回精简视图。

3. 用程序状态功能调试程序

与 PLC 建立好在线连接后,打开需要监视的代码块 OB1,单击程序编辑器工具栏上的"启用/禁用监视"按钮，启动程序状态监视。如果在线(PLC 中的)程序与离线(计算机中的)程序不一致,项目树中的项目、站点、程序块和有问题的代码块的右边均会出现表示故障的符号。需要重新下载有问题的块,使在线程序与离线程序一致,上述对象右边均出现绿色的表示正常的符号后,才能启动程序状态功能。进入在线模式后,程序编辑器最上面的标题栏变为橘红色。

如果在运行时测试程序出现功能错误或程序错误,可能会对人员或财产造成严重损害,应确保不会出现这样的危险情况。

进入程序状态监控之前,梯形图中的线和元件因为状态未知,全部为黑色。启动程序状态监控后,从梯形图左侧垂直的"电源"线开始的连线均为绿色,表示有能流从"电源"线流出。有能流流过的处于闭合状态的触点、指令块、线圈和"导线"均用绿色表示。蓝色虚线表示状态不满足,没有能流流过。灰色连续线表示状态未知或程序没有执行。

4. 用监控表监控与强制变量

使用监控表可以在工作区同时监视、修改和强制用户感兴趣的全部变量。打开项目树中 PLC 的"监控与强制表"文件夹,双击其中的"添加新监控表",生成一个名为"监控表_1"的新的监控表,并在工作区自动打开它。在"地址"列输入符号地址 I0.0、Q0.0,"名称"列将会自动出现该变量的名称,如图 4-52 所示。

图 4-52　监控表

可以用监控表的工具栏上的按钮来执行各种功能。与 CPU 建立在线连接后,单击工具栏上的"全部监视"按钮，启动监视功能,将在"监视值"列连续显示变量的动态实际值。再次单击该按钮,将关闭监视功能。

可以用强制表给用户程序中的单个变量指定固定的值,这一功能称为强制,强制应在与 CPU 建立在线连接时进行,但输入触点不能强制。使用强制功能时,不正确的操作可能会危及人员的生命或健康,造成设备或整个工厂的损失。

五、工作过程

(一)信息收集

1. 引导题

如何获得编程软件? 将你的解决思路(解决方案)写出来。

_____

2. 任务分析

任务分析 1:安装编程软件前,计算机需进行哪些设置?

_____

_____

任务分析 2:安装编程软件过程中,有哪些注意事项?

_____

_____

任务分析 3:编程软件安装结束后,如何对编程软件进行授权?

_____

_____

3. 基础工作分析

基础工作 1:如何设置 IP 地址?

_____

_____

基础工作 2：输入程序时，应注意哪些问题？

_____

_____

_____

基础工作 3：调试程序时，如何实现强制功能？

_____

_____

（二）计划制订

1. 工作方式

工作方式：小组工作。

小组人数：4~5 人/组。

2. 设备器材

S7-1200 PLC 1 台、安装博途软件的计算机 1 台、电工工具 1 套、导线若干、万用表 1 块。

3. 工作计划

根据本任务的要求，探讨解决方案，小组成员进行分工，明确每个人在任务实施过程中主要负责的任务，并填入表 4-18 中。

表 4-18　工作计划表

序号	工作步骤	人员分工	完成情况	工作时间	
				计划	实际
1					
2					
3					
4					
5					

（三）任务实施

1. 系统接线

（1）工具检查表。正确选择项目中使用的工具，在使用过程中注意维护与保养。请在使用前对工具状态进行检查并填写表 4-19，若有破损工具及时与实训指导教师沟通，并进行更换。

表 4-19　工具检查表

序号	名称	工具状态是否良好	损坏情况（没有损坏则不填写）
1	剥线钳	是○ 否○	
2	针形端子压线钳	是○ 否○	
3	斜口钳	是○ 否○	

序号	名称	工具状态是否良好	损坏情况（没有损坏则不填写）
4	十字螺钉旋具	是○　否○	
5	一字螺钉旋具	是○　否○	
6	万用表	是○　否○	
7	验电笔	是○　否○	
8	钢丝钳	是○　否○	
9	断线钳	是○　否○	
10	尖嘴钳	是○　否○	
11	电工刀	是○　否○	
12	手工锯	是○　否○	

注:检查工具的绝缘材料是否破损,工具的刃口是否损坏,验电笔是否能正常检测,手工锯的锯条是否完好、方向是否正确,工具上面是否有油污,万用表的电量是否充足、功能是否正常等

（2）装配系统。按图4-53所示的CA6140型普通车床PLC控制系统的电气原理图进行装配接线。

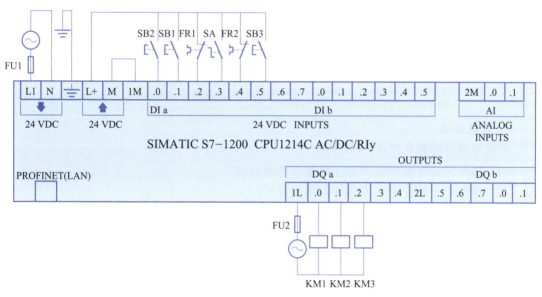

图4-53　CA6140型普通车床PLC控制系统的电气原理图

用万用表电阻挡检查线圈及各触点是否良好;用手按动主触点,检查运动部分是否灵活,以防产生接触不良、振动和噪声。

2. 输入CA6140型普通车床PLC控制程序

（1）定义PLC变量。CA6140型普通车床PLC控制程序变量表如图4-54所示。

教学视频:
变量定义

PLC 变量				
	名称	变量表	数据类型	地址
1	M1起动按钮SB2	默认变量表	Bool	%I0.0
2	M1停止按钮SB1	默认变量表	Bool	%I0.1
3	M1热继电器	默认变量表	Bool	%I0.2
4	M2转换开关SA	默认变量表	Bool	%I0.3
5	M2热继电器	默认变量表	Bool	%I0.4
6	M3点动按钮SB3	默认变量表	Bool	%I0.5
7	KM1接触器	默认变量表	Bool	%Q0.0
8	KM2接触器	默认变量表	Bool	%Q0.1
9	KM3接触器	默认变量表	Bool	%Q0.2

图 4-54 CA6140 型普通车床 PLC 控制程序变量表

（2）OB1 的编程。CA6140 型普通车床 PLC 控制程序梯形图如图 4-55 所示。

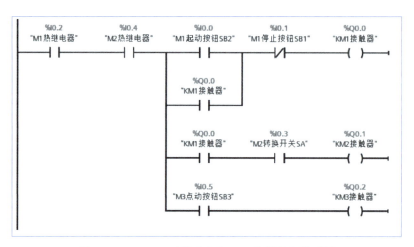

图 4-55 CA6140 型普通车床 PLC 控制程序梯形图

3. 通电调试

在指导教师检查允许后，系统上电。

（1）操作起动按钮 SB2，观察主轴能否顺利起动。

（2）操作停止按钮 SB1，观察主轴能否停止。

（3）操作 SA，观察冷却液能否正常供给。

（4）操作 SB3，观察刀架移动情况。

（四）任务评价

在规定的时间内完成任务，各组进行自我评价并展示，根据评分标准各组之间进行检查，评分标准见表 4-20。

表 4-20 评分标准

序号	项目内容	考核要求	评分细则	配分	扣分	得分
1	系统接线	能够画出 PLC 控制系统电气原理图	接线错误，每处扣 5 分	30		
2	输入程序	正确输入程序	输入错误，每处扣 5 分	20		

续表

序号	项目内容	考核要求	评分细则	配分	扣分	得分
3	通电调试	熟练操作,顺利调试,排除故障	(1) 画错电源扣 10 分 (2) 画错信号点,每点扣 5 分 (3) 解释信号功能、思路不清楚,每处扣 5 分 (4) 操作不熟练,扣 10 分	30		
4	故障检修计划	编写简明故障检修计划,思路正确	遗漏重要步骤,扣 5 分	10		
5	8S 规范	整理、整顿、清扫、清洁、素养、安全、节约、学习	(1) 没有穿戴防护用品,扣 4 分 (2) 乱摆放工具,乱丢杂物,完成任务后不清理工位,扣 2~5 分 (3) 违规操作,扣 5~10 分 (4) 成员不积极参与,扣 5 分	10		
定额时间		90 分钟,每超过 5 分钟及以内扣 5 分				
开始时间			结束时间		总分	

指导教师签字

年　月　日

(五) 任务总结报告

本任务完成后,认真填写任务总结报告,见表 4-21。

表 4-21　任务总结报告

任务名称		小组成员	
工作时间		完成时间	
工作地点		检验人员	

任务实施过程修正记录

原定计划(简要说明自己所承担的任务及实施的方法、步骤):	实际实施:

学习的知识点、技能点

知识点:	技能点:

疑惑点与解决方法

疑惑点:	解决方法:

续表

工作缺陷与整改方案	
工作缺陷：	整改方案：
任务感悟	

【项目小结】

本项目以西门子 S7－1200 PLC 作为核心控制器,以博途软件为开发平台,完成了 CA6140 型普通车床的 PLC 控制系统设计。

在以 S7-1200 PLC 为核心的 PLC 控制系统中,I/O 部分用以接收信号或输出信号,便于与 PLC 进行人机对话。每一个传感器或开关输入对应 PLC 的一个输入点,每一个负载对应 PLC 的一个输出点。

为了使梯形图和继电接触器控制系统的电路图中的触点的类型相同,外部按钮一般用动合按钮。在工业现场,停止按钮、急停按钮、过载保护用的热继电器的辅助触点往往用动断触点。这时应注意,动断触点在没有任何操作时,对应的输入映像寄存器状态为“1”。如果停止按钮改为动断按钮,则对应的电气原理图和梯形图程序都需要对应修改。

通过任务的实施,应能识别 CPU 模块,熟练分配 I/O,掌握电气原理图的设计,正确连接按钮/开关、传感器和外部负载;掌握 PLC 编程元件的种类、编号规则及应用;掌握博途软件的安装,正确连接编程电缆,编辑程序,下载程序到 PLC,在线监控,并能够调试 PLC 控制系统。

【思考与练习题】

1. 简述 PLC 的特点。
2. 根据 I/O 点数不同,PLC 可以怎样分类?
3. PLC 的硬件主要由哪几部分构成?
4. PLC 的开关量输出有哪三种电路,各有何特点?
5. PLC 编程器的作用是什么?
6. PLC 的扫描过程主要有哪三个阶段?
7. PLC 常用的编程语言有哪几种?
8. PLC 的寻址方式有哪三种?
9. S7-1200 PLC 的存储器主要有哪几种?
10. PLC 常用的编程方法有几种?

项目五

位逻辑指令的编程与调试

一、项目描述

用 S7-1200 PLC 来控制工作台自动往返,并具有故障报警功能;根据该系统的控制要求,选择 I/O 设备,确定 I/O 点数,设计电气控制线路;编写控制程序,下载调试系统,进行故障仿真。

二、任务分析

通过前期的学习,分析控制要求和控制对象,并需要完成以下任务。

(1) 分析工作环节,明确使用工具、时间分配和安全工作内容。

(2) 研究工作台自动往返的工艺。

(3) 分配 I/O,设计电气原理图,连接 I/O 设备。

(4) 建立项目,编写调试程序。

(5) 调试系统,模拟故障显示,进行故障排除。

三、工作提示

(一) 能力目标

1. 专业能力

(1) 能使用基本指令编写三相异步电动机点动,连续,正、反转,顺序起停程序。

(2) 会设计 PLC 控制系统电气原理图。

(3) 能模拟调试、现场调试 PLC 程序。

(4) 能分析故障显示工艺。

(5) 能采用经验编程法进行简单控制系统设计。

2. 核心能力

(1) 能根据工艺正确设计硬件电路。

(2) 能分析简单控制工艺,编写控制程序。

(3) 能分析故障显示工艺,模拟调试故障功能。

(二) 工作步骤

对于本项目涉及的每个任务,将按照信息收集、计划制订、任务实施、任务评价、任务总

结五个步骤进行。

任务一　电动机基本控制

一、任务目标

【知识目标】

1. 掌握位逻辑运算指令的格式及用法。

2. 掌握置位、复位指令的格式及用法。

3. 熟悉电动机单向运行的 PLC 控制。

4. 熟悉梯形图的编程规则。

【能力目标】

1. 能应用基本指令编写三相异步电动机点动、连续、正反转、顺序起停等基本电气控制线路的控制程序。

2. 能完成 S7-1200 PLC 的外部接线。

3. 能利用 PLC 实验装置模拟调试 PLC 程序。

【素养目标】

1. 具备团队精神和严谨认真的工作态度。

2. 养成"安全第一"的职业习惯。

二、任务描述

图 5-1 所示为三相异步电动机控制的工作台自动往返运动示意图,现要求使用 PLC 控制三相异步电动机进行正、反转运行。运行过程如下。

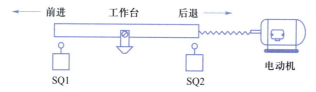

图 5-1　工作台自动往返运动示意图

按下正转起动按钮 SB1,电动机开始正向运行,工作台前进,当碰到左限位开关 SQ1 后立即停止,电动机开始反向运行,工作台后退,当碰到右限位开关 SQ2 后立即停止,电动机又开始正向运行,如此往复运动。按下反转起动按钮 SB2 时,电动机开始反向运行,工作台后退。按下停止按钮后,电动机停车。

根据以上要求,先选择所需电器元件,然后自行分配 PLC I/O 端口,完成主电路和控制电路的连接,最后进行程序编写和功能调试。

三、工作任务

工作任务清单见表 5-1。

任务内容	任务要求	验收方式
点动、连续、正反转控制	能够明确控制工艺	自评、互评、师评
设计硬件电路	根据工艺,能够设计硬件电路	自评、互评、师评
位逻辑线圈指令	了解位逻辑线圈指令构成及功能	自评、互评、师评
置位、复位指令	了解置位、复位指令作用	自评、互评、师评

四、相关知识

S7-1200 PLC 的指令从运算功能上大致可分为三类:基本指令、扩展指令和全局库指令。

基本指令包括位逻辑、定时器操作、计数器操作、比较操作、数学函数、移动操作、转换操作、程序控制指令、字逻辑运算以及移位和循环等指令。

常用的位逻辑指令见表 5-2。

表 5-2　常用的位逻辑指令

图形符号	功能	图形符号	功能
┤├	动合触点(地址)	─(S)─	置位线圈
┤/├	动断触点(地址)	─(R)─	复位线圈
─( )─	输出线圈	─(SET_BF)─	置位域
─(/)─	反向输出线圈	─(RESET_BF)─	复位域
─┤NOT├─	取反	─┤P├─	P 触点,上升沿检测
RS 置位优先型 RS 触发器 (R Q, S1)	RS 置位优先型 RS 触发器	─┤N├─	N 触点,下降沿检测
		─(P)─	P 线圈,上升沿
		─(N)─	N 线圈,下降沿
SR 复位优先型 SR 触发器 (S Q, R1)	SR 复位优先型 SR 触发器	P_TRIG (CLK Q)	P_Trig,上升沿
		N_TRIG (CLK Q)	N_Trig,下降沿

(一) 动合触点与动断触点

动合触点在指定的位为"1"(TRUE)时闭合,为"0"(FALSE)时断开,即读取存储器的原状态。动断触点在指定的位为"1"时断开,为"0"时闭合,即读取存储器的反状态。两个触点串联将进行"与"运算,两个触点并联将进行"或"运算。

(二) 线圈

线圈将输入的逻辑运算结果(RLO)的信号状态写入指定的地址(存储器),线圈通电(RLO 的状态为"1")时写入"1",断电时写入"0"。如果用 Q0.0:P,则是将位数据值写入输出映像寄存器 Q0.0,同时立即直接写给对应的物理输出点。

【例 5-1】　电动机的点动控制。

在图5-2中,按下正转按钮I0.0,则Q0.0为"1"状态,电动机正转;松开正转按钮I0.0,则Q0.0为"0"状态,电动机停车,这就是电动机的点动控制。

图5-2 触点与线圈指令

【例5-2】 电动机的长动控制。

长动控制又称为自保、起保停、自锁控制,就是电动机起动后线圈持续有电,通过绕圈对应的触点保持通路的状态,该电路在梯形图中的应用很广。

图5-3所示为电动机自锁控制电路的经典梯形图。该电路主要的特点是具有"记忆"功能,按下起动按钮,I0.0的动合触点接通,Q0.0线圈"通电",它的动合触点同时接通。放开起动按钮,I0.0的动合触点断开,能流经Q0.0的动合触点和I0.2的动断触点流过Q0.0的线圈,Q0.0仍为ON,这就是所谓的"自锁"或"自保持"功能。按下停止按钮,I0.2的动断触点断开,使Q0.0的线圈"断电",其动合触点断开,以后即使放开停止按钮,I0.2的动断触点恢复接通状态,Q0.0的线圈仍然"断电"。

教学视频:电动机的点动、长动和正反转控制

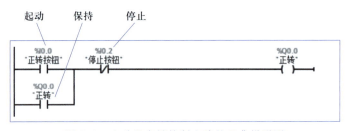

图5-3 电动机自锁控制电路的经典梯形图

如果起动按钮与停止按钮同时按下,电路不起动,这种状态称为停止优先。

起保停电路经常用来记忆一个状态,起动一个过程,需要时再消除记忆(复位)。

(三)置位输出指令与复位输出指令

S(Set,置位输出)指令将指定的位操作数置位(状态变为"1"并保持)。R(Reset,复位输出)指令将指定的位操作数复位(状态变为"0"并保持)。如果同一操作数的S线圈和R线圈同时断电,则指定操作数的信号状态保持不变;如果同时得电,复位优先。

置位输出指令与复位输出指令最主要的特点是有记忆和保持功能。如图5-4所示,按

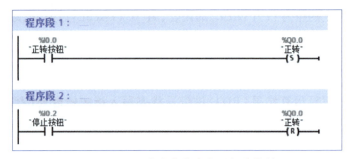

图5-4 用置位复位指令实现长动控制

下正转按钮 I0.0,Q0.0 变为"1"并保持该状态,即使 I0.0 的动合触点断开,Q0.0 也仍然保持"1"。按下停止按钮 I0.2,Q0.0 变为"0"并保持该状态,这是长动控制的另一种实现方案。

在同一程序中,对存储器的线圈指令和置位、复位输出指令,不要混用。

(四) 置位位域指令与复位位域指令

置位位域指令 SET_BF 将指定地址开始的连续若干个位地址置位(变为"1"并保持)。按下图 5-5 所示程序段 1 的正转按钮 I0.0(从"0"变为"1"所在的扫描周期内),从 Q0.0 开始的 1 个连续的位被置位为"1"并保持该状态不变,电动机正转起动。

复位位域指令 RESET_BF 将指定地址开始的连续若干个位地址复位(变为"0"并保持)。按下图 5-5 所示程序段 2 的停止按钮 I0.2,从 Q0.0 开始的 2 个连续位被复位为"0"并保持该状态不变,即电动机停止。

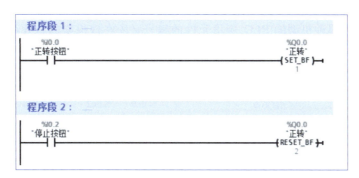

教学视频:
置位位域指令与复位位域指令的应用

图 5-5 置位位域指令和复位位域指令

(五) RLO 取反指令

RLO(Result of Lagic Operation)是逻辑运算结果的简称,图 5-6 中间有"NOT"的触点为 RLO 取反触点,它用来转换能流输入的逻辑状态。如果没有能流流入 RLO 取反触点,则有能流流出。如果有能流流入 RLO 取反触点,则没有能流流出。

图 5-6 RLO 取反指令

(六) 梯形图编程规则

PLC 按照其特有的循环扫描方式,执行存储器中的用户程序,因此在梯形图编程时,首先要保证指令顺序的正确性,同时还应遵守一些规则,以提高程序效率。

(1) 梯形图编程遵循从上到下、从左到右,左重右轻、上重下轻的规则。每个逻辑行起于左逻辑母线,止于线圈或一个特殊功能指令(有的 PLC 止于右逻辑母线)。有串联电路相并联时,应将串联触点多的支路安排在上方,归纳为"上重下轻"的原则,如图 5-7 所示。有并联电路相串联时,应将并联触点多的支路安排在左方,归纳为"左重右轻"的原则,如图 5-8 所示。

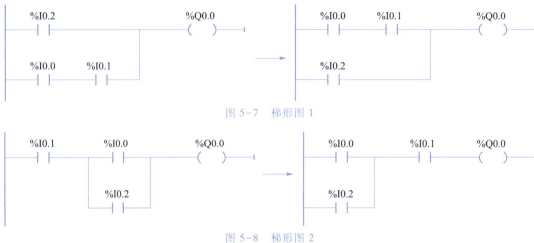

图 5-7　梯形图 1

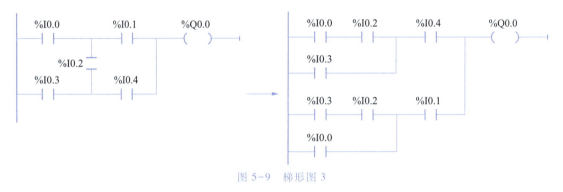

图 5-8　梯形图 2

（2）无论选用哪种机型的 PLC，所用元件的编号必须在该机型的有效范围内。

（3）对于不可编程的梯形图如桥式电路，必须经过等效变换，变成可编程梯形图，如图 5-9 所示。

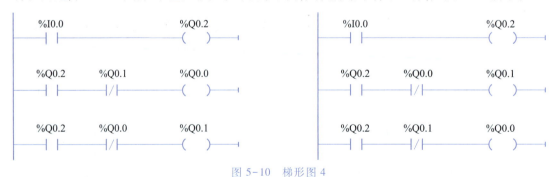

图 5-9　梯形图 3

（4）编程顺序不容忽视。PLC 梯形图与继电接触器控制电路有很多相似之处，但 PLC 的运行方式与继电接触器控制电路却完全不相同。继电接触器控制电路是并行工作方式，电源一接通，并联支路都有相同电压；而 PLC 是串行工作方式，即按照从上而下、从左到右的顺序执行。因此，在 PLC 的编程中应注意程序的顺序不同，其执行结果将不一样，如图 5-10 所示。

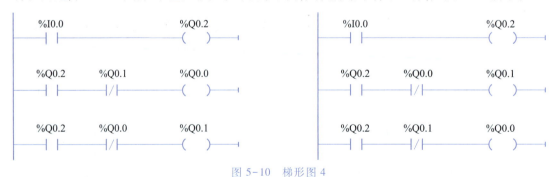

图 5-10　梯形图 4

（5）在梯形图中，触点可以用于串联电路，也可以用于并联电路，使用次数不受限制。因为执行触点对应的指令时，只是读出编程元件对应的映像寄存器中的值，再进行逻辑运算,而读映像寄存器的操作次数是没有限制的,所以在梯形图中,使用同一元件的触点的次数是没有限制的。

（6）在梯形图中同一线圈只能出现一次。如果在程序中,同一元件的线圈使用了两次或多次,称为"双线圈输出"。对于"双线圈输出",有些 PLC 将其视为语法错误,有些 PLC 则将前面的输出视为无效,只有最后一次输出有效,如图 5-11 所示,而有些 PLC 在含有跳转指令或步进指令的梯形图中允许双线圈输出。

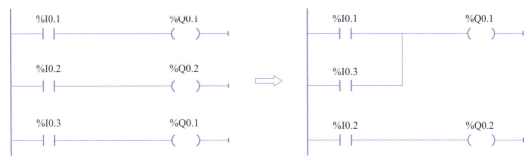

图 5-11   双线圈输出不可用

五、工作过程

（一）信息收集

1. 引导题（可通过网络查询）

描述小区门禁起落杆的控制。

_____

_____

2. 任务分析

（1）S7-1200 PLC 中的线圈与接触器的线圈有何异同？

_____

_____

（2）结合生活实际,谈一谈置位、复位的含义。

_____

_____

3. 基础工作分析

基础工作 1：填表 5-3 说明 S7-1200 PLC 的指令分类及简明作用。

表 5-3   S7-1200 PLC 的指令分类及简明作用

指令分类	简明作用

续表

指令分类	简明作用

基础工作 2：说明位逻辑指令有哪几个？

基础工作 3：如何避免双线圈？

图 5-12 所示梯形图程序中，按下 I0.4 所对应的按钮，观察 Q0.2 和 Q0.3 对应指示灯的变化；按下 I0.5 所对应的按钮，观察 Q0.3 和 Q0.4 对应指示灯的变化。

图 5-12 梯形图程序

仅按下 I0.4 所对应的按钮时，Q0.3 的指示灯为什么不亮？如何改进程序？

（二）计划制订

1. 工作方式

工作方式：小组工作。

小组人数：4~5 人/组。

2. 设备器材

PLC 综合实训平台 1 台（含 S7-1200 PLC 1 台、基本实验模块和连接线）、安装博途软件的计算机 1 台、万用表 1 块。

3. 工作计划

根据本任务的要求，探讨解决方案，小组成员进行分工，明确每个人在任务实施过程中主要负责的任务，并填入表 5-4 中。

表 5-4　工作计划表

序号	工作步骤	人员分工	完成情况	工作时间	
				计划	实际
1					
2					
3					
4					
5					

（三）任务实施

1. PLC 的选型

根据控制要求,系统有正转起动按钮,反转起动按钮,停止按钮,左、右限位行程开关 5 个输入,均为开关量;有 2 个输出信号,正转接触器为 KM1 和反转接触器 KM2。所以控制系统可选用 CPU1214C AC/DC/Rly,I/O 点数为 24 点,满足控制要求,而且还有一定的余量。

2. 分配 I/O

工作台自动往返控制电路的 I/O 点分配见表 5-5。

表 5-5　工作台自动往返控制电路的 I/O 点分配表

类别	名称	I/O 地址	功能(可变)
输入	SB1	I0.0	正转按钮
	SB2	I0.1	反转按钮
	SB3	I0.2	停止按钮
	SQ1	I0.4	左限位行程开关
	SQ2	I0.5	右限位行程开关
输出	KM1	Q0.0	电动机正转
	KM2	Q0.1	电动机反转

3. 系统接线

（1）工具检查表

正确选择项目中使用的工具,在使用过程中注意维护与保养。请在使用前对工具状态进行检查并填写表 5-6,若有破损工具及时沟通实训指导教师进行更换。

表 5-6　工具检查表

序号	名称	工具状态是否良好	损坏情况(没有损坏则不填写)
1	剥线钳	是○　否○	
2	针形端子压线钳	是○　否○	
3	斜口钳	是○　否○	
4	十字螺钉旋具	是○　否○	
5	一字螺钉旋具	是○　否○	
6	万用表	是○　否○	
7	验电笔	是○　否○	

续表

序号	名称	工具状态是否良好	损坏情况（没有损坏则不填写）
8	钢丝钳	是○　否○	
9	断线钳	是○　否○	
10	尖嘴钳	是○　否○	
11	电工刀	是○　否○	
12	手工锯	是○　否○	

注：检查工具的绝缘材料是否破损，工具的刃口是否损坏，验电笔是否能正常检测，手工锯的锯条是否完好、方向是否正确，工具上面是否有油污，万用表的电量是否充足、功能是否正常等

（2）装配系统

三相异步电动机控制工作台自动往返运动的主电路电气原理图如图 5-13 所示，其 PLC 控制电路电气原理图如图 5-14 所示，按图进行装配接线。用万用表电阻挡检查线圈及各触点是否良好；用手按动主触点，检查运动部分是否灵活，以防产生接触不良、振动和噪声。

电动机在正、反转切换时，因主电路电流过大或接触器质量不好，易发生接触器主触点被电弧熔焊而黏结，导致其线圈断电后主触点仍然接通，这时如果另一接触器线圈通电，将造成三相电源短路事故。为了防止这种情况的出现，应在 PLC 的外部设置由 KM1 和 KM2 的动断触点组成的硬件互锁电路，假设 KM1 的主触点被电弧熔焊，这时其辅助动断触点处于断开状态，因此 KM2 线圈不可能得电。

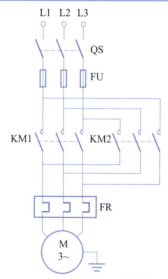

图 5-13　工作台自动往返主电路电气原理图

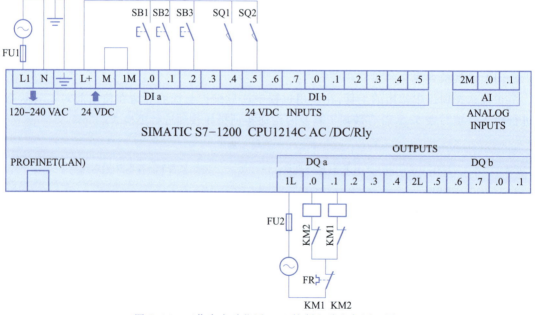

图 5-14　工作台自动往返 PLC 控制电路电气原理图

4. 输入工作台自动往返程序

方法1:使用触点与线圈指令。

工作台自动往返程序一如图5-15所示。

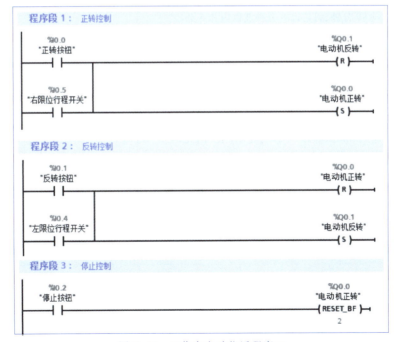

图5-15　工作台自动往返程序一

方法2:使用置位、复位输出指令和复位位域指令。

工作台自动往返程序二如图5-16所示。

图5-16　工作台自动往返程序二

5. 下载调试

连接好网络,下载程序,操作在线监控,观察电动机是否达到控制要求。调试中如果PLC 的 CPU 状态指示灯报警,应分析原因,排除故障后再继续运行程序。

（四）任务评价

在规定的时间内完成任务,各组进行自我评价并展示,根据评分标准各组之间进行检查,评分标准见表5-7。

表5-7　评分标准

序号	项目内容	考核要求	评分细则	配分	扣分	得分
1	系统接线	能够画出系统电气原理图	接线错误,每处扣5分	20		
2	编写程序	正确编写程序	程序错误,每处扣5分 不使用置位/复位指令,扣5分	30		
3	操作调试	熟练操作,顺利调试,排除故障	（1）操作错误扣10分 （2）画错信号点,每点扣5分 （3）解释信号功能,思路不清楚,每个点扣5分	20		
4	故障检修计划	编写简明故障检修计划,思路正确	遗漏重要步骤,扣5分	20		
5	8S 规范	整理、整顿、清扫、清洁、素养、安全、节约、学习	（1）没有穿戴防护用品,扣4分 （2）乱摆放工具,乱丢杂物,完成任务后不清理工位,扣2~5分 （3）违规操作,扣5~10分 （4）成员不积极参与,扣5分	10		
定额时间	90分钟,每超过5分钟及以内扣5分					
开始时间		结束时间		总分		

指导教师签字

年　　月　　日

（五）任务总结

本任务完成后,请认真填写任务总结报告,见表5-8。

表5-8　任务总结报告

任务名称		小组成员	
工作时间		完成时间	
工作地点		检验人员	
任务实施过程修正记录			
原定计划（简要说明自己所承担的任务及实施的方法、步骤）：		实际实施：	

学习的知识点、技能点	
知识点：	技能点：

疑惑点与解决方法	
疑惑点：	解决方法：

工作缺陷与整改方案	
工作缺陷：	整改方案：

任务感悟

任务二　故障信号显示控制

一、任务目标

【知识目标】

1. 掌握边沿类指令的格式及用法。
2. 熟悉故障信号显示的 PLC 控制。
3. 熟悉单按钮起停控制。

【能力目标】

能采用经验编程法进行简单的控制系统设计。

【素养目标】

1. 具备较强的分析和解决问题的独立工作能力。
2. 养成严谨、求实的科学工作作风。

二、任务描述

设计故障信号显示电路,从故障信号的上升沿开始,故障指示灯以 1 Hz 的频率闪烁。操作人员按复位按钮后,如果故障已经消失,则指示灯熄灭;如果没有消失,则指示灯转为常亮,直至故障消失。

三、工作任务

工作任务清单见表 5-9。

表5-9　工作任务清单

任务内容	任务要求	验收方式
边沿指令	边沿指令的格式及作用	自评、互评、师评
设计故障信号显示	能够明确控制工艺、模拟调试	自评、互评、师评
单按钮起停	能够设计单按钮起停	自评、互评、师评
经验法编程	掌握简单的经验法编程	自评、互评、师评

四、相关知识

(一) 扫描操作数信号边沿指令

图5-17所示程序段1中,中间有P的触点指令为"扫描操作数的信号上升沿",如果该触点上面的输入信号I0.0由"0"变为"1"(即输入信号I0.0的上升沿),则该触点接通一个扫描周期。边沿检测触点不能放在电路结束处。

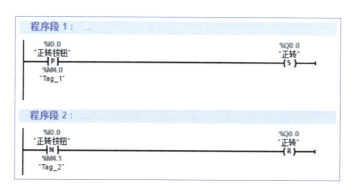

图5-17　用边沿指令实现点动控制

P触点下面的M4.0为边沿存储位,用来存储上一次扫描循环时I0.0的状态。通过比较I0.0的当前状态和上一次循环的状态,来检测信号的边沿。边沿存储位的地址只能在程序中使用一次,它的状态不能在其他地方被改写。只能用M、DB和FB的静态局部变量(Static)来作边沿存储位,不能用块的临时局部数据或I/O变量来作边沿存储位。

图5-17所示程序段2中,中间有N的触点指令的名称为"扫描操作数的信号下降沿",如果该触点上面的输入信号I0.0由"1"变为"0"(即I0.0的下降沿),触点接通一个扫描周期,该触点下面的M4.1为边沿存储位。该程序具有点动功能。

(二) 在信号边沿置位操作数指令

图5-18中间有P的线圈是"在信号上升沿置位操作数"指令,仅在流进该线圈的能流的上升沿(线圈由断电变为通电),该指令的输出位M4.1为"1",其他情况下M4.1均为"0",M4.2为保存P线圈输入端的RLO的边沿存储位。

图5-18中间有N的线圈是"在信号下降沿置位操作数"指令,仅在流进该线圈的能流的下降沿(线圈由通电变为断电),该指令的输出位M4.3为"1"状态,其他情况下M4.3均为"0",M4.4为边沿存储位。

```
  %I0.0        %M4.1              %M4.3            %M4.5
──┤├──      ──( P )──          ──( N )──        ──(   )──
              %M4.2              %M4.4

  %M4.1                                           %Q0.0
──┤├──                                          ──( S )──

  %M4.3                                           %Q0.0
──┤├──                                          ──( R )──
```

图 5-18　在信号边沿置位操作数指令

上述两条线圈格式的指令不会影响逻辑运算结果 RLO,它们对能流是畅通无阻的,其输入端的逻辑运算结果被立即送给它的输出端。这两条指令可以放置在程序段的中间或程序段的最右边。

在运行时用外接的开关使 I0.0 变为"1",I0.0 的动合触点闭合,能流经 P 线圈和 N 线圈流过 M4.5 的线圈。在 I0.0 的上升沿,M4.1 的动合触点闭合一个扫描周期,使 Q0.0 置位。在 I0.0 的下降沿,M4.3 的动合触点闭合一个扫描周期,使 Q0.0 复位,具有点动功能。

（三）扫描 RLO 的信号边沿指令

如图 5-19 所示,在流进"扫描 RLO 的信号上升沿"指令(P_TRIG 指令)的 CLK 输入端的能流的上升沿,Q 端输出脉冲宽度为一个扫描周期的能流,使 Q0.0 置位。在流进"扫描 RLO 的信号下降沿"指令(N_TRIG 指令)的 CLK 输入端的能流的下降沿,Q 端输出脉冲宽度为一个扫描周期的能流,使 Q0.0 复位,程序具有点动功能。PTRIG 指令与 N_TRIG 指令不能放在电路的开始处和结束处。

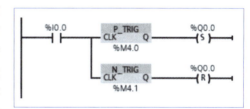

图 5-19　扫描 RLO 的信号边沿指令

（四）检测信号边沿指令

图 5-20 中的 R_TRIG 指令是"检测信号上升沿"指令,F_TRIG 指令是"检测信号下降沿"指令。它们是函数块,在调用时应为它们指定背景数据块。这两条指令将输入 CLK 的当前状态与背景数据块中的边沿存储位保存的上一个扫描周期的 CLK 的状态进行比较。如果指令检测到 CLK 的上升沿或下降沿,将会通过 Q 端输出一个扫描周期的脉冲,该程序也具有点动功能。

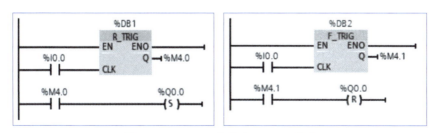

图 5-20　R_TRIG 指令和 F_TRIG 指令

（五）单按钮控制电动机起停

在很多设备中,一个按钮在不同的状态下,具有不同的作用。利用软件定义按钮的作用,可简化硬件结构,提高自动化程度。该控制中,开始时电动机在停止状态,按钮的作用是起动;而电动机运行后,按钮的作用是停止。单按钮控制的实际意义是少用一个按钮,节省了输入接口。

图 5-21 中,当 I0.0 第一次接通时,M10.0 接通一个扫描周期,使得 Q0.0 线圈得电一个扫描周期,当下一次扫描周期到达,Q0.0 动合触点闭合自锁,电动机起动运行。

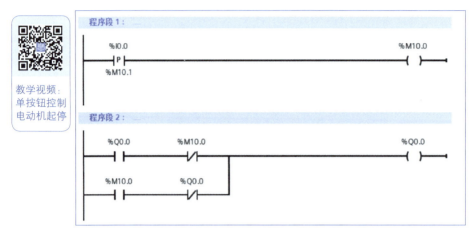

图 5-21　单按钮控制程序 1

当 I0.0 第二次接通时,M10.0 线圈得电一个扫描周期,使得 M10.0 动断触点断开,电动机停车。

图 5-22 所示为用起保停法设计的单按钮控制程序。当 I0.0 第一次合上时,Q0.0 线圈得电,Q0.0 动合触点闭合自锁,电动机起动运行。

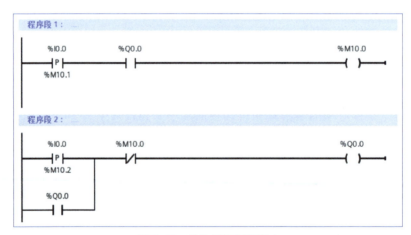

图 5-22　单按钮控制程序 2

当 I0.0 第二次合上时,M10.0 线圈得电一个扫描周期,使得 M10.0 动断触点断开,电动机停车。

【例 5-3】　单个按钮控制两台电动机的交替运行与停车。

两台电动机交替运行是指电动机 M1 运行一定时间自动停车后,电动机 M2 开始工作,当电动机 M2 运行一定时间自动停车后,电动机 M1 再次起动运行,如此反复循环,实现两台电动机的自动交替运行。

解：程序如图5-23所示，当I0.0第一次合上时，M2.2接通一个扫描周期，M2.2的动合触点断开，输出线圈Q0.1置位并保持，M1运行；Q0.1的动断触点断开，M2.3线圈不得电，使得输出线圈Q0.2复位并保持，M2停车。

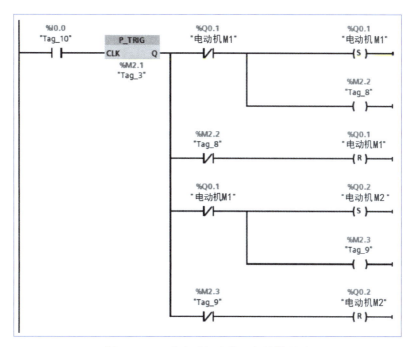

图5-23　两台电动机交替运行的梯形图

当I0.0第二次合上时，M2.2线圈不得电，使得输出线圈Q0.1复位并保持，M1停车；Q0.1的动断触点接通，M2.3接通一个扫描周期，M2.3的动断触点断开，Q0.2通电，使输出线圈Q0.2置位并保持，M2运行。

（六）经验法编程

PLC使用了与继电接触器电路图极为相似的梯形图语言。如果用PLC改造继电接触器控制系统，根据继电接触器电路图来设计梯形图是一条捷径。这是因为原有的继电接触器控制系统经过长期使用和考验，已经被证明能完成系统要求的控制功能，而继电接触器电路图又与梯形图有很多相似之处，借鉴原继电接触器电路图，即用PLC的外部硬件接线和梯形图程序来实现继电接触器系统的功能。

这种设计方法一般不需要改动控制面板，保持了系统原有的外部特性，操作人员不用改变长期形成的操作习惯，设计周期短，修改调试程序简易方便。

（七）故障及报警

故障是指产品或设备不能执行规定功能，而造成设备损坏、影响生产、产品质量下降的状态。一旦故障产生，控制系统应进行报警提示，尽快消除故障，恢复生产。

工业自动化控制中的报警系统，是保障生产安全的第一道屏障。具体的报警项有很多，如位置、有害气体、液体、温度、水位、时间等，所用报警输出器有声、光等。大型的集散控制系统（DCS）都有完善的报警软件包，只要组态就能使用。但对于一些小的控制系统中，往往没有报警功能,就需要自己设计程序来实现。

故障显示最简单的是指示灯,还有文本提示、故障码等。

五、工作过程

(一)信息收集

1. 引导题(可通过网络查询)

描述一下生活各类电器故障现象(计算机故障、手机故障、电梯故障等)。

_____

_____

2. 任务分析

(1) S7-1200 PLC 中时钟存储器的作用是什么?

_____

_____

(2) 结合生活实际,谈一谈单按钮起停现象(如洗衣机起停、电风扇起停)。

_____

_____

3. 基础工作分析

基础工作 1:分析 S7-1200 PLC 边沿指令的工作过程。

_____

_____

基础工作 2:说明单按钮起停的过程。

_____

_____

基础工作 3:如何设置 S7-1200 PLC 的时钟存储器?

_____

_____

(二)计划制订

1. 工作方式

工作方式:小组工作。

小组人数:4~5 人/组。

2. 设备器材

PLC 综合实训平台 1 台(含 S7-1200 系列 PLC 1 台、基本实验模块和连接线)、安装博途软件的计算机 1 台、万用表 1 块。

3. 工作计划

根据本任务的要求,探讨解决方案,小组成员进行分工,明确每个人在任务实施过程中主要负责的任务,并填入表 5-10 中。

表 5-10 工作计划表

序号	工作步骤	人员分工	完成情况	工作时间	
				计划	实际
1					
2					
3					
4					
5					

(三)任务实施

1. 分配 I/O

根据控制要求,需要 2 个输入点、1 个输出点,I/O 地址分配见表 5-11。

表 5-11 故障显示电路 I/O 地址分配表

类别	名称	I/O 地址	功能
输入	SB1	I0.0	故障信号
	SB2	I0.1	复位按钮
输出	HL	Q0.0	故障指示灯

2. 系统接线

(1)工具检查表。正确选择项目中使用的工具,在使用过程中注意维护与保养。在使用前对工具状态进行检查并填写表 5-12,若有破损工具及时与实训指导教师沟通,并进行更换。

表 5-12 工具检查表

序号	名称	工具状态是否良好	损坏情况(没有损坏则不填写)
1	剥线钳	是○ 否○	
2	针形端子压线钳	是○ 否○	
3	斜口钳	是○ 否○	
4	十字螺钉旋具	是○ 否○	
5	一字螺钉旋具	是○ 否○	
6	万用表	是○ 否○	
7	验电笔	是○ 否○	
8	钢丝钳	是○ 否○	

续表

序号	名称	工具状态是否良好	损坏情况（没有损坏则不填写）
9	断线钳	是○　否○	
10	尖嘴钳	是○　否○	
11	电工刀	是○　否○	
12	手工锯	是○　否○	

注：检查工具的绝缘材料是否破损，工具的刃口是否损坏，验电笔是否能正常检测，手工锯的锯条是否完好、方向是否正确，工具上面是否有油污，万用表的电量是否充足、功能是否正常等

（2）装配系统。故障显示 PLC 控制电路电气原理图如图 5-24 所示，按图进行装配接线。

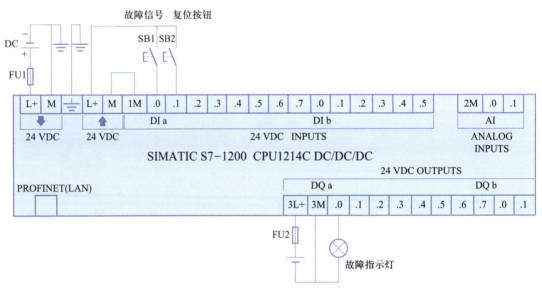

图 5-24　故障显示 PLC 控制电路电气原理图

3. 设置时钟存储器

双击项目树 PLC 文件夹中的"设备组态"，打开该 PLC 的设备视图。选中 CPU 后，再选中下面的巡视窗口的"属性"→"常规"→"系统和时钟存储器"，可以选中"启用时钟存储器字节"复选框（默认地址为 MB0），并设置它们的地址值。

时钟存储器的各位在一个周期内为 FALSE 和为 TRUE 的时间各为 50%，时钟存储器字节各位的周期和频率见表 5-13。CPU 在扫描循环开始时初始化这些位。

表 5-13　时钟存储器字节各位的周期与频率

位	7	6	5	4	3	2	1	0
周期/s	2	1.6	1	0.8	0.5	0.4	0.2	0.1
频率/Hz	0.5	0.625	1	1.25	2	2.5	5	10

M0.5 的时钟脉冲周期为 1 s,可以用它的触点来控制指示灯,指示灯将以 1 Hz 的频率闪动,亮 0.5 s,熄灭 0.5 s。

4. 输入故障显示电路程序

故障显示电路时序图和梯形图如图 5-25 所示。

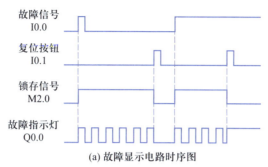

(a) 故障显示电路时序图

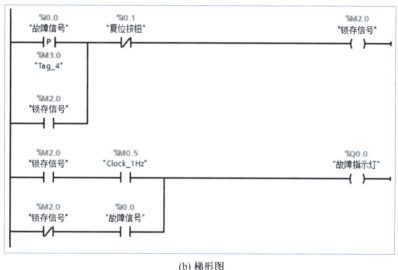

(b) 梯形图

图 5-25　故障显示电路时序图和梯形图

故障信号 I0.0 的上升沿检测作为起保停电路的起动电路,使 M2.0 为"1"状态并保持。指示灯的闪烁用时钟存储器位 M0.5 来实现。M2.0 和 M0.5 的动合触点组成的串联电路使 Q0.0 控制的指示灯以 1 Hz 的频率闪烁。按下复位按钮 I0.1,锁存信号 M2.0 被复位为"0"状态。如果故障已经消失,指示灯熄灭;如果没有消失,M2.0 的动断触点与 I0.0 的动合触点组成的串联电路使指示灯转为常亮。

5. 下载调试

连接好网络,下载程序,操作在线监控,观察指示灯是否达到控制要求。调试中如果 PLC 的 CPU 状态指示灯报警,应分析原因,排除故障后再继续运行程序。

(四) 任务评价

在规定的时间内完成任务,各组进行自我评价并展示,根据评分标准各组之间进行检查,评分标准见表 5-14。

表 5-14　评 分 标 准

序号	项目内容	考核要求	评分细则	配分	扣分	得分
1	系统接线	能够画出系统电气原理图	接线错误,每处扣5分	20		
2	编写程序	正确编写程序	程序错误,每处扣5分 不使用时钟存储器,扣5分	30		
3	操作调试	熟练操作,顺利调试,排除故障	(1) 操作错误扣10分 (2) 画错信号点,每点扣5分 (3) 解释信号功能,思路不清楚,每点扣5分	20		
4	故障检修计划	编写简明故障检修计划,思路正确	遗漏重要步骤,扣5分	20		
5	8S规范	整理、整顿、清扫、清洁、素养、安全、节约、学习	(1) 没有穿戴防护用品,扣4分 (2) 乱摆放工具,乱丢杂物,完成任务后不清理工位,扣2~5分 (3) 违规操作,扣5~10分 (4) 成员不积极参与,扣5分	10		
定额时间		90分钟,每超过5分钟及以内扣5分				
开始时间			结束时间		总分	

指导教师签字

年　　　月　　　日

（五）任务总结

本任务完成后,认真填写任务总结报告,见表 5-15。

表 5-15　任务总结报告

任务名称		小组成员	
工作时间		完成时间	
工作地点		检验人员	

任务实施过程修正记录

原定计划(简要说明自己所承担的任务及实施的方法、步骤):	实际实施:

学习的知识点、技能点

知识点:	技能点:

续表

疑惑点与解决方法	
疑惑点：	解决方法：
工作缺陷与整改方案	
工作缺陷：	整改方案：
任务感悟	

【项目小结】

本项目主要学习了 S7-1200 系列 PLC 的基本位指令及其应用。通过学习,应掌握 PLC 控制系统设计步骤。

(1)工艺流程分析:根据 PLC 控制对象的工作情况及控制要求进行分析。

(2)分配 I/O:把所有的按钮、限位开关、接触器、指示灯等按照输入、输出分类;确定 PLC 的 I/O 点数,选择 PLC 机型;按顺序分配 I/O 地址,列出地址分配表;绘制 PLC 控制系统电气原理图,即 I/O 端子接线图。每一个输入信号占用一个输入地址,每一个输出地址驱动一个外部负载。

(3)编写程序:一般先脱机编写,这是编程的核心内容。

(4)下载与调试程序:编好的程序下载到 PLC,先进行模拟调试,再进行现场联机调试;先进行局部、分段调试,再进行整体、系统调试。

(5)调试过程结束,整理技术资料,投入使用。

【思考与练习题】

1. 楼梯走廊里,在楼上、楼下各安装一个开关来控制一盏照明灯,试设计 PLC 控制电路图和梯形图。

2. 用三个开关 S1、S2、S3 控制一个照明灯 EL,任何一个开关都可以控制照明灯的亮灭。

3. 设计一个四人抢答器。要求:主持人控制抢答过程,当主持人按下开始按钮,开始指示灯亮,选手才能抢答。主持人按下开始抢答按钮后,首先按下抢答按钮者,其指示灯亮,其余选手再按下抢答按钮无效,指示灯不亮;主持人未按下开始抢答按钮时,按下抢答按钮者,其指示灯闪,被判犯规。一轮抢答结束,主持人按复位按钮,复位所有选手抢答器。

4. 电动机在起动和停止前均要求发出警示,试设计梯形图程序。

5. 两个指示灯轮流闪烁 1 s;停止时,一起停止闪烁。

项目六

定时器／计数器指令的编程与调试

一、项目描述

如图 6-1 所示,在食品、饮料、药品、化工、建筑等
生产中,多种物料(液体、粉末、颗粒)经过配料供给系
统,按照一定的比例进入容器(如反应釜),需进行反
复搅拌,以达到混合均匀的目的,混合时间需要通过验
证确定。现需要用 PLC 模块控制,编写搅拌控制程
序,调试系统,实现搅拌功能。

二、任务分析

通过前期的学习,分析控制要求和控制对象,并需
要完成以下任务。

(1)工作环节分析,明确使用工具、时间分配和安
全工作内容。

(2)掌握定时器指令的分类及应用。

(3)掌握计数器指令的分类及应用。

(4)分析Y-△降压起动工艺,利用定时器编程控制。

(5)分析搅拌控制工艺,实现电动机计数循环正、反转控制。

(6)调试系统,排除故障,实现功能。

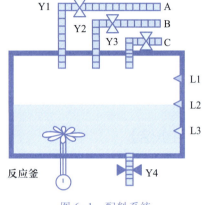

图 6-1 配料系统

三、工作提示

(一)能力目标

1. 专业能力

(1)掌握定时器指令的分类及应用。

(2)掌握计数器指令的分类及应用。

(3)会分析Y-△降压起动工艺,利用定时器编程控制。

(4)会分析搅拌控制工艺,实现电动机计数循环正反转控制。

(5)能够做好监控,排除出现的故障。

2. 核心能力

(1)能够正确掌握定时器、计数器指令。

(2)能够熟练使用定时器指令。

(3)能够熟练使用计数器指令。

(二)工作步骤

对于本项目涉及的每个任务,将按照信息收集、计划制订、任务实施、任务评价、任务总

结五个步骤进行。

任务一 丫-△降压起动控制

一、任务目标

【知识目标】

1. 掌握定时器的类型、定时器指令的格式及应用。
2. 熟悉时间控制程序的设计方法。
3. 熟悉振荡电路的工作过程。

【能力目标】

1. 能使用定时器指令编写电动机丫-△降压起动电路的控制程序。
2. 能熟练使用编程软件完成控制程序的编译。
3. 具备对 PLC 控制电路组装调试的能力。

【素养目标】

1. 具备较强的沟通能力及团队协作精神。
2. 具备质量意识、服务意识、环保意识等职业素养。

二、任务描述

三相异步电动机的丫-△降压起动过程是：合上开关 QS 后，按下起动按钮，电源接触器 KM 得电，丫形接触器 KM1 动作把电动机接成丫形降压起动。经 10 s 延时后，将丫形接触器 KM1 释放，△形接触器 KM2 动作，电动机绕组切换成△形联结，投入正常运行。

三、工作任务

工作任务清单见表 6-1。

表 6-1　工作任务清单

任务内容	任务要求	验收方式
定时器指令	掌握定时器指令构成及功能	自评、互评、师评
定时器线圈指令	掌握定时器线圈指令构成及功能	自评、互评、师评
设计振荡电路	能够设计多种振荡电路	自评、互评、师评
丫-△降压起动	丫-△降压起动	自评、互评、师评

四、相关知识

定时器指令属于函数块，调用时需要指定配套的背景数据块，定时器指令的数据保存在背景数据块中。打开指令列表窗口，将"定时器操作"文件夹中的定时器指令拖放到梯形图中适当的位置。在出现的"调用选项"对话框中（见图 6-2），可以修改默认的背景数据块的名称。定时器指令没有编号，但其背景数据块可以命名，来作定时器指令的名称。

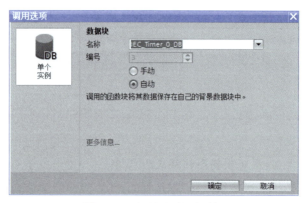

图6-2　"调用选项"对话框

定时器指令的输入 IN 为启动输入端,条件满足时开始定时,条件不满足时停止定时;PT(Preset Time)为预设时间值,ET(Elapsed Time)为当前时间值,它们的数据类型为 32 位的 Time,单位为 ms,最大定时时间为 T#24D_20H_31M_23S_647MS,D、H、M、S、MS 分别为日、小时、分、秒和毫秒;Q 为定时器指令的位输出,各参数均可以使用 I(仅用于输入参数)、Q、M、D、L 存储区,PT 可以使用常量,可以不给输出 Q 和 ET 指定地址。

(一)脉冲定时器指令

脉冲定时器指令用于将输出 Q 置位为 PT 预设的一段时间。用程序状态功能可以观察当前时间值的变化情况。在 IN 输入信号的上升沿启动该定时器指令,Q 输出变为"1",开始输出脉冲。定时开始后,当前时间 ET 从 0 ms 开始不断增大,达到 PT 预设的时间时,Q 输出变为"0"。如果 IN 输入信号为"1",则当前时间值保持不变;如果 IN 输入信号为"0",则当前时间变为 0 s。

IN 输入的脉冲宽度可以小于预设值,在脉冲输出期间,即使 IN 输入出现下降沿和上升沿,也不会影响脉冲的输出。图 6-3 中的 I0.0 为"1"时,Q0.0 得电,2 s 后失电,即得到 1 个 2 s 的脉冲。

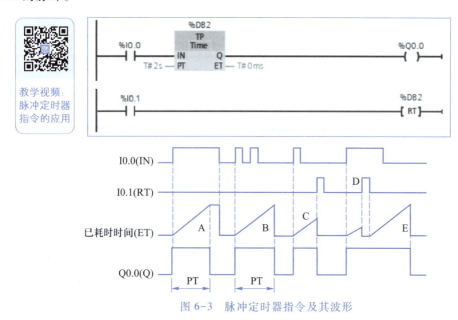

教学视频:
脉冲定时器
指令的应用

图6-3　脉冲定时器指令及其波形

（二）接通延时定时器指令

接通延时定时器（TON）指令用于将 Q 输出的置位操作延时 PT 指定的一段时间。IN 输入端的输入电路由断开变为接通时开始定时，定时时间大于等于预设时间 PT 指定的设定值时，输出 Q 变为"1"，当前时间值 ET 保持不变。

IN 输入端的电路断开时，定时器被复位，当前时间被清零，输出 Q 变为"0"。CPU 第一次扫描时，定时器输出 Q 被清零。如果 IN 输入信号在未达到 PT 设定的时间时变为"0"状态，输出 Q 保持"0"不变。

在图 6-4 中，I0.0 为"1"时，定时器开始计时，10 s 后，定时器使输出 Q 变为"1"，Q0.0 得电。若 I0.0 断开，定时器立即停止计时，Q0.0 失电。

图 6-4　接通延时定时器指令

【例 6-1】　非限位报警。

如图 6-5 所示，某传送带输送物料，当机械手把物料放到传送带上时，点 A 信号开关起动传送带开始前进，输送时间为 5 s，如果因机械、气动等硬件故障，物料在传送带运行中停止前进，要求报警。

解：故障在传送带中间发生时，因故障位置不能确定，所以不能设置限位开关报警。可在点 B

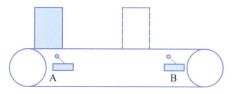

图 6-5　非限位报警示例

设置一信号开关，传送带运行后，启动定时器工作，如果在 5 s 内未停止定时器计时，表示物料未按时到达 B 点，即发生故障，启动报警输出。程序如图 6-6 所示。

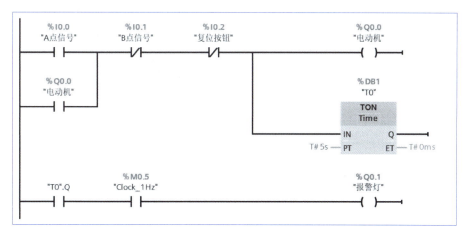

图 6-6　报警梯形图程序

（三）关断延时定时器指令

关断延时定时器（TOF）指令用于将输出 Q 延时 PT 指定的一段时间。其 IN 输入电路接通时,输出 Q 为"1",当前时间被清零。IN 输入电路由接通变为断开时开始定时,当前时间从 0 逐渐增大。当前时间等于预设值时,输出 Q 变为"0",当前时间保持不变,直到 IN 输入电路接通。关断延时定时器可以用于如果当前时间未达到 PT 预设的值,IN 输入信号就变为"1",当前时间被清零,输出 Q 将保持"1"不变。

图 6-7 中的 I0.0 为"1"状态时,Q0.0 得电。I0.0 为"0"状态时,定时器开始计时,过 3 s后,Q0.0 失电。

教学视频:
关断延时定
时器指令的
应用

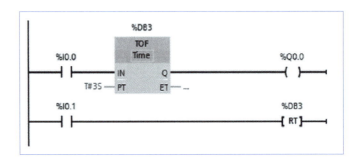

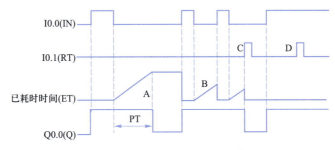

图 6-7　关断延时定时器指令及其波形

教学视频:
时间累加器
指令的应用

（四）时间累加器指令

时间累加器指令的 IN 输入电路接通时开始定时,输入电路断开时,累计的当前时间值保持不变。可以用 TONR 来累计输入电路接通的若干个时间段。图 6-8 中 I0.0 的累计接通时间（期间可以断开）大于等于预设值 10 s时,Q0.0 变为"1"。由于具有累计功能,即使 I0.0 为"0",当前值也能保持。

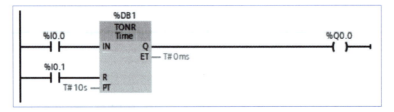

图 6-8　时间累加器指令

复位输入 R 为"1"时,TONR 被复位,其当前时间值变为 0,Q0.0 变为"0"。

（五）振荡电路(闪烁电路)

【例6-2】　设计一段程序,实现一盏灯灭 2 s、亮 3 s,其时序图如图 6-9 所示,不断循环。

图 6-9　振荡电路时序图

解:图 6-10 所示的程序运行后,定时器 T0 的 IN 输入信号为"1",开始延时。2 s 后定时时间到,Q0.0 通电,"T0". Q 接通,同时定时器 T1 开始定时。

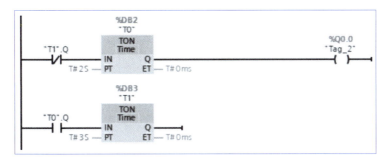

图 6-10　振荡电路 1

3 s 后定时器 T1 的定时时间到,使"T1". Q 的动断触点断开,定时器 T0 的 IN 输入电路断开,Q 的输出变为"0",使 Q0.0 和定时器 T1 的 Q 输出也变为"0",恢复初始状态,开始下一次振荡。这样 Q0.0 周期性地通电和断电,循环往复,形成振荡。Q0.0 线圈通电时间为 3 s,断电时间为 2 s。

图 6-11 的程序运行后,T0、T1 同时定时,Q0.0 的线圈通电,"T1". Q 动断触点断开;3 s 后定时器 T0 的定时时间到,Q0.0 的线圈断电,5 s 后定时器 T1 的定时时间到,"T1". Q 动断触点再次接通,T0、T1 重新启动,开始下一次振荡。

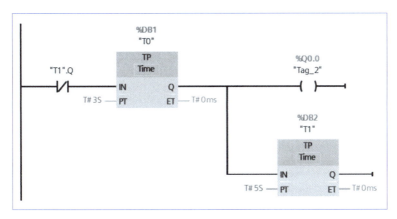

图 6-11　振荡电路 2

振荡电路实际上是一个有正反馈的电路,两个定时器的输出 Q 分别控制对方的 IN 输入电路,形成了正反馈。振荡电路的高、低电平时间分别由两个定时器的 PT 值确定。

CPU 的时钟存储器提供的时钟脉冲,占空比 50%,可以用来控制需要闪烁的指示灯,但周期、占空比不可调,特别是起振时刻不可知,无法同步,可用于要求不高的场所。而该振荡电路的周期、占空比、起振时刻皆可控,用于较精确控制的场所。

（六）定时器线圈指令

下面用一个例子来说明定时器线圈指令的使用。

【例6-3】　两条传送带顺序相连如图6-12所示，为了避免运送的物料在1号传送带上堆积，按下起动按钮I0.0,1号传送带先开始运行,8 s后2号传送带自动起动。停机的顺序与起动的顺序刚好相反,即按了停止按钮I0.1后,先停2号传送带,8 s后停1号传送带。PLC通过Q0.0和Q0.1控制1号传送带和2号传送带。

图6-12　传送带结构

解:传送带控制时序图如图6-13(a)所示,梯形图如图6-13(b)所示。程序中设置了一

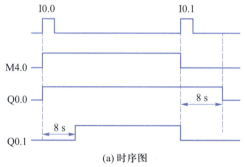

(a) 时序图

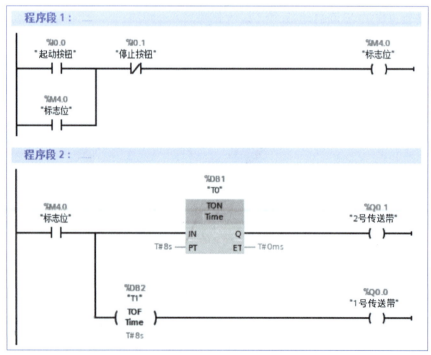

(b) 梯形图

图6-13　传送带控制的时序图和梯形图

个起保停电路,控制 M4.0,用它来控制接通延时定时器 T0,以及关断延时定时器 T1 的线圈。

中间标有 TOF 的线圈是定时器线圈指令,它的下面是时间预设值 T#8s。定时器线圈通电时启动,它的功能与对应的 TOF 指令相同。

系统起动后,M4.0 为"1";同时 T0、T1 输入端接通,接通延时定时器 T0 开始延时,关断延时定时器 T1 的输出立即接通,1 号传送带工作;8 s 后,T0 延时时间到,Q0.1 接通,2 号传送带工作,系统起动过程结束,转入正常工作状态。

按下停止按钮 I0.1,M4.0 断开,同时 T0、T1 输入端同时断开,T0 立即断开,2 号传送带停止;关断延时定时器 T1 开始延时,8 s 后,1 号传送带停止工作。

五、工作过程

(一) 信息收集

1. 引导题(可通过网络查询)

说明需要用时间控制的设备(如闹钟、电饭煲、电梯、车床等)。

_____

_____

2. 任务分析

(1) S7-1200 PLC 中的定时器指令有哪几种?

_____

_____

(2) 结合生活实际,谈一谈振荡的应用。

_____

_____

3. 基础工作分析

基础工作 1:填表 6-2 说明 S7-1200 PLC 的定时器指令的主要功能。

表 6-2　定时器指令的主要功能

指令	主要功能

基础工作 2:定时器指令有哪几个要素?

_____

_____

_____

基础工作 3：画出定时器指令的时序图。

_____

_____

_____

（二）计划制订

1. 工作方式

工作方式：小组工作。

小组人数：4~5 人/组。

2. 设备器材

PLC 综合实训平台 1 台（含 S7-1200 系列 PLC 1 台、基本实验模块和连接线）、安装博途软件的计算机 1 台、万用表 1 块。

3. 工作计划

根据本任务的要求，探讨解决方案，小组成员进行分工，明确每个人在任务实施过程中主要负责的任务，并填入表 6-3 中。

表 6-3 工作计划表

序号	工作步骤	人员分工	完成情况	工作时间	
				计划	实际
1					
2					
3					
4					
5					

（三）任务实施

1. 分配 I/O 地址

根据控制要求，需要 2 个输入点、3 个输出点，I/O 地址分配见表 6-4。

表 6-4 电动机丫-△降压起动 I/O 地址分配表

类别	名称	I/O 地址	功能
输入	SB1	I0.0	起动按钮
	SB2	I0.1	停止按钮
输出	KM	Q0.0	主电路接触器
	KM1	Q0.1	丫联结接触器
	KM2	Q0.2	△联结接触器

2. 系统接线

（1）工具检查表。正确选择项目中使用的工具，在使用过程中注意维护与保养。请在使用前对工具状态进行检查并填写表 6-5，若有破损工具及时与实训指导教师沟通，并进行更换。

表 6-5　工具检查表

序号	名称	工具状态是否良好	损坏情况（没有损坏则不填写）
1	剥线钳	是○　否○	
2	针形端子压线钳	是○　否○	
3	斜口钳	是○　否○	
4	十字螺钉旋具	是○　否○	
5	一字螺钉旋具	是○　否○	
6	万用表	是○　否○	
7	验电笔	是○　否○	
8	钢丝钳	是○　否○	
9	断线钳	是○　否○	
10	尖嘴钳	是○　否○	
11	电工刀	是○　否○	
12	手工锯	是○　否○	

注:检查工具的绝缘材料是否破损,工具的刃口是否损坏,验电笔是否能正常检测,手工锯的锯条是否完好、方向是否正确,工具上面是否有油污,万用表的电量是否充足、功能是否正常等

（2）装配系统。三相异步电动机Y-△降压起动PLC控制系统的主电路电气原理如图6-14所示,其PLC控制电路电气原理图如图6-15所示,按图进行装配接线。

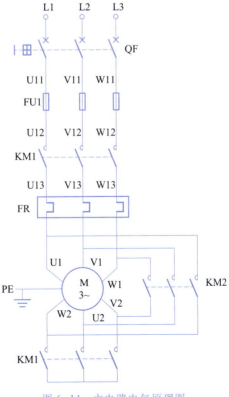

图 6-14　主电路电气原理图

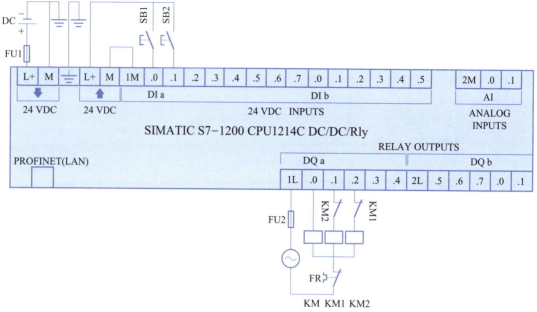

图 6-15　PLC 控制电路电气原理图

3. 输入丫-△降压起动控制程序

电动机丫-△降压起动梯形图程序如图 6-16 所示。

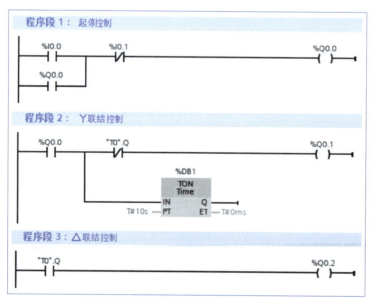

图 6-16　电动机丫-△降压起动梯形图程序

4. 下载调试

连接好网络,下载程序,操作在线监控,观察电动机是否达到控制要求。调试中如果 PLC 的 CPU 状态指示灯报警,应分析原因,排除故障后再继续运行程序。

(四) 任务评价

在规定的时间内完成任务,各组进行自我评价并展示,根据评分标准各组之间进行检查,评分标准见表6-6。

表6-6 评 分 标 准

序号	项目内容	考核要求	评分细则	配分	扣分	得分
1	系统接线	能够画出 PLC 控制系统电气原理图	接线错误,每处扣 5 分	20		
2	编写程序	正确编写程序	程序错误,每处扣 5 分	30		
3	操作调试	熟练操作,顺利调试,排除故障	(1) 操作错误,扣 10 分 (2) 画错信号点,每点扣 5 分 (3) 解释信号功能,思路不清楚,每点扣 5 分	20		
4	故障检修计划	编写简明故障检修计划,思路正确	遗漏重要步骤,扣 5 分	20		
5	8S 规范	整理、整顿、清扫、清洁、素养、安全、节约、学习	(1) 没有穿戴防护用品,扣 4 分 (2) 乱摆放工具,乱丢杂物,完成任务后不清理工位,扣 2~5 分 (3) 违规操作,扣 5~10 分 (4) 成员不积极参与,扣 5 分	10		
定额时间	90 分钟,每超过 5 分钟及以内扣 5 分					
开始时间		结束时间		总分		

指导教师签字

年 月 日

(五) 任务总结

本任务完成后,请认真填写任务总结报告,见表6-7。

表6-7 任务总结报告

任务名称		小组成员	
工作时间		完成时间	
工作地点		检验人员	

任务实施过程修正记录

原定计划(简要说明自己所承担的任务及实施的方法、步骤):	实际实施:

学习的知识点、技能点

知识点:	技能点:

疑惑点与解决方法	
疑惑点:	解决方法:
工作缺陷与整改方案	
工作缺陷:	整改方案:
任务感悟	

任务二　电动机计数循环正、反转控制

一、任务目标

【知识目标】

1. 计数器指令的格式及用法。

2. 电动机计数循环正、反转控制。

【能力目标】

1. 能使用计数器指令编写电动机循环正、反转控制程序。

2. 能根据 PLC 面板指示灯,借助博途软件、仪器仪表分析 PLC 控制系统的故障范围。

【素养目标】

1. 具备较强的分析问题、解决问题的能力。

2. 具备较强的观察能力和抽象思维能力。

二、任务描述

一种物料搅拌器,按下起动按钮后,电动机正转,正向搅拌物料 3 s 后,停 2 s;2 s 后电动机反转,反向搅拌物料 3 s 后,停 2 s;2 s 后电动机再次正转,循环往复;电动机正、反转搅拌 5 次后停止,搅拌结束;任何时候,按下停止按钮,电动机都会停止。

三、工作任务

工作任务清单见表6-8。

表 6-8　工作任务清单

任务内容	任务要求	验收方式
计数器指令	掌握计数器指令构成及种类	自评、互评、师评
循环正、反转控制	能够编写控制程序并调试成功	自评、互评、师评
面板指示灯	理解指示灯含义,并能排除故障	自评、互评、师评
物料搅拌工艺	熟悉物料搅拌工艺	自评、互评、师评

四、相关知识

(一)计数器指令的结构

S7-1200 PLC 有加计数器(CTU)、减计数器(CTD)和加减计数器(CTUD)3 种计数器指令,其最大计数频率受到 OB1 的扫描周期的限制。如果需要更高频率的计数器,那就是高速计数器。

计数器指令是函数块,调用它们时,需要生成保存计数器数据的背景数据块。

CU 和 CD 分别是加计数输入和减计数输入,在 CU 或 CD 由"0"变为"1"时,当前计数器值 CV 加 1 或减 1。PV 为预设计数值,Q 为 Bool 输出。R 为复位输入,CU、CD、R 和 Q 均为 Bool 变量。

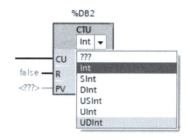

将指令列表的"计数器操作"文件夹中的 CTU 指令拖放到工作区,单击方框中 CTU 下面的 3 个问号,如图 6-17 所示,在下拉式列表中设置 PV 和 CV 的数据类型为 Int。各变量均可以使用 I(仅用于输入变量)、Q、M、D 和 L 存储区,PV 还可以使用常数。

图 6-17　设置计数器指令的数据类型

(二)加计数器指令

当接在加计数器指令输入端 R 的复位输入 I0.1 为"0"(见图 6-18),接在输入端 CU 的加计数脉冲输入电路由断开变为接通时,当前计数器值 CV 加 1,直到 CV 达到指定的数据类型的上限值。此后 CU 输入状态的变化,不再引起 CV 值的变化。

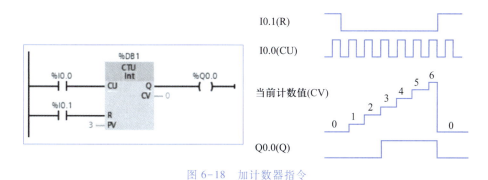

图 6-18　加计数器指令

当前计数器值 CV 大于或等于 PV 值 3 时,输出 Q 为"1",Q0.0 得电。

若复位输入 I0.1 为"1"时,计数器被复位,输出 Q 变为"0",CV 被清零。

（三）减计数器指令

图 6-19 中的减计数器指令的装载输入端 LD 的信号 I0.1 为"1"时,输出 Q 被复位为"0",并把预设计数值 PV 的值 3 装入 CV。LD 为"1"时,减计数输入 CD 不起作用。

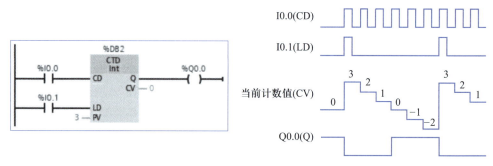

图 6-19　减计数器指令

LD 为"0"时,在减计数输入端 CD 的 I0.0 上升沿,当前计数器值 CV 减 1,直到 CV 达到指定的数据类型的下限值。此后 CD 输入信号的状态变化不再起作用,CV 的值不再减小。当前计数器值 CV 小于或等于 0 时,输出 Q 为"1",Q0.0 得电;反之 Q 为"0",Q0.0 失电。

（四）加减计数器指令

在加减计数器指令的加计数输入 CU 的上升沿,当前计数器值 CV 加 1,CV 达到指定的数据类型的上限值时不再增加。在减计数输入 CD 的上升沿,CV 减 1,CV 达到指定的数据类型的下限值时不再减小。加减计数器如图 6-20 所示。

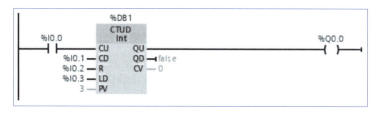

图 6-20　加减计数器指令

如果同时出现计数脉冲 CU 和 CD 的上升沿,CV 保持不变。CV 大于或等于预设计数值 PV 时,输出 QU 为"1";反之为"0"。CV 小于或等于 0 时,输出 QD 为"1";反之为"0"。

装载输入 LD 为"1"时,预设值 PV 被装入当前计数器值 CV,输出 QU 变为"1",QD 被复位为"0"。

复位输入 R 为"1"时,计数器被复位,CV 被清零,输出 QU 变为"0",QD 变为"1"。R 为"1"时,CU、CD 和 LD 不再起作用。

【例 6-4】　如图 6-21 所示,由电动机驱动传送带起停,I0.0 接传送带的起动按钮,I0.1 接传送带的停止按钮,产品检测器输出信号 PH 接到 I0.2 上,传送带电动机接输出 Q0.0,输出 Q0.1 控制机械手动作。当传送带开始运行,工件通过产品检测器检测到信号,每检测 5 个产品,机械手动作 1 次,机械手动作后,延时 2 s,机械手电磁铁断电,重新开始下一次计数。

教学视频:
计数器指令
的应用

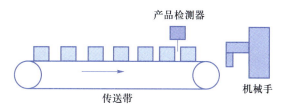

图 6-21　计数器应用举例

解：电动机起动后，P 指令产生宽度为一个扫描周期的正脉冲，使计数器和定时器复位。每检测到一个产品，I0.2 产生一个正脉冲，使计数器计一个数，计数器每计 5 个数，机械手动作一次。机械手动作后，延时 2 s，将机械手电磁铁断电，同时将计数器复位。计数器复位后，Q0.1 和定时器也复位。梯形图程序如图 6-22 所示。

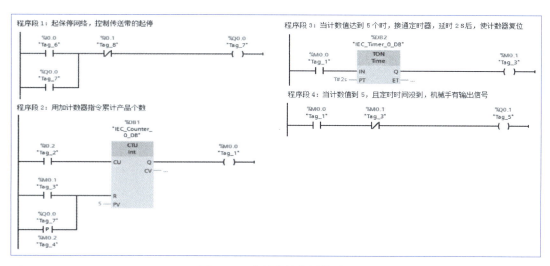

图 6-22　产品数量检测梯形图

（五）S7-1200 PLC 模块指示灯

1. 面板指示灯

S7-1200 PLC 有四类状态指示灯，用于表示 CPU 模块的运行状态。RUN/STOP 指示灯纯橙色表示 STOP 模式，纯绿色表示 RUN 模式，闪烁表示 CPU 正在启动；ERROR 状态指示灯，红色闪烁表示有错误，如 CPU 内部错误、存储卡错误或组态错误等，纯红色表示硬件出现故障，MAINT 状态指示灯在每次插入存储卡时闪烁；I/O 状态指示灯的点亮或熄灭，表示各种输入或输出的状态；两个网络通信指示灯表示 PROFINET 通信状态，打开底部端子块的盖板可以看到，LINK 指示灯点亮时，表示连接成功，XTX 指示灯点亮时，表示传输活动。

2. 诊断指示灯

各种数字量信号模块还提供了指示模块状态的诊断指示灯，绿色表示模块处于运行状态，红色表示模块有故障或处于非运行状态。各模拟量信号模块为各路模拟量输入和输出提供了 I/O 状态指示灯，绿色表示通道已组态且处于激活状态，红色表示个别模拟量输入或输出处于错误状态。

五、工作过程

(一) 信息收集

1. 引导题(可通过网络查询)

描述交通路口红绿灯的工作情况。

_____

_____

2. 任务分析

(1) S7-1200 PLC 的计数器指令有哪几种?

_____

_____

(2) S7-1200 PLC 面板指示灯有什么含义?

_____

_____

3. 基础工作分析

基础工作 1:填表 6-9 说明计数器指令的作用。

表 6-9　计数器指令的作用

指令	简明作用

基础工作 2:画出计数器指令的波形图。

_____

_____

基础工作 3:如何用定时器、计数器指令设计电动机的运行时间(显示时分秒)?

_____

_____

(二) 计划制订

1. 工作方式

工作方式:小组工作。

小组人数:4~5 人/组。

2. 设备器材

PLC综合实训平台1台(含S7-1200系列PLC 1台、基本实验模块和连接线)、安装博途软件的计算机1台、万用表1块。

3. 工作计划

根据本任务的要求,探讨解决方案,小组成员进行分工,明确每个人在任务实施过程中主要负责的任务,并填入表6-10中。

表6-10　工作计划表

序号	工作步骤	人员分工	完成情况	工作时间	
				计划	实际
1					
2					
3					
4					
5					

(三) 任务实施

1. 分配I/O地址

根据控制需要,设备需要2个输入、2个输出,I/O地址分配见表6-11。

表6-11　物料搅拌I/O地址分配表

类别	名称	I/O地址	功能
输入	SB1	I0.0	起动按钮
	SB2	I0.1	停止按钮
输出	KM1	Q0.0	正向搅拌
	KM2	Q0.1	反向搅拌

2. 系统接线

(1) 工具检查表

正确选择项目中使用的工具,在使用过程中注意维护与保养。在使用前对工具状态进行检查并填写表6-12,若有破损工具及时与实训指导教师沟通并进行更换。

表6-12　工具检查表

序号	名称	工具状态是否良好	损坏情况(没有损坏则不填写)
1	剥线钳	是○　否○	
2	针形端子压线钳	是○　否○	
3	斜口钳	是○　否○	

续表

序号	名称	工具状态是否良好	损坏情况（没有损坏则不填写）
4	十字螺钉旋具	是○　否○	
5	一字螺钉旋具	是○　否○	
6	万用表	是○　否○	
7	验电笔	是○　否○	
8	钢丝钳	是○　否○	
9	断线钳	是○　否○	
10	尖嘴钳	是○　否○	
11	电工刀	是○　否○	
12	手工锯	是○　否○	

注：检查工具的绝缘材料是否破损，工具的刃口是否损坏，验电笔是否能正常检测，手工锯的锯条是否完好、方向是否正确，工具上面是否有油污，万用表的电量是否充足、功能是否正常等

（2）装配系统。物料搅拌器 PLC 控制电路电气原理图如图 6-23 所示，按该图进行装配接线。

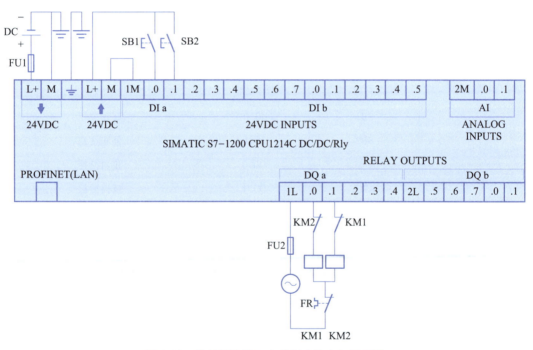

图 6-23　物料搅拌器 PLC 控制电路电气原理图

用万用表电阻挡检查线圈及各触点是否良好；用手按动主触点，检查运动是否灵活，以防产生接触不良、振动和噪声。

3. 输入物料搅拌器控制程序

物料搅拌器梯形图程序如图 6-24 所示。

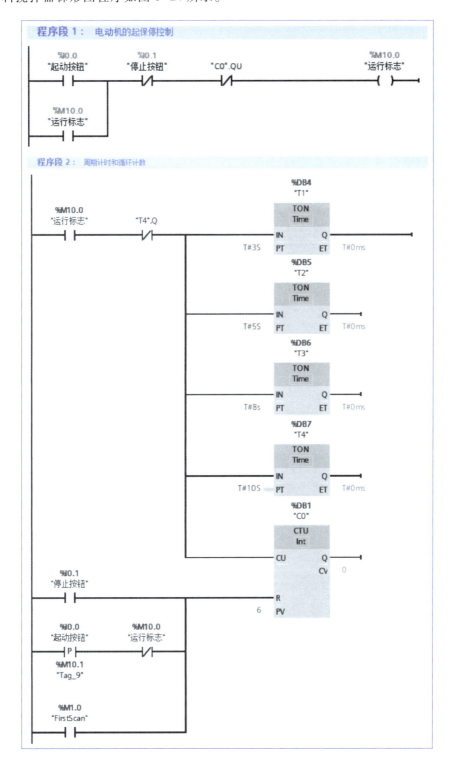

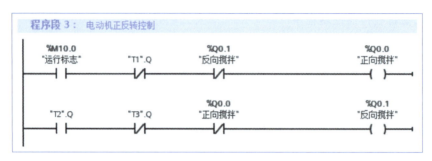

图 6-24　物料搅拌器梯形图程序

4. 下载调试

连接好网络,下载程序,操作在线监控,观察电动机是否达到控制要求。调试中如果 PLC 的 CPU 状态指示灯报警,应分析原因,排除故障后再继续运行程序。

（四）任务评价

在规定的时间内完成任务,各组进行自我评价并展示,根据评分标准各组之间进行检查,评分标准见表 6-13。

表 6-13　评 分 标 准

序号	项目内容	考核要求	评分细则	配分	扣分	得分
1	系统接线	能够画出 PLC 控制系统电气原理图	接线错误,每处扣 5 分	30		
2	输入程序	正确输入程序	（1）输入错误,每处扣 2 分 （2）不使用计数指令,扣 5 分 （3）计数预设值错误,扣 5 分	20		
3	操作调试	熟练操作,顺利调试,排除故障	（1）画错电路,扣 10 分 （2）画错信号点,每点扣 5 分 （3）解释信号功能,思路不清楚,每点扣 5 分	30		
4	故障检修计划	编写简明故障检修计划	遗漏重要步骤,扣 5 分	10		
5	8S 规范	整理、整顿、清扫、清洁、素养、安全、节约、学习	（1）没有穿戴防护用品,扣 4 分 （2）乱摆放工具,乱丢杂物,完成任务后不清理工位,扣 2~5 分 （3）违规操作,扣 5~10 分 （4）成员不积极参与,扣 5 分	10		
定额时间		90 分钟,每超过 5 分钟及以内扣 5 分				
开始时间			结束时间		总分	
指导教师签字						
					年　月　日	

（五）任务总结

本任务完成后,认真填写任务总结报告,见表 6-14。

表 6-14　任务总结报告

任务名称		小组成员	
工作时间		完成时间	
工作地点		检验人员	

任务实施过程修正记录

原定计划(简要说明自己所承担的任务及实施的方法、步骤):	实际实施:

学习的知识点、技能点

知识点:	技能点:

疑惑点与解决方法

疑惑点:	解决方法:

工作缺陷与整改方案

工作缺陷:	整改方案:

任务感悟

【项目小结】

本项目主要介绍了 S7-1200 PLC 的定时器指令和计数器指令的工作原理和编程方法,并通过编程实例详细介绍了定时、计数的编程应用。

【思考与练习题】

1. 设计 PLC 控制程序实现按起动按钮 I0.0 后,Q0.0 开始输出,10 s 后停止。

2. 设计 PLC 控制程序实现按起动按钮 I0.0 后,延时 10 s Q0.0 输出,按停止按钮 I0.1 后,Q0.0 停止输出。

3. 利用置位、复位输出指令实现三台电动机顺序起动、逆序停止。

　　控制要求:按起动按钮起动第 1 台电动机后,每隔 5 s 顺序起动第 2 台、第 3 台电动机。按停止按钮后,第 3 台电动机先停止,每隔 5 s 顺序停止第 2 台、第 1 台电动机。

4. 正、次品分拣机控制要求如下。

　　(1) 用起动和停止按钮控制电动机 M 运行和停止。在电动机运行时,被检测的产品(包括正、次品)在传送带上运行。

（2）产品（包括正、次品）在传送带上运行时，S1（传感器）检测到的次品，经过 5 s 传送，到达次品剔除位置时，起动电磁铁 Y 驱动剔除装置，剔除次品（电磁铁通电 1 s），传感器 S2 检测到的次品，经过 3 s 传送，起动 Y，剔除次品；正品继续向前输送。正、次品分拣机控制示意图如图 6-25 所示。

完成正、次品分拣机 PLC 控制系统设计。

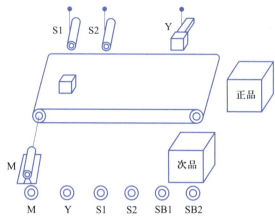

图 6-25　正、次品分拣机控制示意图

5. 喷泉示意图如图 6-26 所示。

控制要求：L1 亮 0.5 s 后灭，接着 L2 亮 0.5 s 后灭，接着 L3 亮 0.5 s 后灭，接着 L4 亮 0.5 s 后灭，接着 L5、L9 亮 0.5 s 后灭，接着 L6、L10 亮 0.5 s 后灭，接着 L7、L11 亮 0.5 s 后灭，接着 L8、L12 亮 0.5 s 后灭，L1 亮 0.5 s 后灭，如此循环下去。

完成喷泉 PLC 控制系统设计。

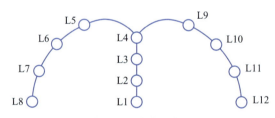

图 6-26　喷泉示意图

项目七
功能指令的编程与调试

一、项目描述

用彩灯装饰一座八层办公大楼,现在需要由 S7-1200 PLC 来控制,实现其控制要求。根据该系统的控制要求及 I/O 设备,确定 I/O 点数。连接 I/O 设备,使用功能指令编写控制程序,调试系统,实现控制功能。

二、任务分析

通过前期的学习,分析控制要求和控制对象,并需要完成以下任务。

(1) 工作环节分析,明确使用工具、时间分配和安全工作内容。

(2) 功能指令的分类。

(3) 移动指令的格式及用法。

(4) 比较指令的格式及用法。

(5) 转换指令的格式及用法。

(6) 运算指令的格式及用法。

(7) 移位指令的格式及用法。

三、工作提示

(一) 能力目标

1. 专业能力

(1) 掌握移动指令的格式及用法。

(2) 掌握比较指令的格式及用法。

(3) 掌握转换指令的格式及用法。

(4) 掌握运算指令的格式及用法。

(5) 掌握移位指令的格式及用法。

2. 核心能力

(1) 能够正确选择功能指令。

(2) 能够掌握功能指令的格式及用法。

(3) 能够根据工艺要求,编辑 PLC 程序,监控调试。

(二) 工作步骤

对于本项目涉及的每个任务,将按照信息收集、计划制订、任务实施、任务评价、任务总结五个步骤进行。

任务一 天塔之光控制

一、任务目标

【知识目标】

1. 了解数码管的结构。
2. 掌握用户程序结构。
3. 掌握移动操作指令的格式及用法。
4. 掌握比较操作指令的格式及用法。

【能力目标】

1. 能使用移动操作指令和比较操作指令实现天塔之光控制。
2. 能用多种方案控制数码管。
3. 能够将程序输入 PLC,完成 PLC 控制系统的调试、运行和分析。

【素养目标】

1. 具备较强的分析和解决问题的独立工作能力。
2. 养成严谨、求实的科学工作作风。

二、任务描述

如图 7-1 所示,用彩灯装饰一座铁塔,采用程序块结构,应用比较操作指令和移动操作指令实现。具体讲,共有 8 盏灯,送电后,每灯亮 1 s,顺序依次为 L1→L2→L3→L4→L5→L6→L7→L8→L7→L6→L5→L4→L3→L2,在灯亮的同时,用数码管显示相应楼层的编号,循环往复。

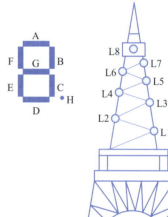

图 7-1 天塔之光

三、工作任务

工作任务清单见表 7-1。

表 7-1 工作任务清单

任务内容	任务要求	验收方式
电器元件识别	能够正确识别数码管及结构	自评、互评、师评
程序结构	能够描述模块化编程基本思路	自评、互评、师评
比较操作指令	掌握比较操作指令构成及种类	自评、互评、师评
移动操作指令	掌握移动操作指令参数及作用	自评、互评、师评

四、相关知识

(一)城市美容师——霓虹灯

霓虹灯是城市的美容师,每当夜幕降临时,华灯初上,五颜六色的霓虹灯就把城市装扮得格外美丽。灯光控制也是 PLC 的强项之一,其功能强大,变换无穷,电路可反复使用。

天塔之光是利用霓虹灯对塔形建筑物进行装饰,从而达到烘托效果。这实际上是考虑了 PLC 输出的空间效果(上、下、内、外等)和时间顺序(先、后)。针对不同的场合对彩灯的运行方式也有不同的要求,对于要求霓虹灯有多种不同运行方式的情况下,采用 PLC 中的一些功能指令来进行控制就显得尤为方便。

(二) 八段 LED 数码管

八段 LED 数码管由 8 个发光二极管组成,其中,7 个长条形的发光二极管排列成"日"字形,另一个点形的发光二极管在显示器的右下角作为显示小数点用,它能显示各种数字及部分英文字母。要将电压加在阳极和阴极之间相应的笔画就会发光。八段 LED 数码管有两种结构,一种是 8 个发光二极管的阴极连在一起,8 个阳极分开,接控制端,称为共阴 LED 数码管;另一种是 8 个发光二极管的阳极连在一起,称为共阳 LED 数码管。八段 LED 数码管的结构如图 7-2 所示。

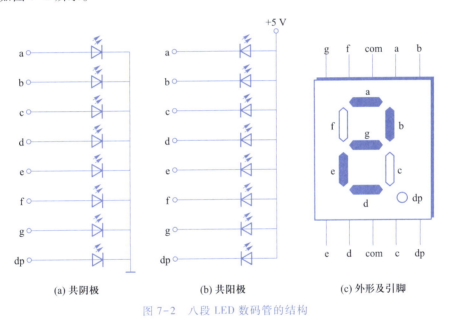

(a) 共阴极　　　　　　　　(b) 共阳极　　　　　　　　(c) 外形及引脚

图 7-2　八段 LED 数码管的结构

实际设计中,为了节省 I/O 点数,经常采用动态显示。除了八段 LED 数码管外,还有"米"字形 LED 数码管等,在此不再介绍,可查阅相关资料。

(三) 程序结构

创建用于自动化任务的用户程序时,需要将程序的指令插入代码块中。

在西门子 S7-1200 PLC 中,CPU 支持 OB、FC、FB、DB 代码块,可以创建有效的用户程序结构。

1. 组织块

组织块(Organization Block,OB)是操作系统与用户程序的接口,由操作系统调用,用于控制扫描循环和中断程序的执行、PLC 的启动和错误处理等。组织块的程序是用户编写的。

每个组织块必须有一个唯一的 OB 编号,123 之前的某些编号是保留的,其他 OB 的编号应大于等于 123。CPU 中特定的事件触发组织块的执行,OB 不能相互调用,也不能被

FC 和 FB 调用。只有启动事件(例如,诊断中断事件或周期性中断事件)可以启动 OB 的执行。

(1)程序循环组织块。OB1 是用户程序中的主程序,CPU 循环执行操作系统程序,在每一次循环中,操作系统程序调用一次 OB1。因此 OB1 中的程序也是循环执行的。允许有多个程序循环 OB,默认的是 OB1,其他程序循环 OB 的编号应大于或等于 123。

(2)启动组织块。当 CPU 的工作模式从 STOP 切换到 RUN 时,执行一次启动(Startup)组织块,来初始化程序循环 OB 中的某些变量。执行完启动 OB 后,开始执行程序循环 OB。可以有多个启动 OB,默认的为 OB100,其他启动 OB 的编号应大于或等于 123。

(3)中断组织块。中断处理用来实现对特殊内部事件或外部事件的快速响应。如果没有中断事件出现,CPU 循环执行组织块 OB1 和它调用的块。如果出现中断事件,例如,诊断中断和时间延迟中断等,因为 OB1 的中断优先级最低,操作系统在执行完当前程序的当前指令(即断点处)后,立即响应中断。CPU 暂停正在执行的程序块,自动调用一个分配给该事件的组织块(即中断程序)来处理中断事件。执行完中断组织块后,返回被中断的程序的断点处继续执行原来的程序。这意味着部分用户程序不必在每次循环中处理,而是在需要时才被及时地处理。处理中断事件的程序放在该事件驱动的 OB 中。

2. 函数

教学视频:
FC接口参数
介绍

函数(Function,FC)是用户编写的子程序,它包含完成特定任务的代码和参数。FC 和 FB(函数块)有与调用它的块共享的输入参数和输出参数。执行完 FC 和 FB 后,返回调用它的代码块。函数是快速执行的代码块,可用于完成标准和可重复使用的操作,如算术运算,或完成技术功能,如使用位逻辑运算的控制。可以在程序的不同位置多次调用同一个 FC 或 FB,这样可以简化重复执行的任务的编程。函数没有固定的存储区,函数执行结束后,其临时变量中的数据可能被别的块的临时变量覆盖。

3. 函数块

教学视频:
FC、FB、
DB概念讲解

函数块(Function Block,FB)是用户编写的子程序。调用函数块时,需要指定背景数据块,后者是函数块专用的存储区。CPU 执行 FB 中的程序代码,将块的输入、输出参数和局部静态变量保存在背景数据块中,以便在后面的扫描周期访问它们。FB 的典型应用是执行不能在一个扫描周期完成的操作。在调用 FB 时,自动打开对应的背景数据块,后者的变量可以供其他代码块使用。S7-1200 PLC 的某些指令(如符合 IEC 标准的定时器和计数器指令)实际上是函数块,在调用它们时需要指定配套的背景数据块。

4. 数据块

数据块(Data block,DB)是用于存放执行代码块时所需的数据的数据区,与代码块不同,数据块没有指令,STEP 7 按变量生成的顺序自动地为数据块中的变量分配地址。

有以下两种类型的数据块。

(1)全局数据块存储供所有的代码块使用的数据,所有的 OB、FB 和 FC 都可以访问它们。

(2)背景数据块存储的数据供特定的 FB 使用。背景数据块中保存的是对应的 FB 的输入、输出参数和局部静态变量。FB 的临时数据(Temp)不是用背景数据块保存的。

5. 用户程序的结构

博途软件编程方法有三种:线性化编程、模块化编程和结构化编程,如图7-3所示。

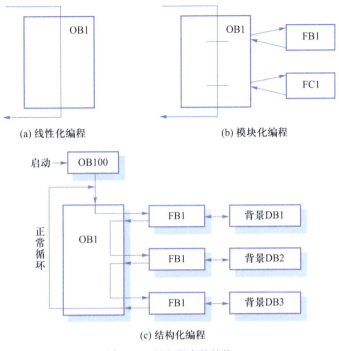

(a) 线性化编程　　　　　　　　(b) 模块化编程

(c) 结构化编程

图 7-3　用户程序的结构

（1）线性化编程。线性化程序按顺序逐条执行用于自动化任务的所有指令。通常,线性化程序将所有程序指令都放入用于循环执行程序的 OB（OB1）中。其特点是结构简单、但效率低下,某些相同或相近的操作需要多次执行,这样会造成不必要的编程工作。另外,由于程序结构不清晰,会造成管理和调试的不方便。所以在编写大型程序时,应避免线性化编程。

（2）模块化编程。模块化程序调用可执行的特定代码块。要创建模块化结构,需要将复杂的自动化任务划分为与过程的工艺功能相对应的更小的次级。每个代码块都为每个次级任务提供程序段。通过从另一个块中调用其中一个代码块来构建程序。其特点是易于分工合作、调试方便,由于逻辑块是有条件的调用,所以可以提高 CPU 的利用率。

（3）结构化编程。结构化编程是将过程要求类似或相关的任务归类,在函数或函数块中编程,形成通用解决方案。通过不同的参数调用相同的函数或通过不同的背景数据块调用相同的函数块。其特点是结构化编程必须对系统功能进行合理分析、分解和综合,所以对设计人员的要求较高,另外,当使用结构化编程方法时,需要对数据进行管理。

（四）移动操作指令

1. 移动值指令（MOVE）

移动值指令 MOVE 用于将 IN 输入端的源数据传送给 OUT1 输出的目的地址,并且转换为 OUT1 允许的数据类型,源数据保持不变。IN 和 OUT1 的数据类型可以是位字符串、整数、浮点数、定时器、日期时间、CHAR、WCHAR、STRUCT、ARRAY、IEC 定时/计数器数据类型、PLC 数据类型,IN 还可以是常数。

用一个例子来说明 MOVE 指令的使用,梯形图如图 7-4 所示。MW6 中的数值(假设是 10)传送到目的地址 MW8 中,结果是 MW6、MW8 的数值都是 10。MW10 中的数值传送到变量 MW20、"数据块_1."c 和"数据块_2."b 中,操作完毕,MW10 中的数值保持不变。

图 7-4 移动值指令 MOVE 示例

MOVE 指令可用于 S7-1200 CPU 的不同数据类型之间的数据传送。如果输入 IN 数据类型的位长度超出输出 OUT1 数据类型的位长度,则源值的高位会丢失。如果输入 IN 数据类型的位长度小于输出 OUT1 数据类型的位长度,则目标值的高位会被改写为 0。

MOVE 指令允许有多个输出,单击"OUT1"前面的 ✳ 一次,将会增加一个输出,增加的输出名称为 OUT2,以后增加的输出编号按顺序排列。用鼠标右键单击某个输出的短线,在弹出的快捷菜单中选择"删除"命令,将会删除该输出参数。删除后自动调整剩下的输出编号。

【例 7-1】 有 4 台电动机,分别由 Q0.0、Q0.1、Q0.2、Q0.3 驱动,起动信号为 I0.1,停止信号为 I0.0,请使用 MOVE 指令完成电动机的同时起动与停止。

解:如图 7-5 所示,这是用 MOVE 指令对位元件进行复位和置位操作的实例。如果希望得到相应的输出,则其对应的二进制数不同即可。

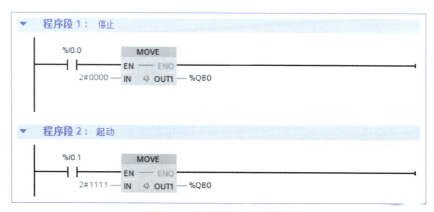

图 7-5 电动机控制梯形图

2. 块移动指令(MOVE_BLK)

块移动指令 MOVE_BLK 将一个存储区(源范围)的数据移动到另一个存储区(目标范围)中。使用输入 COUNT 可以指定将移动到目标范围中的元素个数。MOVE_BLK 指令的使用,如图 7-6 所示。

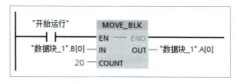

图 7-6 块移动指令 MOVE_BLK 示例

"开始运行"的动合触点接通时,MOVE_BLK 指令将源区域数据块_1 的数组 B 的 0 号元素开始的 20 个元素的值,复制给目标区域数据块_1 的数组 A 的 0 号元素开始的 20 个元素。

复制操作按地址增大的方向进行。

IN 和 OUT 是待复制的源区域和目标区域中的首个元素。

不可中断的存储区移动指令 UMOVE_BLK 与 MOVE_BLK 的功能基本上相同,其复制操作不会被操作系统的其他任务打断。

3. 填充块指令(FILL_BLK)

填充块指令 FILL_BLK 将输入参数 IN 的值填充到输出参数 OUT 指定起始地址的目标数据区。FILL_BLK 指令的使用,如图 7-7 所示。

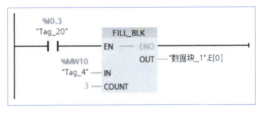

图 7-7　填充块指令 FILL_BLK 示例

IN 和 OUT 的数据类型可以是二进制数、整数、浮点数、定时器、DATE、TOD、CHAR、WCHAR,IN 还可以是常数。COUNT 为填充的数组元素的个数,数据类型为无符号整数或常数。

4. 交换指令(SWAP)

交换指令 SWAP 用于交换字、双字或长字中的字节。SWAP 指令的使用,如图 7-8 所示。

图 7-8　交换指令示例

IN 和 OUT 为数据类型 Word 时,SWAP 指令交换输入 IN 的高、低字节后,保存到 OUT 指定的地址。IN 和 OUT 为数据类型 DWord 时,交换 4 个字节中数据的顺序,交换后保存到 OUT 指定的地址。如:16#AABBCCDD→16#DDCCBBAA。

(五) 比较操作指令

1. 触点比较指令

教学视频:比较操作指令的应用

比较操作指令是按一定条件比较数据类型相同的两个数 IN1 与 IN2 的大小,操作数可以是 I、Q、M、L、D 存储区中的变量或常数。比较两个字符串是否相等时,实际上比较的是它们各对应字符的 ASCII 码的大小,第一个不相同的字符决定了比较的结果。可以将比较操作指令视为一个等效的触点,比较符号可以是"="(等于)、"<>"(不等于)、">"">=""<"和"<="。满足比较关系式给出的条件时,等效触点接通。

生成比较操作指令后,双击触点中间比较符号下面的问号,单击出现的按钮,在下拉式列表中设置要比较的数的数据类型。数据类型可以是位字符串、整数、浮点数、字符串、TIME、DATE、TOD 和 DLT,如图 7-9 所示。比较操作指令的比较符号也可以修改,双击比较符号,单击出现的按钮,可以在下拉式列表中修改比较符号。

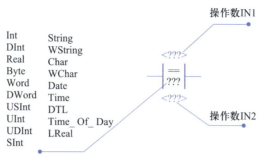

图7-9 触点比较指令的格式

注意事项

一个整数和一个双整数是不能直接进行比较的,因为它们的数据类型不同。一般先将整数转换成双整数,再对两个双整数进行比较。

【例7-2】 在十字路口交通灯控制中,要求每个周期的前15 s,南北红灯亮。

解:图7-10所示程序中,首先做一个30 s的循环程序,在循环的前15 s,用比较操作指令,驱动南北红灯(注意:比较操作指令针对的数据类型是Time)。

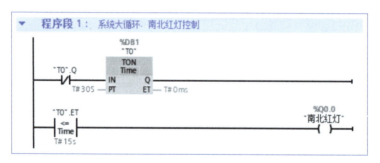

图7-10 南北红灯控制梯形图

2. 范围比较指令

范围比较指令 IN_ RANGE:Inside Range,用于查询输入VAL的值是否在指定的取值范围内。MIN、MAX和VAL的数据类型必须相同。有能流流入且满足条件时等效触点闭合,有能流流出。

当判断一个变量MW30是否满足10≤MW30≤30的比较条件时,可以用图7-11所示的两种方法。

(a) 方法一

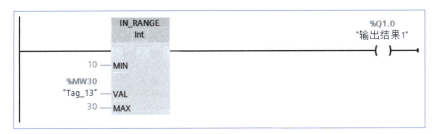

(b) 方法二

图 7-11 范围比较指令示例

3. 范围外比较指令

范围外比较指令 OUT_RANGE：Outside Range，用于查询输入 VAL 的值是否超出指定的取值范围。MIN、MAX 和 VAL 的数据类型应相同。有能流流入且满足条件时等效触点闭合，有能流流出。

用一个例子来说明范围外比较指令，如图 7-12 所示。判断变量 MD32 是否满足 MD32<5.0 或 MD32>15.0 的比较条件。

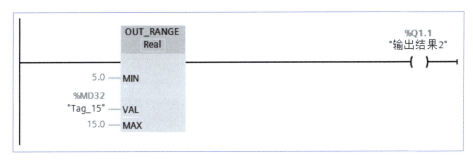

图 7-12 范围外比较指令示例

4. 检查有效性指令和检查无效性指令

可使用检查有效性指令 OK 检查操作数的值（<操作数>）是否为有效的浮点数。检查有效性指令示例如图 7-13 所示。当操作数 MD36 和 MD40 的值显示为有效浮点数时，会执行"乘"指令。将 MD36 的值乘以 MD40 的值，乘积写入操作数 MD44。

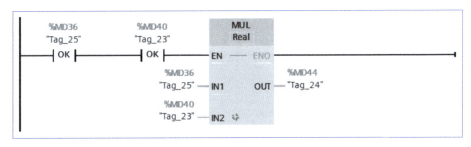

图 7-13 检查有效性指令示例

可使用检查无效性指令 NOT_OK 检查操作数的值（<操作数>）是否为无效的浮点数。

五、工作过程

（一）信息收集

1. 引导题（可通过网络查询）

描述一下你见过的灯光秀。

_____

_____

2. 任务分析

（1）S7-1200 PLC 中的块是什么？

_____

_____

（2）结合实际生活，谈一谈背景数据块是什么？

_____

_____

3. 基础工作分析

基础工作 1：将块的作用填入表 7-2。

表 7-2　块 的 作 用

块	简明作用
组织块（OB）	
函数块（FB）	
函数（FC）	
背景数据块（DB）	
全局数据块（DB）	

基础工作 2：说明比较操作指令有哪几个？

_____

_____

基础工作 3：写出二进制数 1011 0101 0000 0001 的十六进制数。

_____

（二）计划制订

1. 工作方式

工作方式：小组工作。

小组人数：4~5 人/组。

2. 设备器材

PLC 综合实训平台 1 台（含 S7-1200 PLC 1 台、基本实验模块和连接线）、安装博途软件的计算机 1 台、万用表 1 块。

3. 工作计划

根据本任务的要求,探讨解决方案,小组成员进行分工,明确每个人在任务实施过程中主要负责的任务,并填入表7-3中。

表7-3　工作计划表

序号	工作步骤	人员分工	完成情况	工作时间	
				计划	实际
1					
2					
3					
4					
5					

(三) 任务实施

1. 分配 I/O 地址

本任务 PLC 需要控制的设备大约需要 15 个输出点,I/O 地址分配见表7-4。

表7-4　天塔之光 I/O 地址分配表

输出信号	PLC 地址	输出信号	PLC 地址
L1	Q8.0	A	Q9.0
L2	Q8.1	B	Q9.1
L3	Q8.2	C	Q9.2
L4	Q8.3	D	Q9.3
L5	Q8.4	E	Q9.4
L6	Q8.5	F	Q9.5
L7	Q8.6	G	Q9.6
L8	Q8.7		

2. 系统接线

(1) 工具检查表。正确选择项目中使用的工具,在使用过程中注意维护与保养。在使用前对工具状态进行检查并填写表7-5,若有破损工具及时与实训指导教师沟通并进行更换。

表7-5　工具检查表

序号	名称	工具状态是否良好	损坏情况(没有损坏则不填写)
1	剥线钳	是○　否○	
2	针形端子压线钳	是○　否○	
3	斜口钳	是○　否○	
4	十字螺钉旋具	是○　否○	
5	一字螺钉旋具	是○　否○	
6	万用表	是○　否○	

续表

序号	名称	工具状态是否良好	损坏情况(没有损坏则不填写)
7	验电笔	是〇　否〇	
8	钢丝钳	是〇　否〇	
9	断线钳	是〇　否〇	
10	尖嘴钳	是〇　否〇	
11	电工刀	是〇　否〇	
12	手工锯	是〇　否〇	

注:检查工具的绝缘材料是否破损,工具的刃口是否损坏,验电笔是否能正常检测,手工锯的锯条是否完好、方向是否正确,工具上面是否有油污,万用表的电量是否充足、功能是否正常等

（2）装配系统。天塔之光 PLC 控制电路电气原理图如图 7-14 所示,按图进行装配接线。

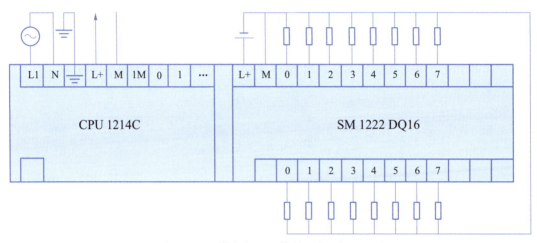

图 7-14　天塔之光 PLC 控制电路电气原理图

3. 软件操作

（1）插入数字量信号模块。双击设备组态,在 2 号槽处插入数字量输出模块:DQ 16x24VDC_1,如图 7-15 所示。

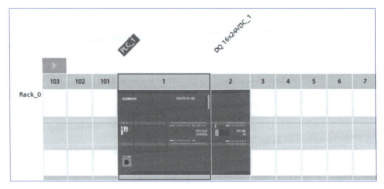

图 7-15　硬件组态

（2）输入天塔之光控制程序。

1）编辑天塔之光 FC 程序，如图 7-16 所示。

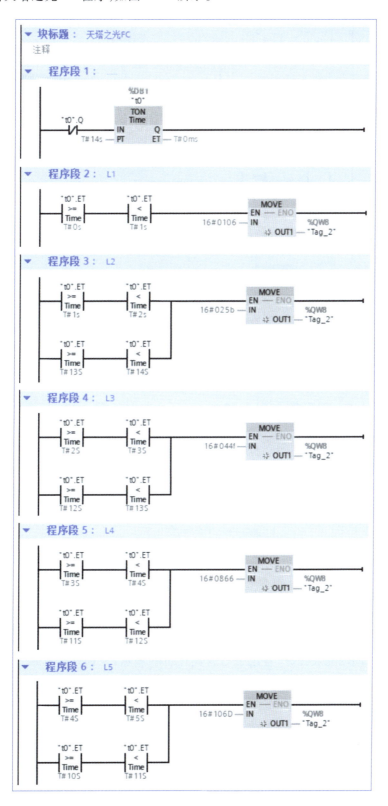

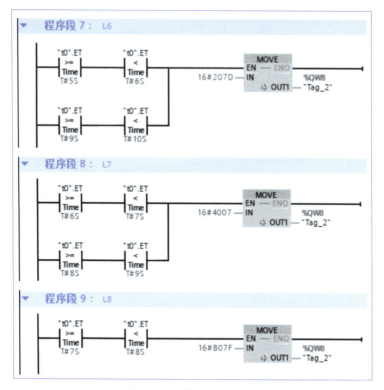

图 7-16 天塔之光 FC 程序

2）编辑 OB1 梯形图程序，如图 7-17 所示。

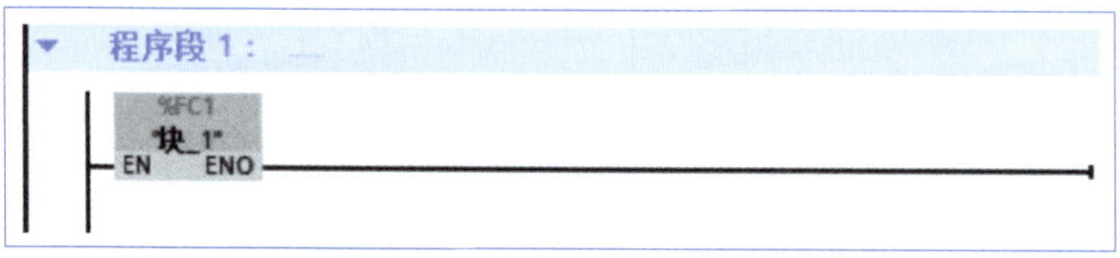

图 7-17 OB1 梯形图程序

4. 下载调试

连接好网络，下载程序，在线监控，观察灯光是否达到控制效果。调试中如果 PLC 的 CPU 状态指示灯报警，应分析原因，排除故障后再继续运行程序。

（四）任务评价

在规定的时间内完成任务，各组进行自我评价并展示，根据评分标准各组之间进行检查，评分标准见表 7-6。

表 7-6 评 分 标 准

序号	项目内容	考核要求	评分细则	配分	扣分	得分
1	系统接线	能够画出 PLC 控制电路电气原理图	接线错误，每处扣 5 分	30		

续表

序号	项目内容	考核要求	评分细则	配分	扣分	得分
2	输入程序	正确输入程序	输入错误,每处扣2分 不使用FC,扣5分 不使用比较指令,扣5分 不使用移动指令,扣5分	20		
3	操作调试	熟练操作,顺利调试,排除故障	(1) 画错电路扣10分 (2) 画错信号点,每点扣5分 (3) 解释信号功能,思路不清楚,每点扣5分	30		
4	故障检修计划	编写简明故障检修计划,思路正确	遗漏重要步骤,扣5分	10		
5	8S规范	整理、整顿、清扫、清洁、素养、安全、节约、学习	(1) 没有穿戴防护用品,扣4分 (2) 乱摆放工具,乱丢杂物,完成任务后不清理工位,扣2~5分 (3) 违规操作,扣5~10分 (4) 成员不积极参与,扣5分	10		
定额时间	90分钟,每超过5分钟及以内扣5分					
开始时间		结束时间		总分		

指导教师签字

年　月　日

(五) 任务总结

本任务完成后,认真填写任务总结报告,见表7-7。

表7-7　任务总结报告

任务名称		小组成员	
工作时间		完成时间	
工作地点		检验人员	

任务实施过程修正记录

原定计划(简要说明自己所承担的任务及实施的方法、步骤):	实际实施:

学习的知识点、技能点

知识点:	技能点:

疑惑点与解决方法

疑惑点:	解决方法:

续表

工作缺陷与整改方案	
工作缺陷：	整改方案：
任务感悟	

任务二　流水灯控制系统设计

一、任务目标

【知识目标】

1. 掌握数学函数指令的格式及用法。
2. 掌握转换指令的格式及用法。
3. 掌握移位指令的格式及用法。
4. 掌握 FB、FC 的应用。

【能力目标】

1. 能用转换指令实现模拟量处理。
2. 能用移位指令实现流水灯控制。
3. 能建立并使用带参数的 FB 或 FC。

【素养目标】

1. 具备较强的分析和解决问题的独立工作能力。
2. 养成严谨、求实的科学工作作风。

二、任务描述

若干个灯泡依次点亮就是最简单的流水灯。PLC 运行后,灯光自动开始点亮,每秒点亮一盏灯,从上向下,待全部灯亮后;从上向下,每秒熄灭一盏灯,直至全部熄灭,循环往复。

三、工作任务

工作任务清单见表 7-8。

表 7-8　工作任务清单

任务内容	任务要求	验收方式
转换指令	转换指令的功能及应用	自评、互评、师评
移位指令	移位指令构成及种类	自评、互评、师评
程序块	利用程序块进行模块化编程	自评、互评、师评

四、相关知识

（一）数学函数指令

在模拟量处理、PID 控制等场合都要用到数学函数指令。

1. 四则运算指令

数学函数指令中的 ADD、SUB、MUL、DIV 分别是加、减、乘、除指令，如图 7-18 所示。它们执行的操作数的数据类型可选 SInt、Int、DInt、USInt、UInt、UDInt 和 Real，IN1 和 IN2 可以是常数。IN1、IN2 和 OUT 的数据类型应该相同。

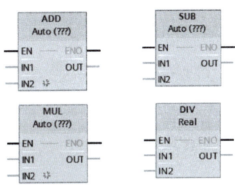

图 7-18　加、减、乘、除指令

各运算指令描述见表 7-9。

表 7-9　运 算 指 令

指令	描述	指令	描述
ADD	IN1+IN2＝OUT	INC	将参数 IN/OUT 的值加 1
SUB	IN1−IN2＝OUT	DEC	将参数 IN/OUT 的值减 1
MUL	INI＊IN2＝OUT	ABS	计算绝对值
DIV	IN1/IN2＝OUT	MIN	获取最小值指令
MOD	求除法的余数	MAX	获取最大值指令
NEG	将输入值的符号取反	LIMIT	设置限制指令

【例 7-3】　压力变送器的量程为 0～10 MPa，输出信号为 0～10 V，被 IW64 转换为 0～27 648 的数字 N。试求以 kPa 为单位的压力值。

解：$P = (10\,000 \times N)/27\,648\,(\text{kPa})$

在运算时一定要先乘后除，应使用双整数乘法和除法。为此首先用 CONV 指令将 IW64 转换为双整数，如图 7-19 所示。

图 7-19　压力计算梯形图

【例 7-4】　计算：求 1+2+3+4+……+100＝？

解：如图 7-20 所示，当 MW20 小于 100 时，每个扫描周期 MW20 加 1 实现从 0（初始值等于 0）到 100 的变化，并执行加法指令实现和变量 MW22 与 MW20 的加法计算。

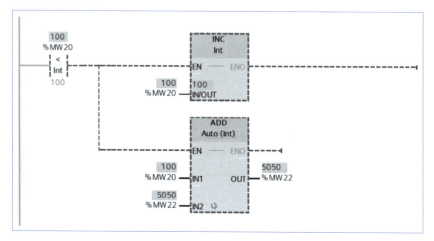

图 7-20　【例 7-4】

2. 计算指令

可以使用计算指令 Calculate 定义并执行表达式，根据所选数据类型计算数学运算或复杂逻辑运算。从指令框的"???"下拉列表中选择该指令的数据类型。根据所选的数据类型，可以组合某些指令的函数以执行复杂计算。单击指令框上方的"计算器"图标可打开待计算的表达式对话框，如图 7-21 所示。

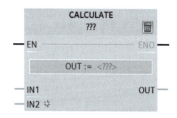

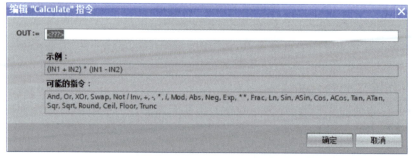

图 7-21　计算指令 Calculate

【例 7-5】　$y=5x+20$，求不同的 x 值对应的 y 值。

解：如图 7-22 所示，Calculate 指令的三个输入分别为 5、MW10（变量名称为 x）和 20，计算的表达式为 OUT：＝in1 * in2+in3，当 MW10 变化时，OUT 端的 MW12 即为计算结果 y。

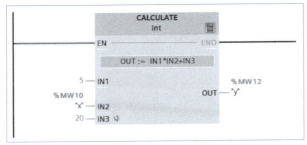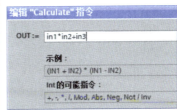

图 7-22 【例 7-5】

3. 浮点数函数运算指令

浮点数(实数)数学运算指令的操作数 IN 和 OUT 的数据类型为 Real。浮点数自然指数指令 EXP 和浮点数自然对数指令 LN 中的指数和对数的底数为 2.718 28。浮点数开平方指令 SQRT 和 LN 指令的输入值如果小于 0,输出 OUT 返回一个无效的浮点数。

浮点数三角函数指令和反三角函数指令中的角度均为以弧度为单位的浮点数。如果输入值是以度为单位的浮点数,使用三角函数指令之前应先将角度值乘以 π/180.0,转换为弧度值。

浮点数反正弦函数指令 ASIN 和浮点数反余弦函数指令 ACOS 的输入值的允许范围为 -1.0~1.0,ASIN 和 ATAN 的运算结果的取值范围为 $-\pi/2 \sim +\pi/2$ 弧度,ACOS 的运算结果的取值范围为 0~π 弧度。

求以 10 为底的对数时,需要将自然对数值除以 2.302 585(10 的自然对数值)。

(二) 转换指令

转换操作包括转换值指令、4 条浮点数转换为双整数指令、标准化指令和缩放指令。

教学视频:
转换指令的
应用1

1. 转换值指令

转换值指令 CONVERT(见图 7-23)在指令方框中的标示符为 CONV,它的参数 IN、OUT 可以设置为十多种数据类型,IN 还可以是常数。

图 7-23 转换值指令

EN 输入端有能流流入时,CONV 指令将输入 IN 指定的数据转换为 OUT 指定的数据类型。转换前后的数据类型可以是位字符串、整数、浮点数、CHAR、WCHAR 和 BCD 码等。

在图 7-23 中,从模拟量输入通道 0 采集到的整数值 IW64,先变换为双整数 MD64,再变换为实数 MD68 参与后面的运算,可有效避免溢出而引起计算错误等问题。

2. 浮点数转换为双整数指令

浮点数转换为双整数有 4 条指令,取整指令 ROUND(见图 7-24)用得最多,它将浮点数转换为四舍五入的双整数。截尾取整指令 TRUNC 仅保留浮点数的整数部分,去掉其小数部分。浮点数向上取整指令 CEIL 将浮点数转换为大于或等于它的最小双整数,浮点数向下取整"指令 FLOOR 将浮点数转换为小于或等于它的最大双整数。这两条指令极少使用。

教学视频：
转换指令的
应用2

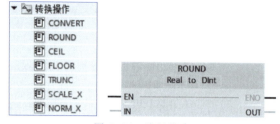

图 7-24　取整指令

因为浮点数的数值范围远远大于 32 位整数,有的浮点数不能成功地转换为 32 位整数。如果被转换的浮点数超出了 32 位整数的表示范围,得不到有效的结果,ENO 为 0 状态。

3. 标准化指令

标准化指令 NORM_X(见图 7-25)的整数输入值 $VALUE$($MIN <= VALUE <= MAX$)被线性转换(标准化,或称归一化)为 0.0~1.0 之间的浮点数,转换结果用 OUT 指定的地址保存。

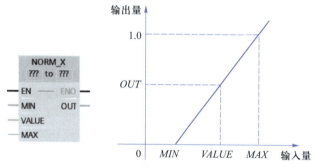

图 7-25　NORM_X 指令的线性关系

NORM_X 指令的输出 OUT 的数据类型可选 Real 或 LReal,单击方框内指令名称下面的问号,在下拉式列表中设置输入 $VALUE$ 和输出 OUT 的数据类型。输入、输出之间的线性关系如下:

$$OUT = (VALUE - MIN) / (MAX - MIN)$$

4. 缩放指令

缩放(或称标定)指令 SCALE_X(见图 7-26)的浮点数输入值 $VALUE$($0.0 \leqslant VALUE \leqslant 1.0$)被线性转换(映射)为参数 MIN(下限)和 MAX(上限)定义的范围之间的数值。转换结果用 OUT 指定的地址保存。

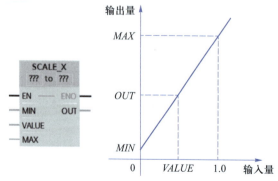

图 7-26　SCALE_X 指令的线性关系

单击方框内指令名称下面的问号,在下拉式列表中设置变量的数据类型。输入、输出之间的线性关系如下:

$$OUT = VALUE \times (MAX - MIN) + MIN$$

满足下列条件之一时 ENO 为"0"状态:EN 输入为"0"状态;MIN 的值大于等于 MAX 的值;实数值超出 IEEE-754 标准规定的范围;有溢出;输入 $VALUE$ 为 NaN(无效的算术运算结果)。

【例 7-6】 变频器的频率处理。

解: 变频器运行时,把转速模拟量送出(转速范围为 0 ~ 50 Hz),在图 7-27 中,该模拟量由通道 0 采集到 IW64 中。IW64 对应范围为 0 ~ 27 648,经 NORM_X 归一化变换后,存到 MD80 中。MD80 中的数据,由 SCALE_X 命令放大后,存到 MD84(范围 0.0 ~ 50.0),这是具有工程意义的值(单位:赫兹),再由 ROUND 指令取整后送到 MW88,可进行触摸屏显示或其他处理。

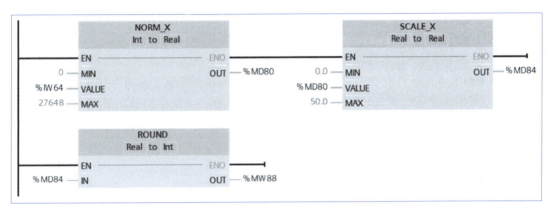

图 7-27 【例 7-6】

(三)移位和循环指令

移位和循环指令共有 4 条指令,分别是左移指令、右移指令、循环左移指令和循环右移指令。顺序控制或循环控制任务中会用到移位和循环指令。

1. 移位指令

左移指令 SHL 和右移指令 SHR 将输入参数 IN 指定的存储单元的整个内容逐位左移或右移若干位,移位的位数用输入参数 N 来定义,移位的结果保存在输出参数 OUT 指定的地址中,如图 7-28 所示。

教学视频:移位指令的应用

图 7-28(b)中,在时钟存储器的 M0.5 的上升沿,QB0 中(只有一盏灯亮)整个内容右移一位,再存到 QB0 中,这可实现天塔之光的控制效果。

名称	地址	显示格式	监视值
"Tag_7"	%MW20	二进制	2#1000_0000_0010_0011
"Tag_8"	%MW22	二进制	2#0000_0000_0100_0110

(a) 左移指令

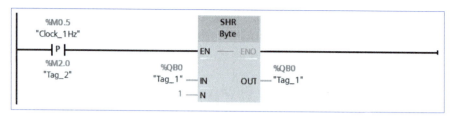

(b) 右移指令

图 7-28　左移指令和右移指令示例

无符号数移位和有符号数左移后空出来的用 0 填充。有符号整数右移后空出来的位用符号位(原来的最高位)填充,正数的符号位为 0,负数的符号位为 1。移位位数 N 为 0 时不会移位,但是 IN 指定的输入值被复制给 OUT 指定的地址。将指令列表中的移位指令拖放到梯形图后,单击方框内指令名称下面的问号,在下拉式列表中设置变量的数据类型。右移一位相当于除以 2,左移一位相当于乘以 2。

2. 循环指令

如图 7-29 所示,循环右移指令 ROR 和循环左移指令 ROL 将输入参数 IN 指定的存储单元的整个内容逐位循环右移或循环左移若干位,即移出来的位又送回存储单元另一端空出来的位,原始的位不会丢失。N 为移位的位数,移位的结果保存在输出参数 OUT 指定的地址。N 为 0 时不会移位,但是 IN 指定的输入值复制给 OUT 指定的地址。移位位数 N 可以大于被移位存储单元的位数。

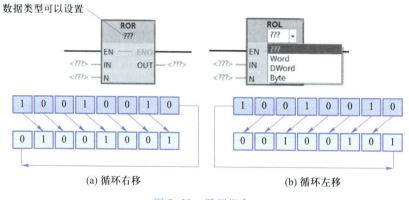

图 7-29　循环指令

(四) 循环中断组织块

循环中断组织块以设定的循环时间(1~60 000 ms)周期性地执行,而与程序循环 OB 的执行无关。循环中断和延时中断组织块的个数之和最多允许 4 个,循环中断 OB 的编号应为 OB30~OB38,或大于等于 123。

双击项目树中的"添加新块",选中出现的对话框中的"Cyclic interrupt",可修改循环中断的时间间隔(循环时间),默认的编号为 OB30,如图 7-30 所示。

双击打开项目树中的 OB30,选中巡视窗口的"属性"→"常规"→"循环中断",可以设置循环时间和相移。相移是相位偏移的简称,用于防止循环时间有公倍数的几个循环中断 OB 同时启动,导致连续执行中断程序的时间太长,相移的默认值为 0。

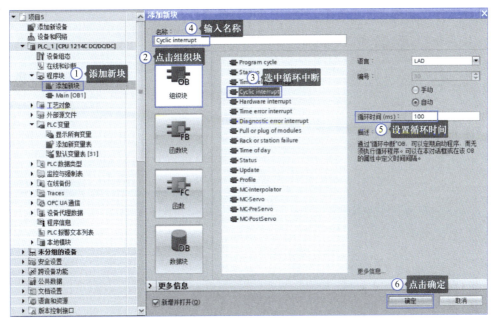

图 7-30 添加 OB30

如果循环中断 OB 的执行时间大于循环时间,将会启动时间错误 OB。

五、工作过程

(一) 信息收集

1. 引导题(可通过网络查询)

流水灯与天塔之光有何区别?

_____

_____

2. 任务分析

(1) 移位指令如何分类?

_____

_____

(2) 模拟量的标准化是什么?

_____

_____

3. 基础工作分析

基础工作 1:说明 FB 与 FC 的区别。

_____

_____

基础工作2：用编号完成表7-10，说明流水灯的亮灯范围。

表7-10 流水灯的亮灯范围

时间	亮灯范围	备注	时间	亮灯范围	备注
第1s内	L1		第17s内	L2~L16	
第2s内	L1~L2		第18s内	L3~L16	
第3s内	L1~L3		第19s内	L4~L16	
第4s内	L1~L4		第20s内	L5~L16	
第5s内			第21s内	L6~L16	
第6s内			第22s内		
第7s内			第23s内		
第8s内			第24s内		
第9s内			第25s内		
第10s内			第26s内		
第11s内			第27s内		
第12s内			第28s内		
第13s内	L1~L13		第29s内	L14~L16	
第14s内	L1~L14		第30s内	L15~L16	
第15s内	L1~L15		第31s内	L16	
第16s内	L1~L16	全亮	第32s内		全灭

基础工作3：说明移位指令有哪几个？

_____

_____

基础工作4：循环中断组织块有何特点？

_____

_____

（二）计划制订

1. 工作方式

工作方式：小组工作。

小组人数：4~5人/组。

2. 设备器材

PLC综合实训平台1台（含S7-1200 PLC 1台、基本实验模块和连接线）、安装博途软件的计算机1台、万用表1块。

3. 工作计划

根据本任务的要求，探讨解决方案，小组成员进行分工，明确每个人在任务实施过程中主要负责的任务，并填入表7-11中。

表 7-11 工作计划表

序号	工作步骤	人员分工	完成情况	工作时间	
				计划	实际
1					
2					
3					
4					
5					

（三）任务实施

1. 分配 I/O 地址

输入信号为起动按钮、停止按钮,输出信号有 16 个,I/O 地址分配见表 7-12。

表 7-12 流水灯 I/O 地址分配表

输入信号	PLC 地址	输出信号	PLC 地址	输出信号	PLC 地址
起动按钮	I0.0	L1	Q8.0	L9	Q9.0
停止按钮	I0.1	L2	Q8.1	L10	Q9.1
		L3	Q8.2	L11	Q9.2
		L4	Q8.3	L12	Q9.3
		L5	Q8.4	L13	Q9.4
		L6	Q8.5	L14	Q9.5
		L7	Q8.6	L15	Q9.6
		L8	Q8.7	L16	Q9.7

2. 系统接线

（1）工具检查表。正确选择项目中使用的工具,在使用过程中注意维护与保养。在使用前对工具状态进行检查并填写表 7-13,若有破损工具及时与实训指导教师沟通并进行更换。

表 7-13 工具检查表

序号	名称	工具状态是否良好	损坏情况(没有损坏则不填写)
1	剥线钳	是○ 否○	
2	针形端子压线钳	是○ 否○	
3	斜口钳	是○ 否○	
4	十字螺钉旋具	是○ 否○	
5	一字螺钉旋具	是○ 否○	
6	万用表	是○ 否○	
7	验电笔	是○ 否○	
8	钢丝钳	是○ 否○	
9	断线钳	是○ 否○	
10	尖嘴钳	是○ 否○	

序号	名称	工具状态是否良好	损坏情况(没有损坏则不填写)
11	电工刀	是○　否○	
12	手工锯	是○　否○	

注:检查工具的绝缘材料是否破损,工具的刀口是否损坏,验电笔是否能正常检测,手工锯的锯条是否完好,方向是否正确,工具上面是否有油污,万用表的电量是否充足、功能是否正常等。

（2）装配系统。流水灯 PLC 控制电路电气原理图如图 7-31 所示,按图进行装配接线。

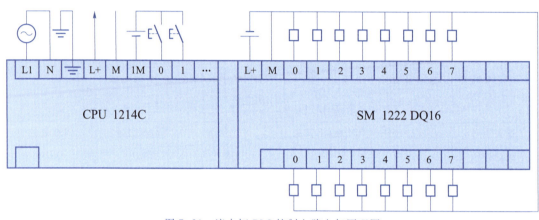

图 7-31　流水灯 PLC 控制电路电气原理图

3. 输入流水灯控制程序

（1）创建 FB1。在项目"程序块"文件夹下单击"添加新块",选中 FB,单击"确定"按钮,如图 7-32 所示。

图 7-32　添加 FB 块

（2）定义 FB1 的局部变量。定义 FB1 的局部变量如图 7-33 所示。

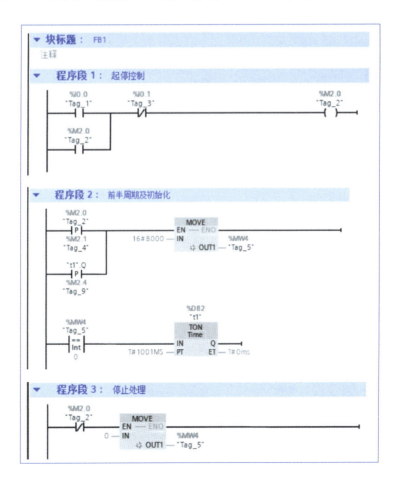

图 7-33 FB1 的块接口

（3）编辑 FB1 程序。函数块 FB1 梯形图程序如图 7-34 所示。

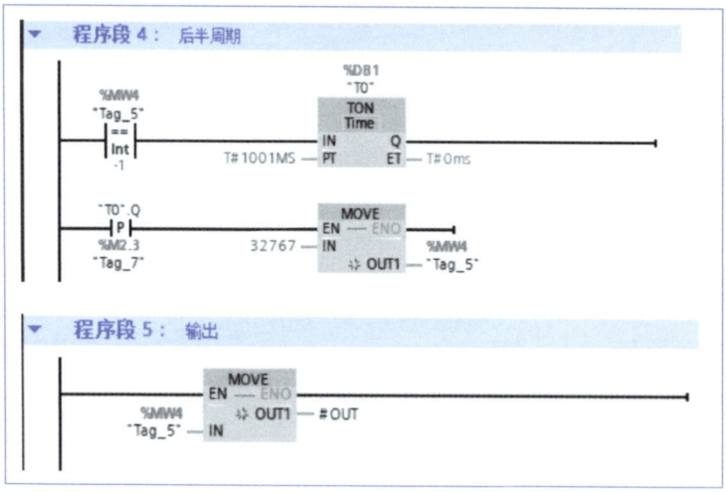

图 7-34 FB1 梯形图程序

（4）编辑 OB30 程序。循环中断组织块 OB30 程序如图 7-35 所示。

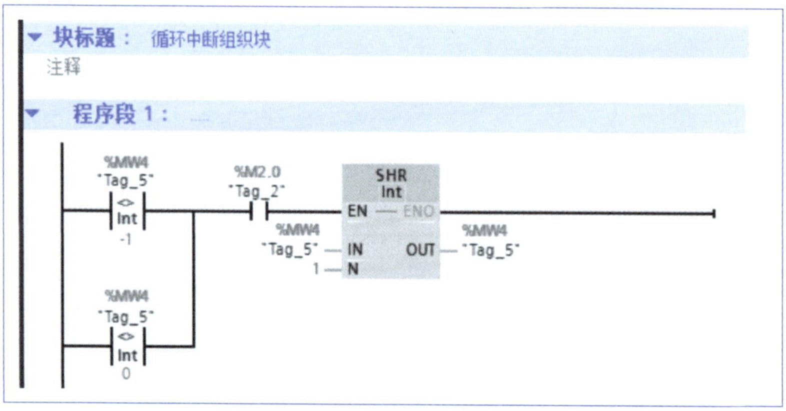

图 7-35 OB30 梯形图程序

（5）在 OB1 中调用 FB1。OB1 梯形图程序如图 7-36 所示。

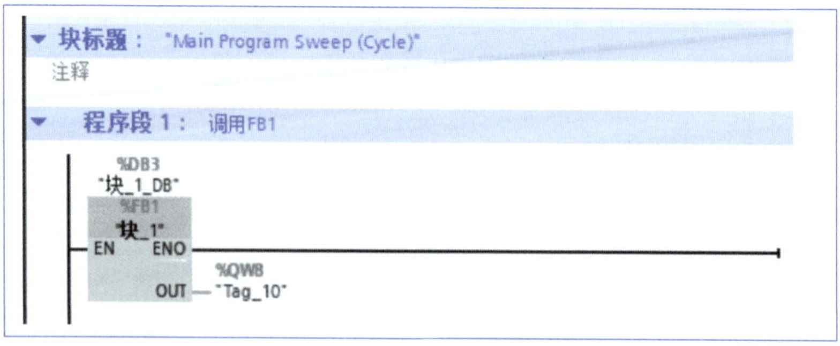

图 7-36 OB1 梯形图程序

4. 下载调试

连接好网络，下载程序，在线监控，观察灯光是否达到控制效果。调试中如果 PLC 的

CPU状态指示灯报警,应分析原因,排除故障后再继续运行程序。

(四)任务评价

在规定的时间内完成任务,各组进行自我评价并展示,根据评分标准各组之间进行检查,评分标准见表7-14。

表 7-14　评 分 标 准

序号	项目内容	考核要求	评分细则	配分	扣分	得分
1	系统接线	能够画出PLC控制电路电气原理图	接线错误,每处扣5分	30		
2	输入程序	正确输入程序	输入错误,每处扣2分 不使用FB,扣5分 不使用循环中断组织块,扣5分 不使用移位指令,扣5分	20		
3	操作调试	熟练操作,顺利调试,排除故障	(1)画错电路,扣10分 (2)画错信号点,每点扣5分 (3)解释信号功能,思路不清楚,每点扣5分	30		
4	故障检修计划	编写简明故障检修计划,思路正确	遗漏重要步骤,扣5分	10		
5	8S规范	整理、整顿、清扫、清洁、素养、安全、节约、学习	(1)没有穿戴防护用品,扣4分 (2)乱摆放工具,乱丢杂物,完成任务后不清理工位,扣2~5分 (3)违规操作,扣5~10分 (4)成员不积极参与,扣5分	10		
定额时间		90分钟,每超过5分钟及以内扣5分				
开始时间			结束时间	总分		

指导教师签字

年　月　日

(五)任务总结

本任务完成后,认真填写任务总结报告,见表7-15。

表 7-15　任务总结报告

任务名称		小组成员	
工作时间		完成时间	
工作地点		检验人员	

任务实施过程修正记录

原定计划(简要说明自己所承担的任务及实施的方法、步骤):	实际实施:

续表

学习的知识点、技能点	
知识点：	技能点：

疑惑点与解决方法	
疑惑点：	解决方法：

工作缺陷与整改方案	
工作缺陷：	整改方案：

任务感悟	

【项目小结】

本项目主要学习用户程序的结构、移动操作指令、比较指令、数学函数指令、转换指令、移位指令。

通过学习,应能根据实际应用要求,选择线性化、模块化或结构化编程方法创建用户程序,熟练掌握有参函数(FC)或函数块(FB)的使用,灵活应用数据处理指令进行传送、比较、运算、移位等处理,完成天塔之光控制、流水灯控制等任务。

PLC 的设计包括硬件设计和软件设计两部分,PLC 设计的基本原则如下。

(1)充分发挥 PLC 的控制功能,最大限度地满足被控制的生产机械或生产过程的控制要求。

(2)在满足控制要求的前提下,力求使控制系统经济、简单,维修方便。

(3)保证控制系统安全可靠。

(4)考虑到生产发展和工艺的改进,在选用 PLC 时,应在 I/O 点数和内存容量上适当留有余地。

(5)软件设计主要是指编写程序,要求程序结构清楚、可读性强、程序简短、占用内存少、扫描周期短。

【思考与练习题】

1. 用比较和计数指令编写开关灯程序。要求灯控按钮 I0.0 按下第一次,灯 Q4.0 亮;按下第二次,灯 Q4.0、Q4.1 全亮;按下第三次灯全灭。如此循环。

2. 利用传送指令编写 Y-△ 降压起动程序。

3. 用 PLC 编程计算 $y = ax^2 + bx + c$。

4. 有个电暖器,有三个工作挡位,分为 1 000 W、2 000 W 和 3 000 W,电暖器有 1 000 W 和 2 000 W 两种加热丝。要求用一个按钮能任意选择三种不同的挡位,按一次时,为一挡 1 000 W;按第二次时,为二挡 2 000 W;按第三次时,为三挡 3 000 W,两种加热丝同时工作;按第四次按钮时,停止加热。

5. 设计一个彩灯循环控制系统,要求通过转换开关实现 10 盏彩灯的左移或者右移,每次亮一盏灯,时间为 1 s。

6. 分别用模块化编程方法和结构化编程方法实现电动机组的控制。

　(1) 该机组共有 3 台电动机,每台电动机要求 Y-△ 降压起动。

　(2) 按下起动按钮顺序起动,M1 先起动,10 s 后 M2 起动,10 s 后 M3 起动。

　(3) 按下停止按钮逆序停止,即 M3 先停止,10 s 后 M2 停止,再过 10 s 后 M1 停止。

　(4) 每台电机起动时都按照 Y-△ 降压起动要求,即电源接触器和 Y 联结的接触器接通电源 6 s 后,Y 联结接触器断电,再过 1s 后 △ 联结接触器接通电源,实现 △ 联结运行。

7. 某系统采集一路模拟量(温度),温度的范围是 0~200 ℃,要求对温度值进行数字滤波,算法是:把最新的三次采样数值相加,取平均值,即是最终温度值。

项目八
典型系统控制编程

一、项目描述

通过对机械手 PLC 控制、大小球分拣控制、组合钻床这些例子的介绍,更好地熟悉理解 S7-1200 PLC 的指令系统以及 PLC 控制系统的设计方法与硬件连接等。

二、任务分析

本项目在工程实际中应用较为广泛,涉及的知识技能较多,分析控制要求和控制对象,并需要完成以下任务。

(1)工作环节分析,明确使用工具、时间分配和安全工作内容。

(2)机械手 PLC 控制,大、小球分拣控制,组合钻床的工艺研究。

(3)分配 I/O,设计电路图,连接 I/O 设备。

(4)建立项目,编写调试程序。

(5)调试系统,模拟故障显示,进行故障排除。

三、工作提示

(一)能力目标

1.专业能力

(1)掌握 PLC 顺序控制单序列、选择序列和并行序列的表示方法。

(2)能运用顺序控制设计法,采用基本指令、功能指令编写机械手等系统的控制程序。

(3)能设计控制系统电气原理图。

(4)能模拟调试、现场调试顺序控制程序。

(5)能分析故障显示工艺。

2.核心能力

(1)能根据工艺正确设计硬件电路。

(2)能分析简单控制工艺,编写控制程序。

(3)能分析故障显示工艺,模拟调试故障功能。

(二)工作步骤

对于本项目涉及的每个任务,将按照信息收集、计划制订、任务实施、任务评价、任务总

结五个步骤进行。

任务一　机械手 PLC 控制

一、任务目标

【知识目标】

1. 掌握顺序功能图的组成和根据控制系统绘制顺序功能图的方法。
2. 掌握单序列顺序功能图的编程方法。
3. 掌握"起保停"的顺序功能图的编程方法。

【能力目标】

1. 掌握顺序功能图设计方法。
2. 能正确连接 PLC 系统的电气控制线路。
3. 能正确分析任务要求,完成功能检查。

【素养目标】

1. 具备较强的分析和解决问题的独立工作能力。
2. 能制订合理的工作计划,并进行讲解。

二、任务描述

会运用"顺序控制设计法"来设计机械手控制系统梯形图程序,能够熟练运用编程软件进行联机调试。

某机械手结构如图 8-1 所示,机械手将生产线上的工件从工作台 A 搬到工作台 B。

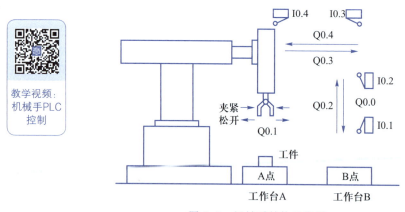

教学视频:
机械手PLC
控制

图 8-1　机械手结构示意图

开始时,机械手停在原位,定义原点状态为左上方所达到的极限位置,其左限位开关闭合,上限位开关闭合,机械手处于松开状态。

机械手的全部动作由电磁阀驱动气缸来完成。按起动按钮后,机械手下降,下降到位后机械手夹紧工件,2 s 后开始上升,而机械手保持夹紧。上升到位机械手右移,右移到位,若此时右工作台上无工件,则光电开关接通,机械手下降。下降到位机械手松开,2 s 后机械手上升。上升到位后机械手左移,左移到原点时停止,一个周期的动作循环结束。

机械手的动作过程如图 8-2 所示,分为 8 步:即从原点开始,经下降→夹紧→上升→右移→下降→松开→上升→左移 8 个动作完成一个周期并回到原点。机械手的下降、上升、左移、右移的动作转换靠限位开关来控制,而夹紧、松开的动作转换是由时间继电器来控制的。

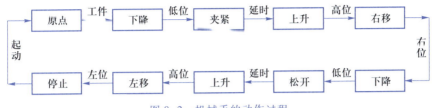

图 8-2　机械手的动作过程

三、工作任务

工作任务清单见表 8-1。

表 8-1　工作任务清单

任务内容	任务要求	验收方式
机械手 SFC	画出顺序功能图	自评、互评、师评
单序列的编程	使用起保停电路的顺序控制梯形图设计方法	自评、互评、师评

四、相关知识

PLC 的程序设计方法一般可分为经验设计法、继电器控制电路移植法、顺序控制设计法。经验设计法是从继电器电路设计演变而来的,是借助设计者经验的设计方法。采用经验法设计梯形图是直接用输入信号去控制输出信号,如图 8-3 所示。

图 8-3　经验设计法

经验设计法的特点:

(1) 没有规律可遵循,具有很大的试探性和随意性,往往需经多次反复修改和完善才能符合设计要求,设计的结果往往不很规范,因人而异。

(2) 经验设计法考虑不周、设计麻烦、设计周期长,梯形图的可读性差、系统维护困难。

在工业控制中,除了模拟量控制之外,大部分控制都是顺序控制。所谓顺序控制,就是按照生产工艺预先规定的顺序,在各个输入信号及内部元件的作用下,使生产过程中各个执行机构自动有序地运行。

使用顺序控制设计法时首先要根据系统的工艺过程画出顺序功能流程图(Sequential Function Chart,SFC,简称顺序功能图),然后根据顺序功能图画出梯形图,即顺序控制的编程方法。

用顺序功能图设计顺序控制程序结构更清晰,可读性好,程序的调试和运行也很方便。设计过程比较规范,也相当直观,可以极大地提高工作效率。

(一) 顺序功能图的组成和绘制规则

顺序功能图是描述控制系统的控制流程功能和特性的一种图形语言。它并不涉及所描述的控制功能的具体技术，是一种通用的技术语言，很容易被初学者所接受，也可以供不同专业之间的人员进行技术交流使用。

1. 顺序功能图的组成

顺序功能图主要由步、动作（或命令）、有向连线、转换与转换条件组成。图 8-4 所示为典型的顺序功能图的例子。

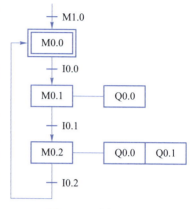

图 8-4　顺序功能图

（1）步。将控制系统的一个工作周期划分解为若干个顺序相连的阶段，这些阶段称为步。系统所处的阶段，根据输出量的状态变化划分。任何一步内，各个输出量状态保持不变，同时相邻的两步输出量总的状态是不同的。在顺序功能图中步用矩形方框表示，用编程元件（位存储器 M）来代表各步，如图 8-4 中的 M0.0、M0.1 和 M0.2。

1）初始步：初始步一般是系统等待起动命令的相对静止的状态，用双线矩形框表示。一个控制系统至少要有一个初始步，如图 8-4 中的 M0.0。

2）活动步：在 SFC 中，当控制系统正处于某一步所在的阶段时，该步处于活动状态，称为活动步。步处于活动状态时，相应的动作被执行；处于不活动状态时，相应的非存储型的动作被停止执行。

步的划分如图 8-5 所示。例子中有 Q0.0、Q0.1、Q0.2 三个输出，按其状态的相同与否用虚线划分，共有 5 个阶段，其中最后一个与第一个相同，即回到初始状态。

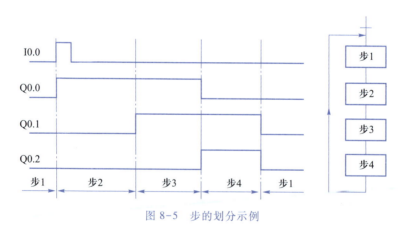

图 8-5　步的划分示例

（2）命令和动作（或命令）。步方框右边用直线连接的文字和符号为本步的工作对象，简称为动作。

步的动作分保持型和非保持型两种。若为保持型动作则该步不活动时继续执行该动作，若为非保持型动作则指该步不活动时，动作也停止执行。一般在顺序功能图中保持型的动作应该用文字或助记符标注，而非保持型动作不要标注。如图 8-6 所示，M0.0 为活动步时，Q0.0 为 "1"；M0.1 为活动步而 M0.0 为不活

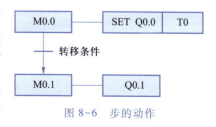

图 8-6　步的动作

动步时,Q0.0,Q0.1 为"1"。

（3）有向连线。在画顺序功能图时,将代表各步的方框按它们成为活动步的先后次序顺序排列,并用有向连线将它们连接起来。一般活动状态的进展方向习惯从上到下,有向连线箭头可以省略。如果不是上述方向,如跳转、循环等,则必须用带箭头的有向连线表示转移方向。

（4）转换与转换条件。转换用与有向连线垂直的短划线来表示,将相邻的两步分开。步的活动状态的进展是由转换条件的实现来完成的。使系统由当前步进入下一步的信号称为转换条件,转换条件可以是外部的输入信号,也可以是 PLC 内部产生的信号,还可以是若干个信号的"与""或""非"逻辑组合。

转换条件 I0.2 和 $\overline{I0.2}$ 分别表示当输入信号 I0.2 为"1"和"0"时,转换实现。符号↑I0.0 和↓I0.0 分别表示当 I0.0 从"0"变为"1"和从"1"变为"0"时转换实现。在 SFC 中,转换条件标注在短划线旁边,见表 8-2。

表 8-2　转换条件图形符号或逻辑代数表达式

转换条件	图形符号标注	逻辑代数表达式标注	对应梯形图
动合	┤ I0.0	┤ I0.0	I0.0 ┤├
动断	┤ $\overline{I0.1}$	┤ $\overline{I0.1}$	I0.1 ┤/├
与	┤ I0.2 I0.3	┤ I0.2·I0.3	I0.2 I0.3 ┤├┤├
或	I0.2 ┤□├ I0.3	┤ I0.2+I0.3	I0.2 ┤├ I0.3 ┤├
组合	I0.2 I0.3 ┤□├ $\overline{I0.2}$ I0.4	┤ (I0.2·I0.3)+($\overline{I0.2}$·I0.4)	I0.2 I0.3 ┤├┤├ I0.2 I0.4 ┤/├┤├
上升沿	┤ ↑I0.0	┤ ↑I0.0	I0.0 ┤P├

2. 绘制顺序功能图的规则

如图 8-7 所示,控制系统功能图的绘制必须满足以下规则。

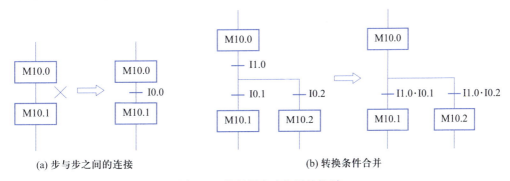

(a) 步与步之间的连接　　　　　(b) 转换条件合并

图 8-7　绘制顺序功能图的规则

（1）步与步不能相连，必须用转移分开。

（2）转换与转换不能相连，应用步分开。

（3）正常画顺序功能图的方向是从上到下或从左到右，按照正常顺序画图时，有向线段可以不加箭头，否则必须加箭头。

（4）一个顺序功能图中至少有一个初始步。

（5）仅当某一步的前级步是活动步且转换条件满足时，该步才有可能成为活动步。

（二）顺序功能图的基本结构

顺序功能图有 3 种不同的基本结构：单序列、选择序列和并行序列。

1. 单序列

单序列由一系列相继激活的步组成。在此结构中，每一步后面仅有一个转换，而每个转换后面也仅有一个步，如图 8-8（a）所示。

2. 选择序列

选择序列是指在某一步后有若干个单序列等待选择，一次只能选择一个序列进入。

选择序列的开始称为分支，表示转换的短划线只能标在选择序列开始的水平线之下，如图 8-8（b）所示。假设步 3 是活动步，如果转换条件 c 为"1"，则步 3 向步 4 实现转换。与之类似，步 3 也可以向步 6 或步 7 或步 9 转换，但是只允许选择其中一个序列。

选择序列的结束称为合并。几个选择序列合并到一个公共序列上时，用一条水平线和转换符号表示，转换符号只能标在结束水平线的上方，如图 8-8（b）下半部所示，如果步 5 是活动步，且转换条件 j 为"1"，则步 5 向步 10 转换；如果步 6 是活动步，且转换条件 h 为"1"，则步 6 向步 10 转换……

3. 并行序列

并行序列指在某一转换实现时，有几个序列同时被激活，也就是同步实现。为了强调转换的同步实现，水平连线用双线表示。

并行序列的开始称为分支，转换符号只允许标在水平双线上方。如图 8-8（c）上半部所示，当步 3 是活动的，且 d 为"1"时，步 4 和步 6 同时变为活动步，同时步 3 变为不活动步。步被同时激活后，每个序列中活动步的进展将是独立的。

并行序列的结束称为合并，如图 8-8（c）下半部所示，转换符号只允许标在水平双线下方。

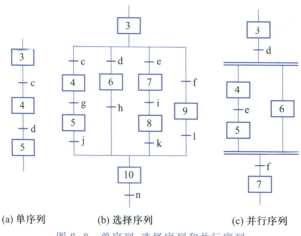

图 8-8　单序列、选择序列和并行序列

在每一个分支点,最多允许 8 条支路,每条支路的步数不受限制。

4. 跳转、重复、循环

（1）跳转:在生产过程中,有时要求在一定条件下跳过下面的若干步进行转移,如图 8-9（a）所示。这是一种特殊的选择序列,当步 1 为活动步时,如果转换条件 f 为"1"、b 为"0",则步 2,步 3 不被激活而直接跳转到步 4。

（2）重复:重复就是反复执行某几个工步的动作,实际上这是一种向前的跳转,如图 8-9（b）所示。当步 4 为活动步时,如果转换条件 e 为"0"而 h 为"1",则返回到步 3,重复执行步 3、步 4,重复的次数由转换条件确定。

（3）循环:在序列结束后,直接返回到初始步,就形成了系统的循环,如图 8-9（c）所示。

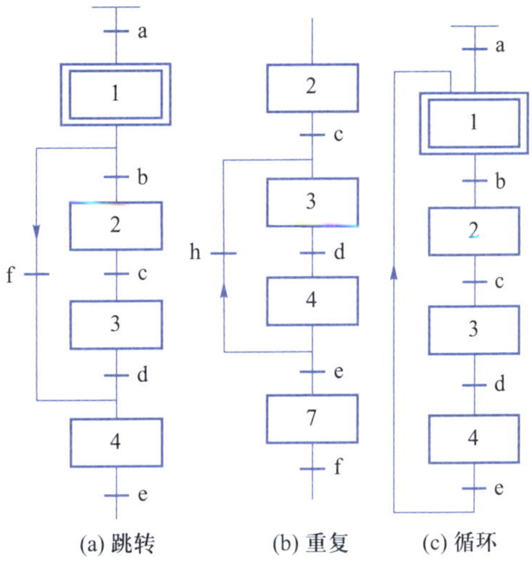

图 8-9　跳转、重复、循环顺序功能图

（三）顺序功能图中转换实现的基本规则

1. 转换实现的条件

在顺序功能图中,步的活动状态的进展是由转换的实现来完成的。转换实现必须同时具备以下两个条件。

（1）该转换所有的前级步都是"活动步"。

（2）相应的转换条件成立。

2. 转换实现应完成的操作

转换实现时应完成以下两个操作。

（1）使所有由有向连线与相应转换符号相连的后续步都变为活动的。

（2）使所有由有向连线与相应转换符号相连的前级步都变为不活动的。

转换实现的基本原则是根据顺序功能图设计梯形图的基础,它适用于顺序功能图中的各种基本结构。

（四）顺序功能图的编程方法

顺序功能图是由一个个步顺序组合而成,各个步的不同点就是在成为活动步时执行的命令和动作不同,其他的控制是相同的。因此,只要能设计出针对一个步的控制梯形图,就能完成顺序功能图到梯形图的转换。

1. 使用起保停电路的顺序控制梯形图设计方法

起保停电路仅仅使用与触点和线圈有关的指令。任何一种PLC的指令系统都有这一类指令,因此这是一种通用的编程方法,可以用于任意型号的PLC。

如图 8-10 所示是三个顺序相连的步,用 M 表示步的编号。

根据顺序功能图理论,设步 M_i 的前级步是活动的（即 $M_{i-1}=1$）,且转换条件成立（即 $I_i=1$）,则转换实现,即步 M_i 应变为活动的,而 M_{i-1} 步变为不活动的。如果将 M_i 视为电动机,而 M_{i-1} 和 I_i 视为其起动开关,则 M_i 的起动电路由 M_{i-1} 和 I_i 的动合触点串接而成。通常,转换条件 I_i 一般是短信号,所以还要用 M_i 的动合触点实现自锁。同样,当 M_i 的后续步 M_{i+1} 变为活动步时,M_i 应变为不活动步,因此应将 M_{i+1} 的动断触点与 M_i 的线圈串联。

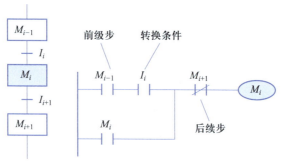

图 8-10　顺序控制"基本电路"

假设程序开始时,系统已处于要求的初始状态下,与初始步对应的编程元件位置为"1",且其余各步的编程元件均为"0"。初始步的激活可以启用系统存储器中的首次扫描 M1.0(如图 8-11 所示)或编写只接通一个扫描周期的程序。

图 8-11　初始步的激活

下面以旋转工作台为例介绍单序列的编程。

【例 8-1】　如图 8-12 所示为旋转工作台用凸轮和限位开关实现自动控制。在初始状态是左限位开关 I0.3 为 ON,按下起动按钮 I0.0,Q0.1 变为 ON,电动机驱动工作台沿顺时针正转,转到右限位开关 I0.4 所在位置时暂停 5 s,定时时间到时 Q0.2 为 ON,工作台反转,回到左限位开关 I0.3 的初始位置时停止转动,系统回到初始状态。

解:旋转工作台控制可以采用单序列顺序功能来表示,如图 8-13 所示。工作台一个周期内的运动由 4 步组成,它们分别对应于 M2.0、M2.1、M2.2 和 M2.3,其中,M2.0 是初始步。

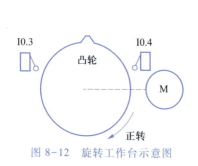

图 8-12　旋转工作台示意图

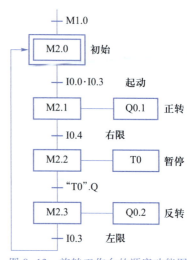

图 8-13　旋转工作台的顺序功能图

旋转工作台的控制程序如图 8-14 所示。

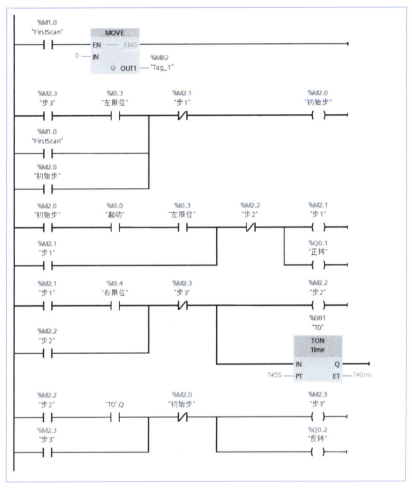

图 8-14　旋转工作台的控制程序

对于步 M2.0,将 M2.3 和 I0.3 的动合触点串联作为 M2.0 的启动电路。在启动电路中还并联了 M2.0 的自保持触点。后续步 M2.1 的动断触点串入 M2.0 的线圈,M2.1 接通时 M2.0 断开。在 PLC 开始运行时应将 M2.0 置为"1",否则系统无法工作,因此把仅在第一个扫描周期接通的 M1.0 的动合触点与上述电路并联。

在顺序功能图中,步划分的依据是输出量的变化,因此步与输出量的关系也较为简单。如果某一输出量仅在某一步中有输出,例如 Q0.1 仅在步 M2.1 中输出,此时可以将其线圈与对应步的存储器位 M2.1 的线圈并联。若在几步中有同一输出,为避免双线圈输出,采用对应步的动合触点并联后驱动其输出线圈。

2. 以转换为中心的编程方法

以转换为中心的编程方法又称为使用置位、复位输出指令的顺序控制梯形图编程方法。该方法中,将该转换所有前级步对应的存储器位的动合触点与转换对应的触点或电路串联,作为执行 S 指令(置位输出)和 R 指令(复位输出)的条件。用 S 指令使所有后续步对应的位存储器置位,用 R 指令使所有前级步对应的位存储器复位。

如图 8-15 所示,以转换条件为中心的编程思路为:I_i 对应的转换需要同时满足两个条件,即该转换的前级步是活动步和转换条件满足。在梯形图中,可以用 M_{i-1} 的动合触点和 I_i 对应的动合触点组成的串联电路来表示上述条件。该电路接通时,两个条件同时满足,此时应完成两个操作,即将该转换的后

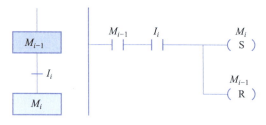

图 8-15　以转换为中心的编程方式

续步变为活动步(M_i 被置位)和将该转换的前级步变为不活动步(M_{i-1} 被复位)。

在任何情况下,代表步的存储器位的控制电路都可以用这一方法设计,每一个转换对应一个这样的控制置位和复位的电路块,有多少个转换就有多少个这样的电路块。这种方法特别有规律,梯形图与实现转换的基本规则之间有着严格的对应关系,用于复杂功能图的梯形图设计时不容易遗漏和出错。

以转换为中心的编程方式,不能将输出存储器的线圈与置位、复位指令并联,只能用代表步的存储器位的动合触点或它们的并联电路来驱动线圈。因为前级步和转换条件对应的串联电路接通的时间是相当短的,转换条件满足后前级步马上被复位,该串联电路被断开,而输出继电器线圈至少应该在某一步活动的全部时间内接通。

3. 输出电路梯形图设计方法

应根据顺序功能图,用代表步的存储器位的动合触点或它们的并联电路来控制输出位的线圈。若某一输出量仅在某一步为"1"态,可以将它们的线圈分别与对应步的位存储器的线圈并联;若某一输出量在某几步中都为"1"态,则应将代表各有关步的位存储器的动合触点并联后,再驱动该输出存储器的线圈。

【例 8-2】　采用置位、复位输出指令设计传送带控制。

传送带控制示意图如图 8-16 所示,控制要求如下。

两条传送带顺序相连,按下起动按钮,2 号传送带开始运行,5 s 后 1 号传送带自动起动。停机的顺序与起动的顺序刚好相反,间隔仍然为 5 s。

解:传送带控制的顺序功能图和梯形图如图 8-17、图 8-18 所示。

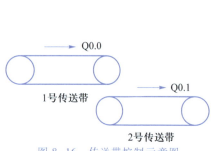

图 8-16　传送带控制示意图

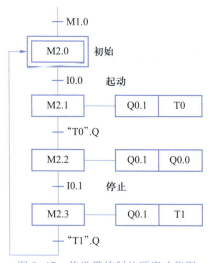

图 8-17　传送带控制的顺序功能图

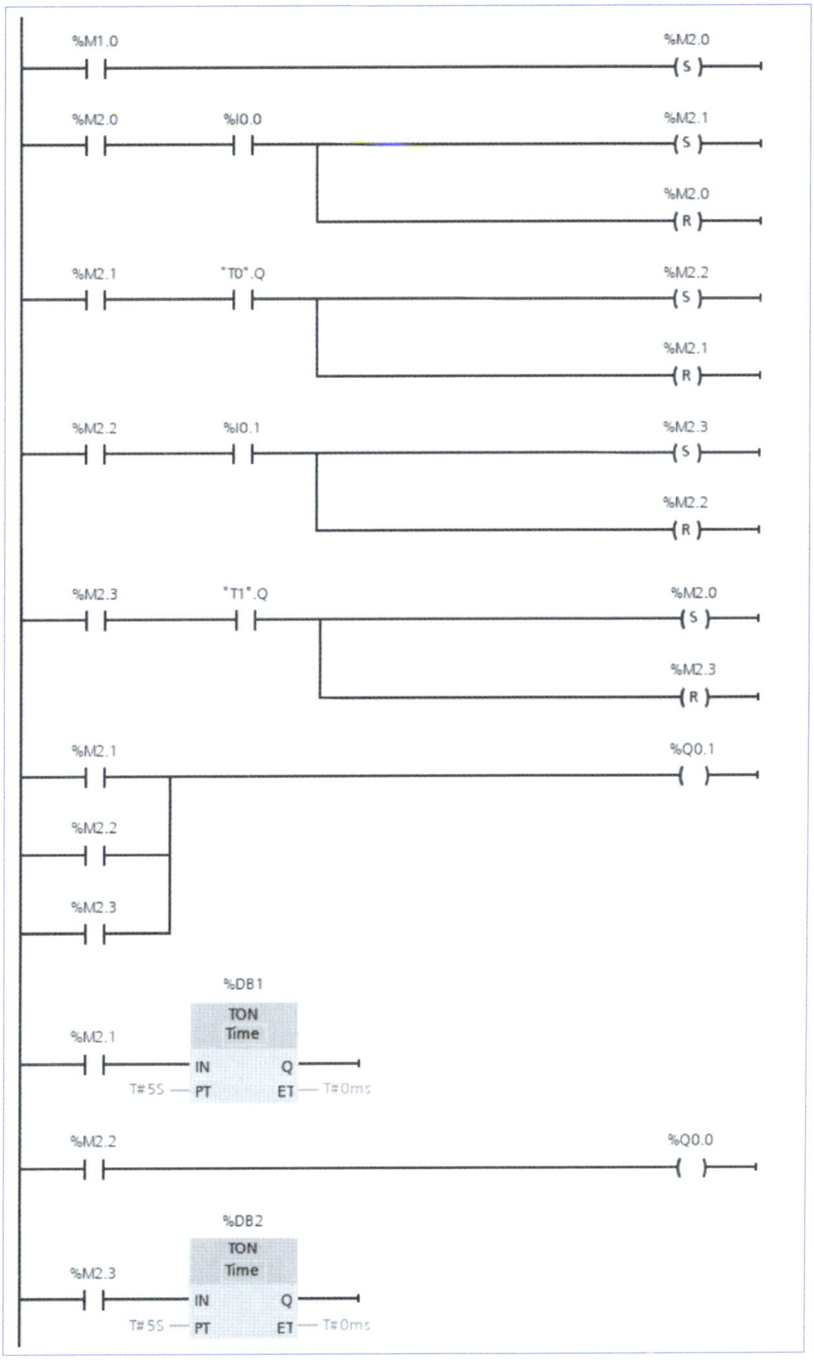

图 8-18　以转换为中心的传送带控制的梯形图

传送带控制的顺序功能图可以修改为图 8-19 所示。

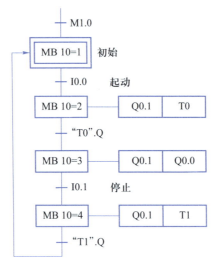

图 8-19　基于数据的顺序功能图

使用移动操作指令和比较操作指令后,传送带控制的梯形图如图 8-20 所示。

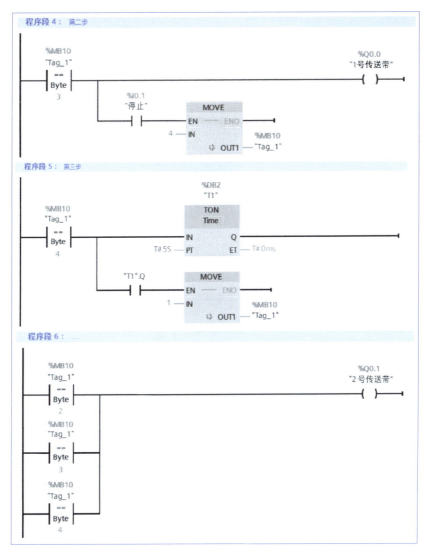

图 8-20　基于数据顺序控制的梯形图

五、工作过程

（一）信息收集

1. 引导题

电动机循环正、反转控制,控制要求如下:按下起动按钮,电动机正转 3 s,暂停 2 s,反转 3 s,暂停 2 s,如此循环 5 个周期,然后自动停车。请画出电动机计数循环正、反转控制的工作流程图。

_____

_____

_____

_____

_____

2. 任务分析

任务分析 1：顺序控制编程方法的优点是什么？

_____

_____

任务分析 2：写出图 8-21 所示顺序功能图的特点。

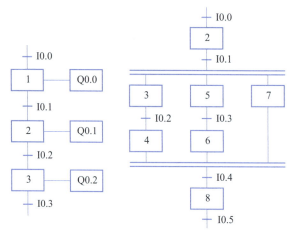

图 8-21　顺序功能图

_____

_____

3. 基础工作分析

基础工作 1：设计用一般指令编程的电动机单向运行的 **PLC** 控制电路。

_____

_____

基础工作 2：设计用置位、复位输出指令编程的电动机单向运行的 **PLC** 控制电路。

_____

_____

（二）计划制订

1. 工作方式

工作方式：小组工作。

小组人数：4~5 人/组。

2. 设备器材

PLC 综合实训平台 1 台（含 S7-1200 PLC 1 台、基本实验模块和连接线）、安装博途软件的计算机 1 台、万用表 1 块。

3. 工作计划

根据任务的要求，探讨解决方案，小组成员进行分工，明确每个人在任务实施过程中主要负责的任务,并填入表8-3中。

表8-3 工作计划表

序号	工作步骤	人员分工	完成情况	工作时间	
				计划	实际
1					
2					
3					
4					
5					

（三）任务实施

1. 分配 I/O 地址

通过对机械手控制要求的分析,可以归纳出该电路中的 I/O 设备,I/O 地址分配见表8-4。

表8-4 PLC 的 I/O 地址分配表

输入	功能	输出	功能
I0.0	起动按钮	Q0.0	下降 YV1
I0.1	下降限位	Q0.1	夹紧 YV5
I0.2	上升限位	Q0.2	上升 YV2
I0.3	右移限位	Q0.3	右移 YV3
I0.4	左移限位	Q0.4	左移 YV4
I0.5	光电检测开关		
I0.6	停止按钮		

2. 装配系统

机械手 PLC 控制电路电气原理图如图8-22所示,按图进行装配接线。

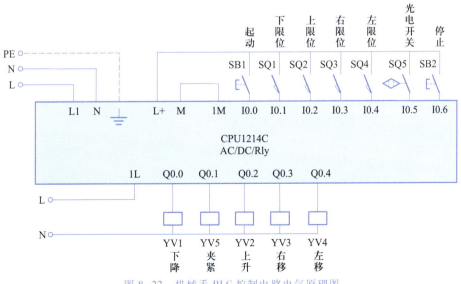

图8-22 机械手 PLC 控制电路电气原理图

3. 输入机械手控制程序

图 8-23 所示为机械手的顺序功能图。用起保停电路设计的程序如图 8-24 所示。

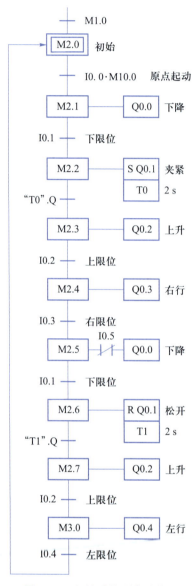

图 8-23　机械手的顺序功能图

上限位开关 I0.2、左限位开关 I0.4 的动合触点和表示机械手松开的 Q0.1 的动断触点的串联电路接通时,"原点条件" M10.0 得电。如果此时 M10.0 为失电状态,M10.0 动合触点断开,即使按下起动按钮,I0.0 闭合,也不能进入步 M2.1。

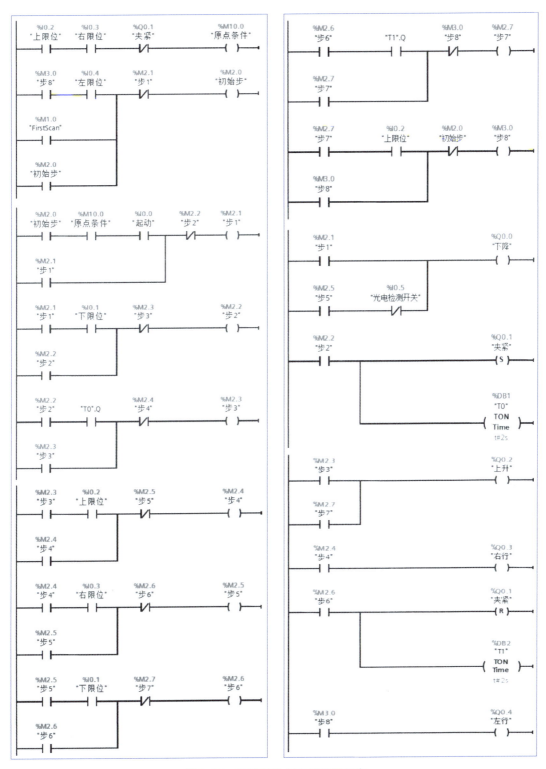

图 8-24 机械手的 PLC 梯形图程序

机械手完成一步动作后自动停止,只有再按一次起动按钮,机械手才能进入下一步工作。该例介绍了用通用逻辑指令的方法将单序列顺序功能图转换为梯形图程序的编程方法及原理,也可用置位/复位输出指令将顺序功能图转换为梯形图程序,注意比较它们的异同。

4. 下载调试

连接好网络,下载程序,操作在线监控,观察机械手是否达到控制效果。调试中如果PLC的CPU状态指示灯报警,应分析原因,排除故障后再继续运行程序。

【任务训练】

单周期操作:每按一次起动按钮 I0.0 后,机械手从原点初始步 M2.0 开始,按照图 8-23 所示的顺序自动完成一个周期的动作后停止,返回停留在初始步。若在中途按动停止按钮,机械手停止运行;再按起动按钮,从断点处开始继续运行,回到原点自动停止。如何实现?

_____

_____

_____

(四) 任务评价

在规定的时间内完成任务,各组进行自我评价并展示,根据评分标准各组之间进行检查,评分标准见表 8-5。

表 8-5　评 分 标 准

序号	项目内容	考核要求	评分细则	配分	扣分	得分
1	电路设计	设计 PLC 控制系统电气控制线路;填写电器元件和材料清单;画出 I/O 地址分配表、PLC 控制电路电气原理图;按工艺要求设计顺序功能图;程序设计简洁易读,符合任务要求	(1) 电气控制线路电气原理图设计不全或设计错误,每处扣 1 分 (2) 材料清单有错,扣 1~3 分 (3) I/O 地址遗漏或有错误,每处扣 1 分 (4) 电气原理图表达不正确或画法不规范,每处扣 2 分 (5) 顺序功能图设计不完整,每处扣 2 分 (6) 梯形图表达不正确或画法不规范,每处扣 2 分	30		
2	安装与接线	按照 PLC 控制电路电气原理图在机架或模拟配线板上正确安装电器元件,电器元件布置要合理,安装要准确紧固,配线美观	(1) 电器元件布置不整齐、不均匀、不合理,每处扣 1 分 (2) 电器元件安装不牢固、漏装螺钉,每处扣 1 分 (3) 损坏电器元件,扣 5 分 (4) 布线不入线槽、不美观,主电路、控制电路每根扣 0.5 分 (5) 损伤导线绝缘或线芯,每根扣 0.5 分 (6) 不按 PLC 控制电路电气原理图接线,每处扣 2 分	10		
3	程序输入与调试	熟练操作计算机,能将程序正确下载到 PLC 中,按照被控设备的动作要求进行模拟调试,达到设计要求	(1) 不能实现下降功能,扣 10 分 (2) 不能实现上升功能,扣 10 分 (3) 不能实现左移控制功能,扣 10 分 (4) 不能实现右移控制功能,扣 10 分 (5) 不能实现夹紧控制功能,扣 10 分	50		

续表

序号	项目内容	考核要求	评分细则	配分	扣分	得分
4	8S规范	整理、整顿、清扫、清洁、素养、安全、节约、学习	（1）发生安全事故或人为损坏设备、电器元件，扣10分 （2）不遵守教学场所规章制度，扣5分 （3）现场不整洁、工作不文明，团队不协作，扣5分 （4）违规操作，扣5~10分 （5）成员不积极参与，扣5分	10		
定额时间	90分钟，每超时5分钟扣5分					
开始时间		结束时间		总分		

指导教师签字

年　　　月　　　日

（五）任务总结

本任务完成后，认真填写任务总结报告，见表8-6。

表8-6　任务总结报告

任务名称		小组成员	
工作时间		完成时间	
工作地点		检验人员	

任务实施过程修正记录

原定计划（简要说明自己所承担的任务及实施的方法、步骤）：	实际实施：

学习的知识点、技能点

知识点：	技能点：

疑惑点与解决方法

疑惑点：	解决方法：

工作缺陷与整改方案

工作缺陷：	整改方案：

任务感悟

任务二 大、小球分拣系统控制

一、任务目标

【知识目标】

1. 掌握分支选择结构实现条件判断控制。
2. 熟悉用 MOV 指令将顺序功能图转换为步进梯形图的方法。
3. 理解选择序列顺序功能图的程序设计方法。

【能力目标】

1. 能够运用分支选择结构设计编制程序解决问题。
2. 熟练掌握选择序列顺序功能图和梯形图的转换及编程方法。
3. 进一步增强设计 PLC 顺序控制系统的技能。

【素养目标】

1. 具备较强的逻辑思维能力。
2. 善于思考,具备独立解决程序调试问题的能力。

二、任务描述

大、小球分拣装置示意图如图 8-25 所示。当机械臂处于原点位置时,上限位开关 SQ1 和左限位开关 SQ3 被压下,抓球电磁铁处于失电状态,这时按下起动按钮后,机械臂的动作顺序为下降→吸球→上升→右行→下降→释放→上升→左行。机械臂下行碰到下限位开关 SQ2 后停止下行,且电磁铁得电吸球。如果吸住的是小球,则大、小球检测开关 SQ 为 ON,如果吸住的是大球,则 SQ 为 OFF。1 s 后,机械臂上升,碰到上限位开关 SQ1 后右行,它会根据大、小球的不同,分别在 SQ4(小球)和 SQ5(大球)处停止右行,然后下行至下限位停止,电磁铁失电,机械臂把球放在小球或大球箱里,1 s 后返回。如果不按停止按钮,则机械臂一直工作下去;如果按下停止按钮,则完成一个工作周期后才停止工作。

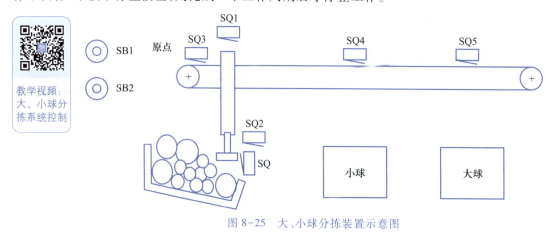

图 8-25 大、小球分拣装置示意图

铁球有两种规格尺寸,一大一小,要求系统能自动识别并分别捡出放到相应的容器内。

要求:进行功能分析,分配电器元件,绘制顺序功能图,将顺序功能图转换为梯形图程序,然后录入计算机并下载到 PLC,进行最后的调试。

三、工作任务

工作任务清单见表 8-7。

表 8-7　工作任务清单

任务内容	任务要求	验收方式
大、小球分拣 SFC	画出顺序功能图	自评、互评、师评
选择序列的编程	设计大、小球分拣装置控制程序	自评、互评、师评

四、相关知识

前面介绍的是单序列顺序控制的编程方法,在较复杂的顺序控制中,一般都是多分支的控制,常见的有选择序列、并行序列两种。本节将介绍选择序列顺序控制的编程方法。

选择序列编程的关键在于对其分支和合并的处理,转换实现的基本规则是设计复杂系统梯形图的基本规则。

(一)选择分支的编程

1. 用起保停电路的编程方法

如果某一步的后面有一个由 N 条分支组成的选择序列,该步可能转到不同的 N 步中去,应将这 N 个后续步对应的位存储器的动断触点与该步的线圈串联,作为结束该步的条件。

在图 8-26 中,步 M2.2 之后有一个选择序列的分支,当它的后续步 M2.3、M2.4、M2.5 变为活动步时,它应变为不活动步。所以需将 M2.3、M2.4 和 M2.5 的动断触点与 M2.2 的线圈串联。

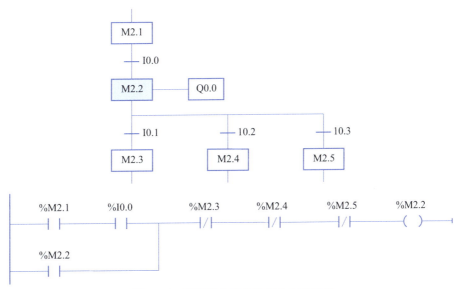

图 8-26　起保停电路的选择分支的编程

2. 用置位/复位输出指令的编程方法

选择序列的前级步和后续步都只有一个,需要复位、置位的位存储器也只有一个,因此选择序列的分支的编程方法实际上与单序列的编程方法完全相同。每一个控制置位、复位的电路块都由前级步对应的一个位存储器的动合触点和转换条件对应的触点组成的串联电路、一条置位输出指令和一条复位输出指令组成,如图8-27所示。

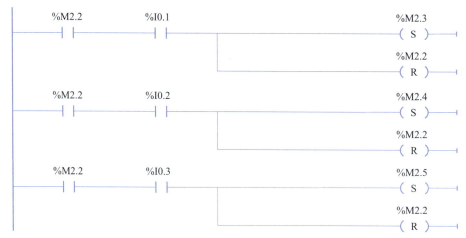

图8-27　置位/复位输出指令的选择分支的编程

(二)选择合并的编程

1. 用起保停电路的编程方法

对于选择序列的合并,如果每一步之前有 N 个转换(即有 N 条分支在该步之前合并后进入该步),则代表该步的位存储器 M 的起动电路由 N 条支路并联而成,各支路由某一前级步对应的位存储器的动合触点与相应转换条件对应的触点或电路串联而成。

在图8-28中,步 M2.3 之前有一个选择序列的合并,当步 M2.1 为活动步并且转换条件 I0.1 满足,或 M2.2 为活动步并且转换条件 I0.2 满足时,步 M2.3 都应变为活动步,即控制 M2.3 的起动、保持、停止电路的条件应为 M2.1 和 I0.1 的动合触点串联电路与 M2.2 和 I0.2 的动合触点串联电路进行并联。

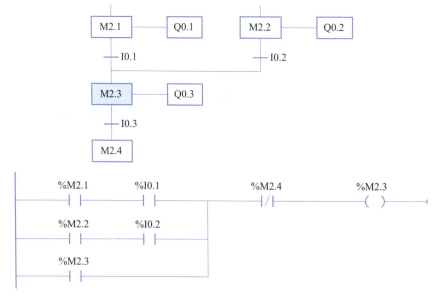

图8-28　起保停电路的选择合并的编程

2. 用置位/复位输出指令的编程方法

选择序列的合并的编程方法也与单序列的编程方法完全相同,如图8-29所示。

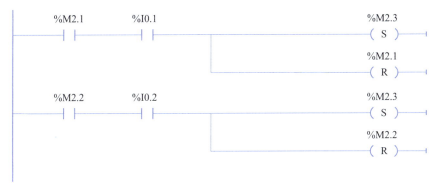

图8-29 置位/复位输出指令的选择合并的编程

(三) 选择序列编程实例

【例8-3】 用起保停电路设计电动机正、反转的控制程序。

控制要求:按正转起动按钮 SB1,电动机正转,按停止按钮 SB3,电动机停车;按反转起动按钮 SB2,电动机反转,按停止按钮 SB3,电动机停车。热继电器具有保护功能。

解:(1)列出系统 I/O 分配表,见表8-8。

表8-8 I/O 分配表

输入	功能	输出	功能
I0.0	正转起动按钮	Q0.0	正转接触器 KM1
I0.1	反转起动按钮	Q0.1	反转接触器 KM2
I0.2	停止按钮		
I0.3	热继电器		

(2)画出电动机正、反转控制的顺序功能图。根据控制要求,电动机的正、反转控制是一个具有两个分支的选择序列,分支转移的条件是正转起动按钮 SB1 和反转起动按钮 SB2,合并的条件是热继电器或停止按钮,初始步可由 M1.0(FirstScan)来驱动,顺序功能图如图8-30所示。

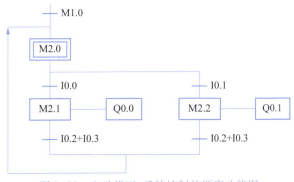

图8-30 电动机正、反转控制的顺序功能图

(3)设计控制程序。电动机正、反转控制程序如图8-31所示。

【例8-4】 有三台电动机,要求顺序起动、逆序停止,动作要求如图8-32所示工艺流程

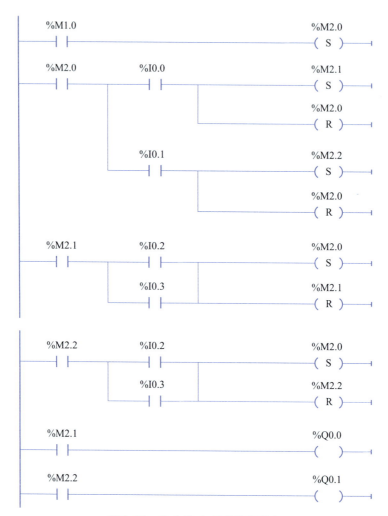

图 8-31 电动机正、反转控制程序

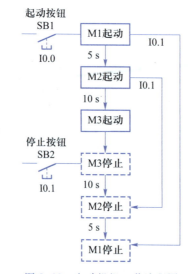

图 8-32 电动机组工艺流程图

图。在起动过程中,如按下停止按钮,立即终止起动过程,对已经运行的电动机,马上逆序停止,直到全部结束。

解:(1)列出系统 I/O 分配表,见表 8-9。

表 8-9　I/O 分配表

输入	功能	输出	功能
I0.0	起动按钮	Q0.0	电动机 M1
I0.1	停止按钮	Q0.1	电动机 M2
		Q0.2	电动机 M3

(2)画出三台电动机顺序起动、逆序停止的顺序功能图,如图 8-33 所示。

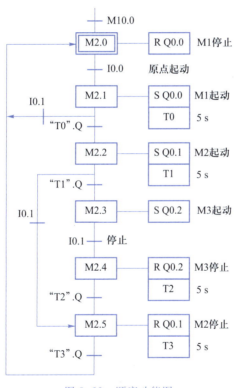

图 8-33　顺序功能图

(3)设计电动机组控制程序,如图 8-34 所示。

五、工作过程

(一)信息收集

1. 引导题

如图 8-35 所示,到了岔路口时有两种选择,但只能选择往左或往右的其中一个方向,那么日常生活中遇到的选择场景还有哪些?

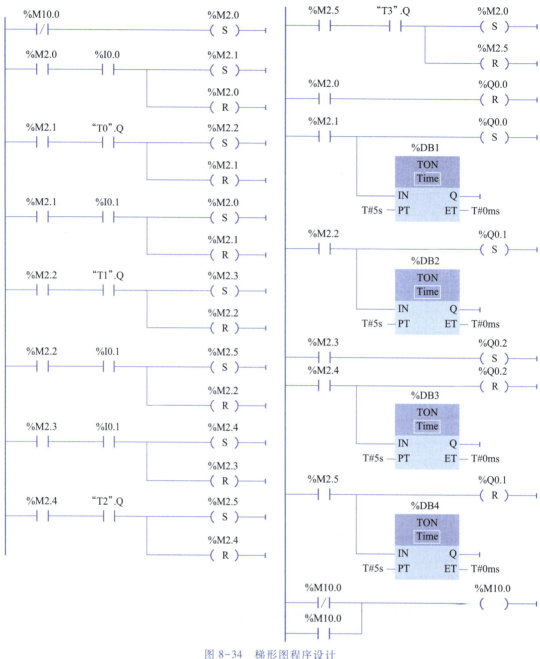

图 8-34　梯形图程序设计

图 8-35　岔路口示意图

2. 任务分析

任务分析1：画出电动机正、反转控制的顺序功能图。

任务分析2：设计图8-36所示顺序控制程序的输出电路,思考为什么要组合输出？

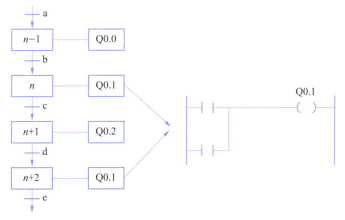

图8-36 输出电路设计

3. 基础工作分析

基础工作1:画出选择序列开始的部分顺序功能图。

基础工作2:画出选择序列结束的部分顺序功能图。

（二）计划制订

1. 工作方式

工作方式：小组工作。

小组人数：4~5 人/组。

2. 设备器材

PLC 综合实训平台 1 台（含 S7-1200 PLC 1 台、基本实验模块和连接线）、安装博途软件的计算机 1 台、万用表 1 块。

3. 工作计划

根据本任务的要求，探讨解决方案，小组成员进行分工，明确每个人在任务实施过程中主要负责的任务，并填入表 8-10 中。

表 8-10　工作计划表

序号	工作步骤	人员分工	完成情况	工作时间	
				计划	实际
1					
2					
3					
4					
5					

（三）任务实施

1. 分配 I/O 地址

通过对大、小球分拣控制要求的分析，可以归纳出该电路中的 I/O 设备，根据 I/O 个数进行 I/O 地址分配，见表 8-11。

表 8-11　PLC 的 I/O 地址分配表

输入	功能	输出	功能
I0.0	起动按钮 SB1	Q0.0	原始位置指示灯 HL
I0.1	停止按钮 SB2	Q0.1	吸球电磁铁
I0.2	上限位开关 SQ1	Q0.2	下行接触器 KM1
I0.3	下限位开关 SQ2	Q0.3	上行接触器 KM2
I0.4	左限位开关 SQ3	Q0.4	右行接触器 KM3
I0.5	小球右限位开关 SQ4	Q0.5	左行接触器 KM4
I0.6	大球右限位开关 SQ5		
I0.7	大小球检测开关 SQ		
I1.0	手动回原点 SB3		

2. 装配系统

大、小球分拣装置 PLC 控制电路电气原理图如图 8-37 所示，按图进行装配接线。

3. 输入大、小球分拣控制程序

根据控制要求画出大、小球分拣装置的顺序功能图，如图 8-38 所示。不管什么时候按

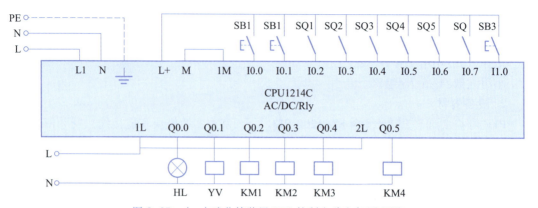

图 8-37　大、小球分拣装置 PLC 控制电路电气原理图

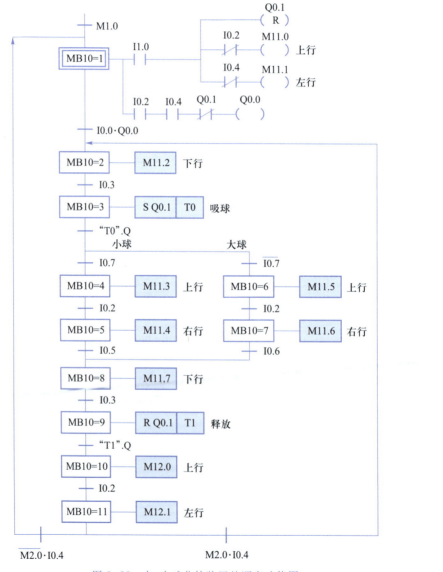

图 8-38　大、小球分拣装置的顺序功能图

下停止按钮,都要等当前周期工作完后,才能停止系统工作,即返回到初始状态。由于 I0.0、I0.1 是短信号,因此,要采用具有记忆功能的电路(可采用起保停电路,由 I0.0、I0.1 分别提供起动信号和停止信号,用 M2.0 作为编程元件)把它们的信号保存下来。图中的 M2.0 是一个选择逻辑,它相当于一个开关,控制着系统是进行单周期操作还是循环操作。

基于数据顺序控制设计的程序如图 8-39 所示。顺控编程方法不支持直接输出的双线

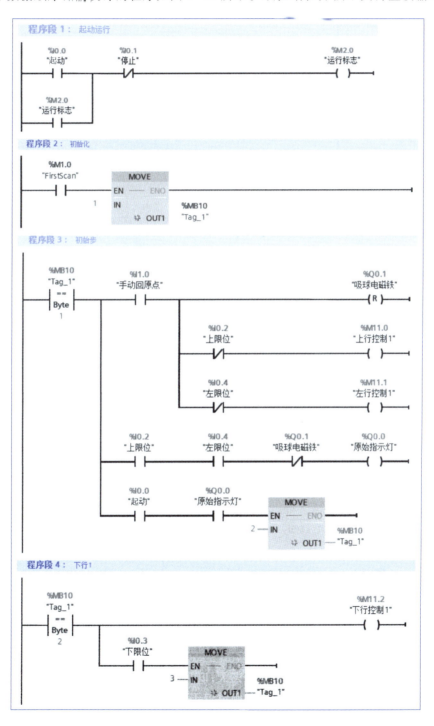

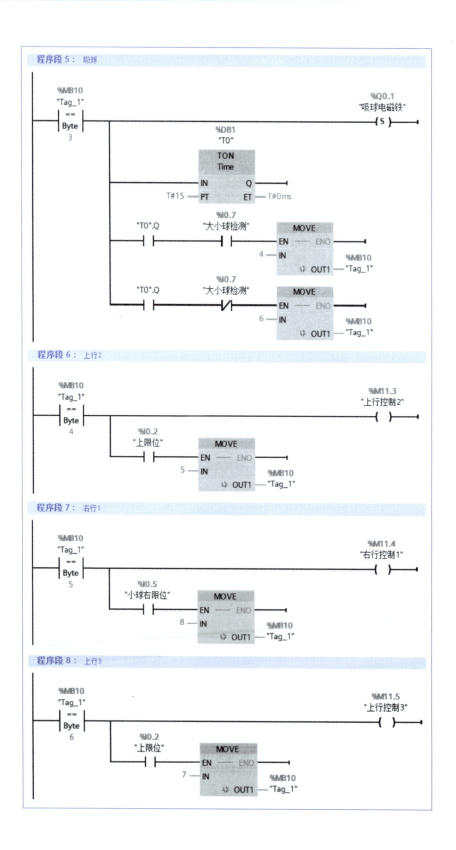

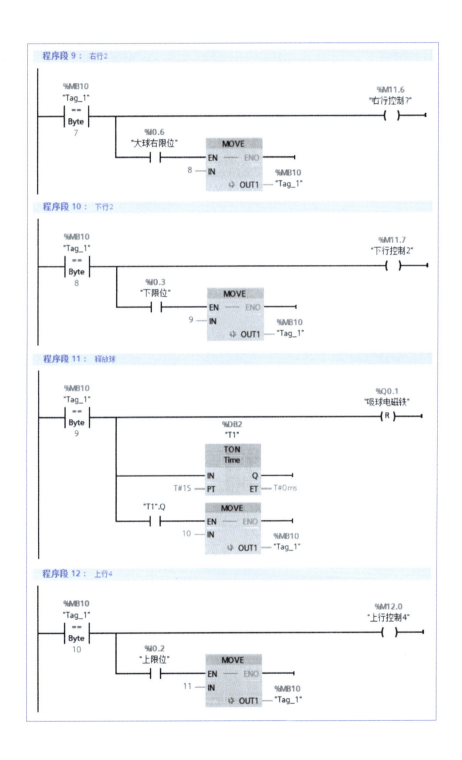

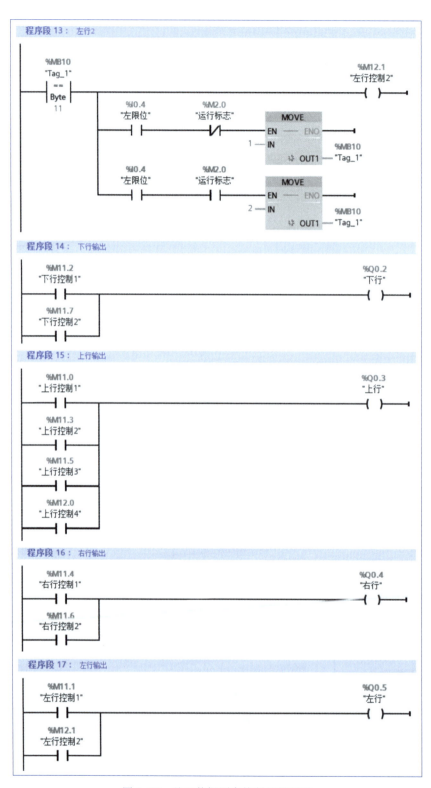

图 8-39　基于数据顺序控制的梯形图

圈操作。在状态 MB10 = 2 时有 Q0.2(下行)输出,在状态 MB10 = 8 时也有 Q0.2 输出,不管在什么情况下,在前面的 Q0.2 永远不会有效。所以在编程时一定不要有双线圈输出。为解决这个问题,可以用本例的方法,用位存储器过渡一下,如本例中的机械臂进行上行、下行、左行和右行的控制逻辑设计,凡是有重复使用的相同输出驱动,先用位存储器表示分段的输出逻辑,在程序的最后再进行合并输出处理。

4. 下载调试

连接好网络,下载程序,操作在线监控,观察大、小球分拣装置是否达到控制效果。调试中如果 PLC 的 CPU 状态指示灯报警,应分析原因,排除故障后再继续运行程序。

(四) 任务评价

在规定的时间内完成任务,各组进行自我评价并展示,根据评分标准各组之间进行检查,评分标准见表 8-12。

表 8-12　评 分 标 准

序号	项目内容	考核要求	评分细则	配分	扣分	得分
1	电路设计	设计 PLC 控制系统电气控制线路;填写电器元件和材料清单;画出 I/O 地址分配表、PLC 控制电路电气原理图;按工艺要求设计顺序功能图;程序设计简洁易读,符合任务要求	(1) 电气控制线路电气原理图设计不全或设计错误,每处扣 1 分 (2) 材料清单有错,扣 1~3 分 (3) I/O 地址遗漏或有错误,每处扣 1 分 (4) 电气原理图表达不正确或画法不规范,每处扣 2 分 (5) 顺序功能图设计不完整,每处扣 2 分 (6) 梯形图表达不正确或画法不规范,每处扣 2 分	30		
2	安装与接线	按照 PLC 控制电路电气原理图在模拟配线板上正确安装电器元件,电器元件布置要合理,安装要准确紧固,配线美观	(1) 电器元件布置不整齐、不均匀、不合理,每处扣 1 分 (2) 电器元件安装不牢固、漏装螺钉,每处扣 1 分 (3) 损坏电器元件,扣 5 分 (4) 布线不入线槽、不美观,主电路、控制电路每根扣 0.5 分 (5) 损伤导线绝缘或线芯,每根扣 0.5 分 (6) 不按 PLC 控制电路电气原理图接线,每处扣 2 分	10		
3	程序输入与调试	熟练操作计算机,能将程序正确下载到 PLC 中,按照被控设备的动作要求进行模拟调试,达到设计要求	(1) 不能实现分拣功能,扣 10 分 (2) 不能实现手动功能,扣 10 分 (3) 不能实现左移控制功能,扣 10 分 (4) 不能实现右移控制功能,扣 10 分 (5) 不能实现吸球控制功能,扣 10 分	50		

续表

序号	项目内容	考核要求	评分细则	配分	扣分	得分
4	8S 规范	整理、整顿、清扫、清洁、素养、安全、节约、学习	（1）发生安全事故或人为损坏设备、电器元件，扣 10 分 （2）不遵守教学场所规章制度，扣 5 分 （3）现场不整洁、工作不文明，团队不协作，扣 5 分 （4）违规操作，扣 5~10 分 （5）成员不积极参与，扣 5 分	10		
定额时间		90 分钟，每超时 5 分钟扣 5 分				
开始时间			结束时间		总分	

指导教师签字

年　　　月　　　日

（五）任务总结

本任务完成后，认真填写任务总结报告，见表 8-13。

表 8-13　任务总结报告

任务名称		小组成员	
工作时间		完成时间	
工作地点		检验人员	
任务实施过程修正记录			
原定计划（简要说明自己所承担的任务及实施的方法、步骤）：		实际实施：	
学习的知识点、技能点			
知识点：		技能点：	
疑惑点与解决方法			
疑惑点：		解决方法：	
工作缺陷与整改方案			
工作缺陷：		整改方案：	
任务感悟			

任务三　组合钻床控制

一、任务目标

【知识目标】

1. 掌握多台电动机的起动、停止控制。
2. 理解并行序列顺序功能图的程序设计方法。
3. 掌握钻床 PLC 控制系统程序设计和调试方法。

【能力目标】

1. 能够运用并行结构设计编制程序解决问题。
2. 熟练掌握并行序列顺序功能图和梯形图的转换及编程方法。
3. 进一步增强设计 PLC 顺序控制系统的技能。

【素养目标】

1. 具备较强的分析问题和解决问题的能力。
2. 具备查阅资料和自学能力。

二、任务描述

某组合钻床如图 8-40 所示,用于在圆形工件上钻 6 个均匀分布的孔。大、小钻用三相

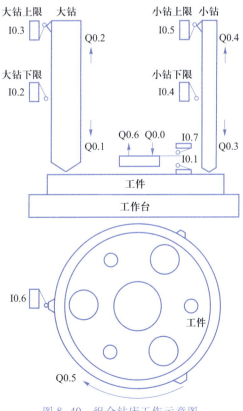

教学视频:
钻床控制系
统的PLC
改造

图 8-40　组合钻床工作示意图

异步电动机驱动,其他均由液压系统驱动。操作人员放好工件后,按下起动按钮,工件被夹紧,夹紧后限位开关 I0.1 为"1"状态,主轴电动机起动,大、小两只钻头同时转动,大、小钻头下降,电磁阀 Q0.1、Q0.3 得电,大、小钻头同时开始向下进给。

大钻头钻到由限位开关 I0.2 设定的深度时,大钻上升电磁阀 Q0.2 得电使大钻上升,升到由限位开关 I0.3 设定的起始位置时停止。小钻头钻到由限位开关 I0.4 设定的深度时,小钻上升电磁阀 Q0.4 得电使小钻上升,升到由限位开关 I0.5 设定的起始位置时停止。

两个钻头都上升到位后,工作台 Q0.5 得电,工件旋转120°,限位开关 I0.6 动作,工作台停止,开始钻第二对孔。3 对孔钻完后,放松电磁阀 Q0.6 得电,夹紧装置上移将工件松开,松开到位时,限位开关 I0.7 动作,完成一次加工。

三、工作任务

工作任务清单见表 8-14。

表 8-14　工作任务清单

任务内容	任务要求	验收方式
组合顺序功能图	画出顺序功能图	自评、互评、师评
并行序列的编程	设计组合钻床控制程序	自评、互评、师评

四、相关知识

并行序列编程时的重点与选择序列编程相同,也是对分支与合并编程的处理,该实例可用起保停电路,置位/复位输出指令和基于数据顺序控制的方法编程。

(一)并行分支的编程

1. 用起保停电路的编程方法

由于并行序列是同时变为活动步的,因此只需将并行序列中某条分支的动断触点与该前级步线圈串联,作为该步的停止条件。并行序列某一步 M_i 的后面有 N 条分支,如果转换条件成立,并行序列中各单序列中的第一步应同时变为活动步,对控制这些步的起保停电路使用相同的起动电路。

图 8-41(a)中 M2.2 之后有一个并行序列的分支,M2.3 或 M2.5 的动断触点与 M2.2 线圈串联,作为该步的停止条件。当步 M2.2 为活动步,并且转换条件 I0.2 为"1"时,步 M2.3 和步 M2.5 同时变为活动步。

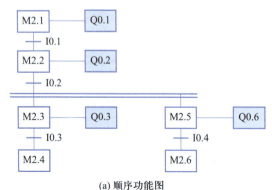

(a)顺序功能图

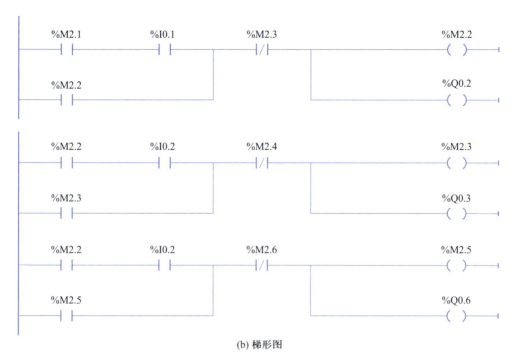

(b) 梯形图

图 8-41　起保停电路的并行分支的编程

起保停电路的并行分支的编程如图 8-41(b)所示。

2. 用置位/复位输出指令的编程方法

并行序列某一步 M_i 的后面有 N 条分支,则分支处有 N 条置位支路并联。图 8-41(a)所示的并行分支顺序功能图用置位/复位输出指令编程如图 8-42 所示。

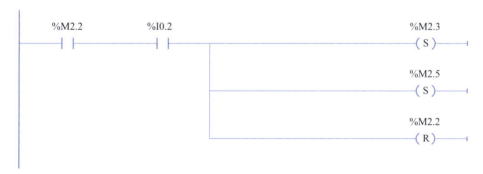

图 8-42　置位/复位输出指令的并行分支的编程

(二) 并行合并的编程

当并行序列合并时,只有当各并行序列的最后一步都是活动步,且转换条件成立时,才能完成并行序列的合并。

1. 用起保停电路的编程方法

合并后的步的起动电路用所有前级步对应的位存储器的动合触点与相应转换条件对应的触点串联而成,而合并后的步的动断触点分别作为各并行序列的最后一步断开的条件。

并行合并的顺序功能图和梯形图如图8-43所示。

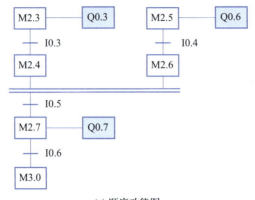

(a) 顺序功能图

(b) 梯形图

图8-43　起保停电路的并行合并的编程

2. 用置位/复位输出指令的编程方法

合并处有 N 条复位支路并联。图8-43(a)所示的并行合并顺序功能图用置位/复位输出指令编程如图8-44所示。

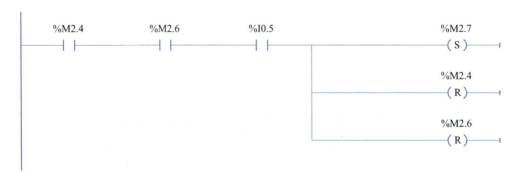

图8-44　置位/复位输出指令的并行合并的编程

五、工作过程

(一) 信息收集

1. 引导题

除了图8-45所示的十字路口交通灯东西、南北红绿灯同时控制外,列举日常生活中遇到的并行场景还有哪些？

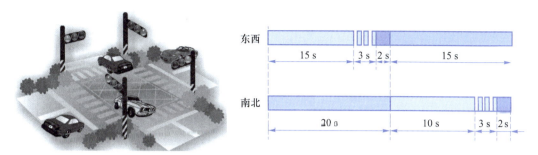

图 8-45　十字路口交通灯控制示意图

---

2. 任务分析

画出十字路口交通灯控制的顺序功能图。

3. 基础工作分析

基础工作 1：画出并行序列开始的部分顺序功能图。

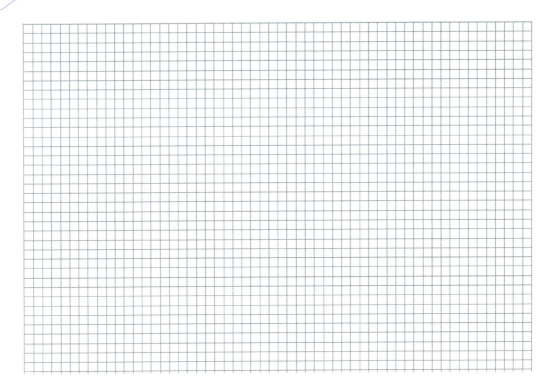

基础工作 2:画出并行序列结束的部分顺序功能图。

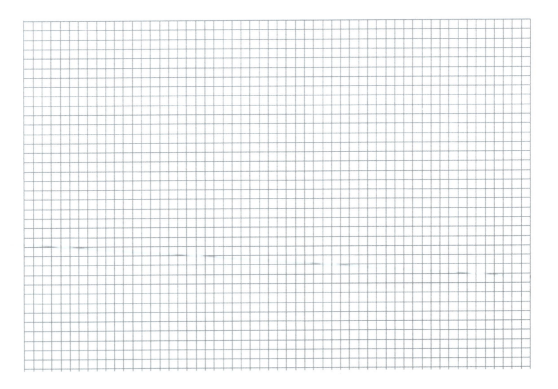

（二）计划制订

1. 工作方式

工作方式：小组工作。

小组人数：4~5 人/组。

2. 设备器材

PLC 综合实训平台 1 台（含 S7-1200 PLC 1 台、基本实验模块和连接线）、安装博途软件的计算机 1 台、万用表 1 块。

3. 工作计划

根据本任务的要求，探讨解决方案，小组成员进行分工，明确每个人在任务实施过程中主要负责的任务，并填入表 8-15 中。

表 8-15　工作计划表

序号	工作步骤	人员分工	完成情况	工作时间	
				计划	实际
1					
2					
3					
4					
5					

（三）任务实施

1. 分配 I/O 地址

通过对组合钻床控制要求的分析，可以归纳出该电路中的 I/O 设备，根据 I/O 个数进行 I/O 地址分配，见表 8-16。

表 8-16　PLC 的 I/O 地址分配表

输入	功能	输出	功能
I0.0	起动按钮 SB1	Q0.0	工件夹紧 YV1
I0.1	夹紧限位开关	Q0.1	大钻下降 YV2
I0.2	大钻下限位开关	Q0.2	大钻上升 YV3
I0.3	大钻上限位开关	Q0.3	小钻下降 YV4
I0.4	小钻下限位开关	Q0.4	小钻上升 YV5
I0.5	小钻上限位开关	Q0.5	工作台转动 YV6
I0.6	圆盘转位开关	Q0.6	工件放松 YV7
I0.7	松开限位开关	Q0.7	大钻小钻电动机转动 KM
I1.0	停止按钮 SB2		

2. 装配系统

组合钻床 PLC 控制电路电气原理图如图 8-46 所示，按图进行装配接线。

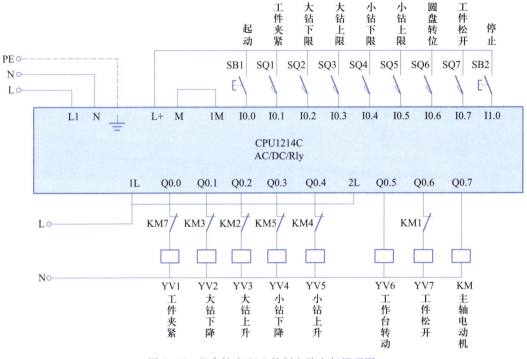

图 8-46　组合钻床 PLC 控制电路电气原理图

3. 输入组合钻床控制程序

根据控制要求画出组合钻床控制的顺序功能图,如图 8-47 所示。用置位/复位输出指

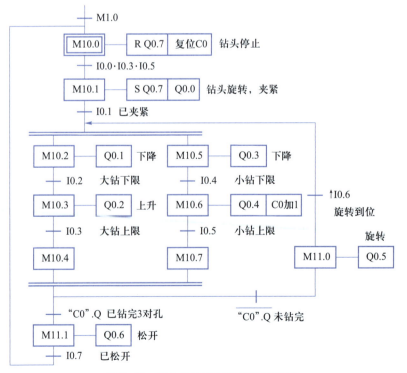

图 8-47　组合钻床控制的顺序功能图

令编写的顺序控制程序,如图 8-48 所示。

程序段 6： 小钻下降

```
    %M10.5        %I0.4                                    %M10.6
    "Tag_7"      "小钻下限"                                 "Tag_10"
  ———| |————————————| |——————┬————————————————————————————( S )———

                                                            %M10.5
                                                            "Tag_7"
                              └————————————————————————————( R )———
```

程序段 7： 小钻上升

```
    %M10.6        %I0.5                                    %M10.7
    "Tag_10"     "小钻上限"                                 "Tag_11"
  ———| |————————————| |——————┬————————————————————————————( S )———

                                                            %M10.6
                                                            "Tag_10"
                              └————————————————————————————( R )———
```

程序段 8： 未钻完双对孔

```
    %M10.4        %M10.7        "C0".QU                    %M11.0
    "Tag_9"      "Tag_11"                                  "Tag_3"
  ———| |————————————| |—————————|/|——————┬——————————————————( S )———

                                                            %M10.4
                                                            "Tag_9"
                                          ├——————————————————( R )———

                                                            %M10.7
                                                            "Tag_11"
                                          └——————————————————( R )———
```

程序段 9： 旋转

```
    %M11.0        %I0.6                                    %M10.2
    "Tag_3"    "圆盘转位开关"                                "Tag_6"
  ———| |————————————|P|——————┬————————————————————————————( S )———
                    %M3.0
                   "Tag_12"                                 %M10.5
                                                            "Tag_7"
                              ├————————————————————————————( S )———

                                                            %M11.0
                                                            "Tag_3"
                              └————————————————————————————( R )———
```

程序段 10： 已钻完双对孔

```
    %M10.4        %M10.7        "C0".QU                    %M11.1
    "Tag_9"      "Tag_11"                                  "Tag_4"
  ———| |————————————| |—————————| |——————┬——————————————————( S )———

                                                            %M10.4
                                                            "Tag_9"
                                          ├——————————————————( R )———

                                                            %M10.7
                                                            "Tag_11"
                                          └——————————————————( R )———
```

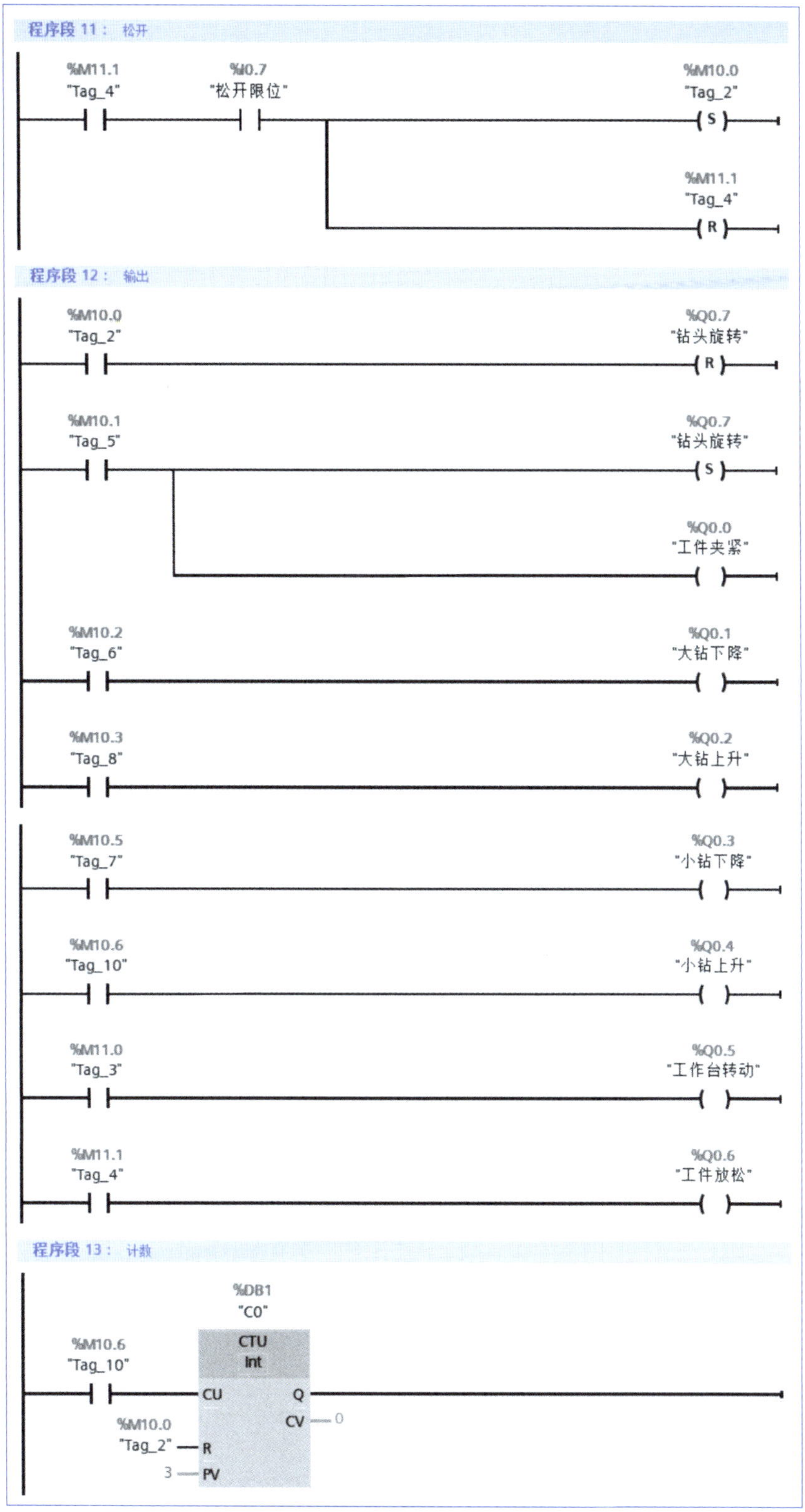

程序段 11: 松开

```
  %M11.1        %I0.7                                    %M10.0
  "Tag_4"      "松开限位"                                "Tag_2"
───┤├──────────┤├──────────┬───────────────────────────( S )───

                                                         %M11.1
                                                         "Tag_4"
                            └───────────────────────────( R )───
```

程序段 12: 输出

```
  %M10.0                                                 %Q0.7
  "Tag_2"                                               "钻头旋转"
───┤├─────────────────────────────────────────────────( R )───


  %M10.1                                                 %Q0.7
  "Tag_5"                                               "钻头旋转"
───┤├──────────┬──────────────────────────────────────( S )───

                                                         %Q0.0
                                                        "工件夹紧"
               └──────────────────────────────────────( )───


  %M10.2                                                 %Q0.1
  "Tag_6"                                               "大钻下降"
───┤├─────────────────────────────────────────────────( )───


  %M10.3                                                 %Q0.2
  "Tag_8"                                               "大钻上升"
───┤├─────────────────────────────────────────────────( )───


  %M10.5                                                 %Q0.3
  "Tag_7"                                               "小钻下降"
───┤├─────────────────────────────────────────────────( )───


  %M10.6                                                 %Q0.4
  "Tag_10"                                              "小钻上升"
───┤├─────────────────────────────────────────────────( )───


  %M11.0                                                 %Q0.5
  "Tag_3"                                              "工作台转动"
───┤├─────────────────────────────────────────────────( )───


  %M11.1                                                 %Q0.6
  "Tag_4"                                               "工件放松"
───┤├─────────────────────────────────────────────────( )───
```

程序段 13: 计数

```
                          %DB1
                          "C0"
  %M10.6                ┌────────┐
  "Tag_10"             │  CTU   │
───┤├──────────────────┤ Int    │
                       │        │
                    ───┤CU     Q├──────────────────────────
                       │        │
  %M10.0               │     CV ├── 0
  "Tag_2" ─────────────┤R       │
                       │        │
           3 ──────────┤PV      │
                       └────────┘
```

图 8-48 组合钻床顺序控制的梯形图

4. 下载调试

连接好网络,下载程序,在线监控,观察组合钻床是否按控制要求工作。调试中如果 PLC 的 CPU 状态指示灯报警,应分析原因,排除故障后再继续运行程序。

（四）任务评价

在规定的时间内完成任务,各组进行自我评价并展示,根据评分标准各组之间进行检查,评分标准见表 8-17。

表 8-17　评 分 标 准

序号	项目内容	考核要求	评分细则	配分	扣分	得分
1	电路设计	设计 PLC 控制系统电气控制线路;填写电器元件和材料清单;画出 I/O 地址分配表、PLC 控制电路电气原理图;按工艺要求设计顺序功能图;程序设计简洁易读,符合任务要求	（1）电气控制线路电气原理图设计不全或设计错误,每处扣 1 分 （2）材料清单有错,扣 1~3 分 （3）I/O 地址遗漏或有错误,每处扣 1 分 （4）电气原理图表达不正确或画法不规范,每处扣 2 分 （5）顺序功能图设计不完整,每处扣 2 分 （6）梯形图表达不正确或画法不规范,每处扣 2 分	30		
2	安装与接线	按照 PLC 控制电路电气原理图在模拟配线板上正确安装电器元件,电器元件布置要合理,安装要准确紧固,配线美观	（1）电器元件布置不整齐、不均匀、不合理,每处扣 1 分 （2）电器元件安装不牢固、漏装螺钉,每处扣 1 分 （3）损坏电器元件,扣 5 分 （4）布线不入线槽、不美观,主电路、控制电路每根扣 0.5 分 （5）损伤导线绝缘或线芯,每根扣 0.5 分 （6）不按 PLC 控制电路电气原理图接线,每处扣 2 分	10		
3	程序输入与调试	熟练操作计算机,能将程序正确下载到 PLC 中,按照被控设备的动作要求进行模拟调试,达到设计要求	（1）不能实现停止功能,扣 10 分 （2）不能实现同时下降功能,扣 10 分 （3）不能实现工作台转动功能,扣 10 分 （4）不能实现计数控制功能,扣 10 分	50		
4	安全与文明生产	遵守国家相关安全文明生产规程,遵守实训纪律	（1）发生安全事故或人为损坏设备、电器元件,扣 10 分 （2）不遵守教学场所规章制度,扣 5 分 （3）现场不整洁、工作不文明,团队不协作,扣 5 分	10		
定额时间		90 分钟,每超时 5 分钟扣 5 分				
开始时间			结束时间		总分	

指导教师签字

年　　月　　日

（五）任务总结

本任务完成后,认真填写任务总结报告,见表 8-18。

表 8-18　任务总结报告

任务名称		小组成员	
工作时间		完成时间	
工作地点		检验人员	
任务实施过程修正记录			
原定计划（简要说明自己所承担的任务及实施的方法、步骤）：		实际实施：	
学习的知识点、技能点			
知识点：		技能点：	
疑惑点与解决方法			
疑惑点：		解决方法：	
工作缺陷与整改方案			
工作缺陷：		整改方案：	
任务感悟			

【项目小结】

本项目主要学习顺序控制设计方法,采用基本指令、功能指令实现机械手 PLC 控制,大、小球分拣系统控制及组合钻床控制。

通过任务的实施,掌握运用顺序功能图设计 PLC 控制程序的方法,对 PLC 控制的自动生产过程的相关任务可通过不同的编程方法来灵活实现,进一步掌握 PLC 的接线方法,熟练运用编程软件进行联机调试。

【思考与练习题】

1. 功能图中的"步"是如何划分的?

2. 在初始步中允许有动作存在吗？"初始步"是否只能由初始脉冲激活？

3. 按起动按钮 I0.0 后，先开引风机，延时 12 s 后再开鼓风机；按下停止按钮 I0.1 后，应先停鼓风机，10 s 后再停引风机。根据要求画出功能图，使用起保停电路的编程方式设计梯形图并调试。

4. 某信号灯控制系统，初始状态仅红灯亮，按下起动按钮 I0.0，4 s 后红灯灭、绿灯亮；6 s 后绿灯和黄灯亮；再过 5 s 后，绿灯和黄灯灭、红灯亮。请设计顺序功能图，并用置位/复位输出指令编程。

5. 某加热炉自动送料装置工作过程示意图如图 8-49 所示。按起动按钮后，炉门电动机正转，炉门开，压限位开关 SQ1，炉门电动机停车；推料机电动机正转，推料机前进，送料入炉到料位，压限位开关 SQ2，推料机电动机停车，延时 3 s 后，推料机电动机反转，推料机退到原位，压限位开关 SQ3，推料机电动机停车；炉门电动机反转，炉门闭，压限位开关 SQ4 炉门电动机停车，延时 3 s 后才允许下次循环开始。上述过程不断运行，若按下停止按钮立即停止，再按起动按钮继续运行。

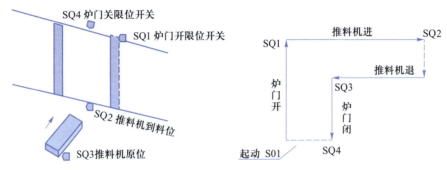

图 8-49　加热炉自动送料装置工作示意图

6. 如图 8-50 所示，在地下停车场的出入口处，同时只允许一辆车进出，在进出通道的两端设置有红绿灯，光电开关 I0.0 和 I0.1 用于检测是否有车经过，光线被车遮住时 I0.0 或 I0.1 为 ON。

有车进入通道时光电开关检测到车的前沿，两端的绿灯灭、红灯亮，以警示两方后来的车辆不可再进入通道。车开出通道时，光电开关检测到车的后沿，两端的红灯灭、绿灯亮，别的车辆可以进入通道。

7. PLC 控制剪板机示意图如图 8-51 所示，其控制要求如下。开始时压钳和剪刀在上限位置，限位开关 I0.0 和 I0.1 为 ON，按下起动按钮 I1.0，工作过程如下：首先板料右行（Q0.0 为 ON）至限位开关 I0.3 动作，然后压钳下行（Q0.1 为 ON 并保持），压紧板料后，压力开关 I0.4 为 ON，压钳保持压紧，剪刀开始下行（Q0.2 为 ON），剪断板料后，I0.2 变为 ON，压钳和剪刀同时上行（Q0.3 和 Q0.4 为 ON），它们分别碰到限位开关 I0.0 和 I0.1 后，分别停止上行。都停止后，又开始下一周期的工作，剪完 10 块料后，停止工作并停在初始状态。

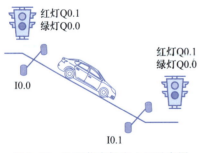

图 8-50　地下停车场出入口示意图

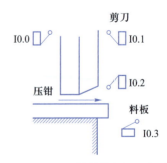

图 8-51　PLC 控制剪板机示意图

参考文献

［1］　唐立伟.电气控制系统安装与调试技能训练［M］.北京:北京邮电大学出版社,2015.

［2］　向晓汉,李润海.西门子 S7-1200/1500 PLC 学习手册——基于 LAD 和 SCL 编程［M］.北京:化学工业出版社,2018.

［3］　华满香.电气控制与 PLC 应用［M］.4 版.北京:北京邮电大学出版社,2020.

［4］　廖常初.S7-1200 PLC 编程及应用［M］.3 版.北京:机械工业出版社,2021.

［5］　陈建明,王成凤.电气控制与 PLC 应用——基于 S7-1200 PLC［M］.北京:电子工业出版社,2020.